Write the coordinates of each labeled point.

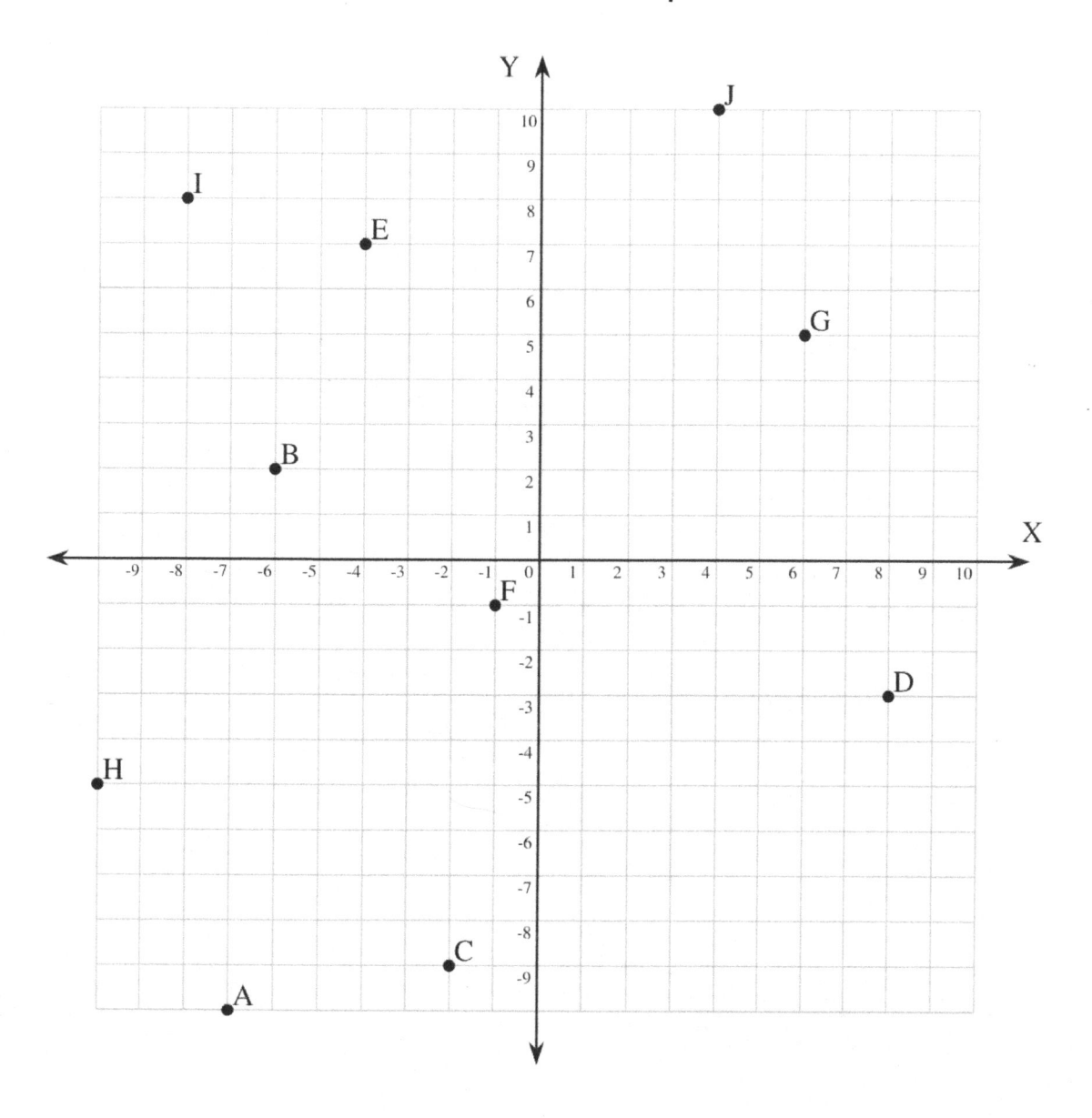

A _____   F _____

B _____   G _____

C _____   H _____

D _____   I _____

E _____   J _____

Answer Key

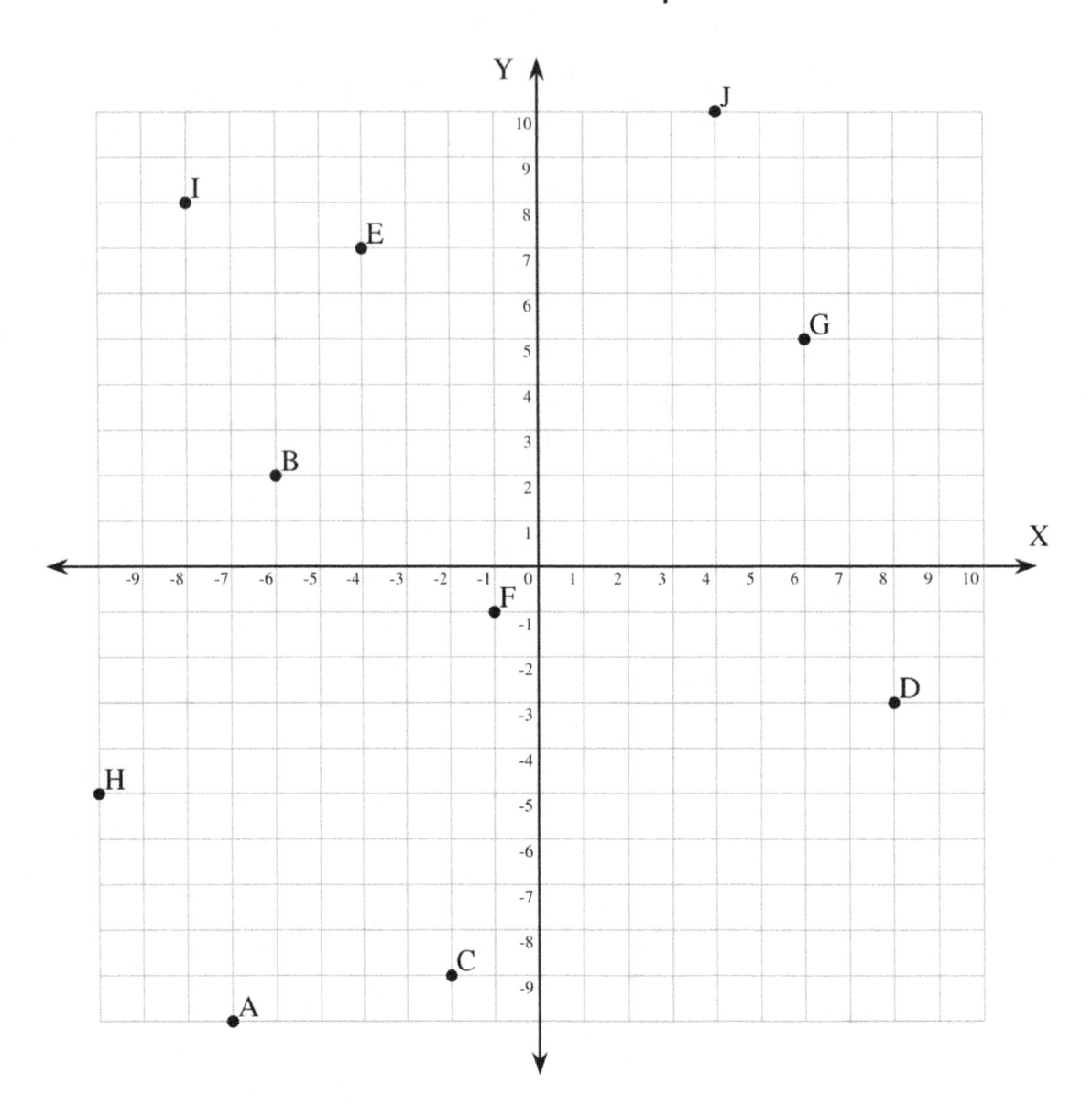

Write the coordinates of each labeled point.

A   (-7, -10)   F   (-1, -1)

B   (-6, 2)   G   (6, 5)

C   (-2, -9)   H   (-10, -5)

D   (8, -3)   I   (-8, 8)

E   (-4, 7)   J   (4, 10)

Write the coordinates of each labeled point.

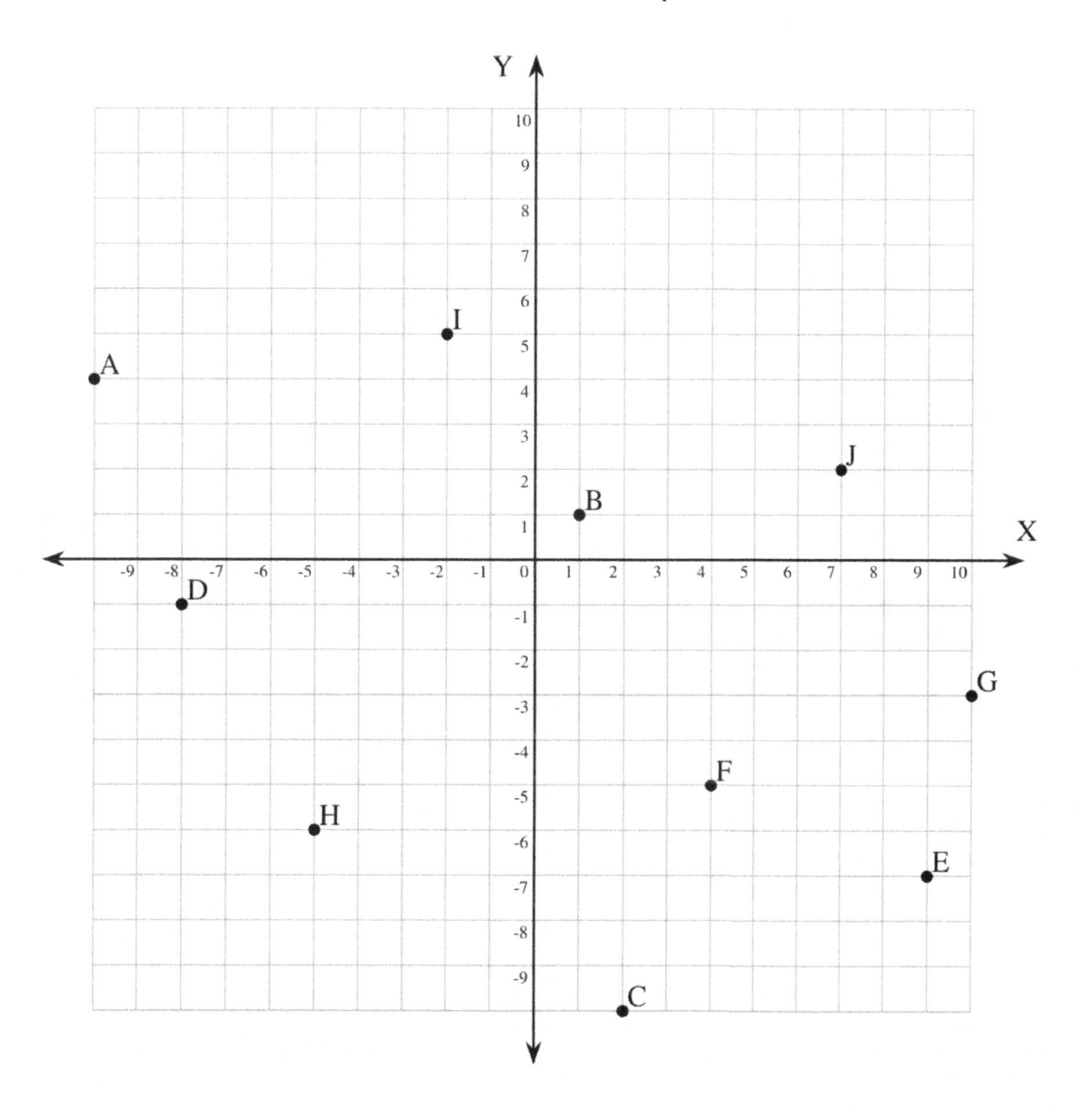

A _____   F _____

B _____   G _____

C _____   H _____

D _____   I _____

E _____   J _____

Answer Key

Write the coordinates of each labeled point.

A   (-10, 4)

B   (1, 1)

C   (2, -10)

D   (-8, -1)

E   (9, -7)

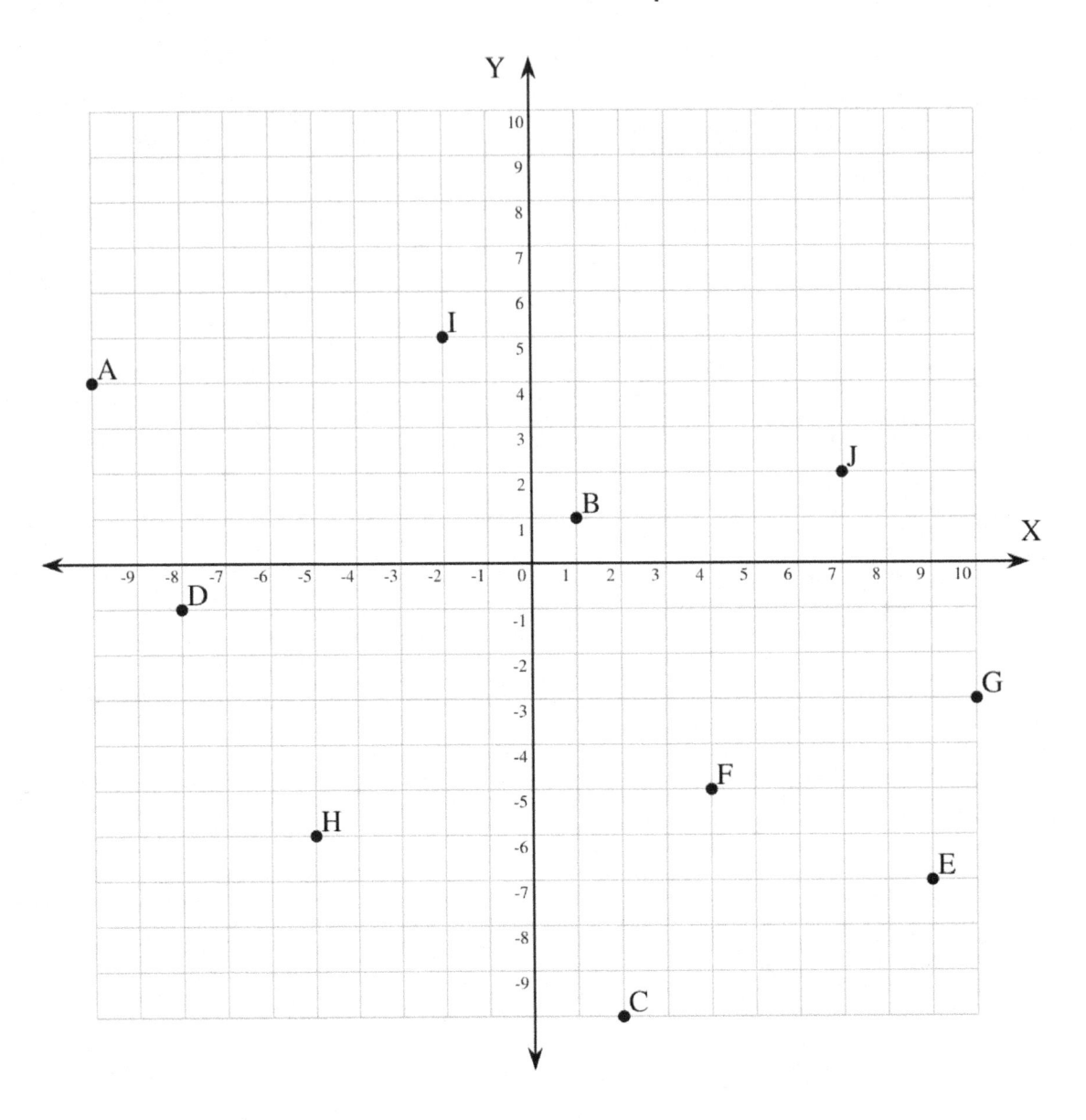

F   (4, -5)

G   (10, -3)

H   (-5, -6)

I   (-2, 5)

J   (7, 2)

Write the coordinates of each labeled point.

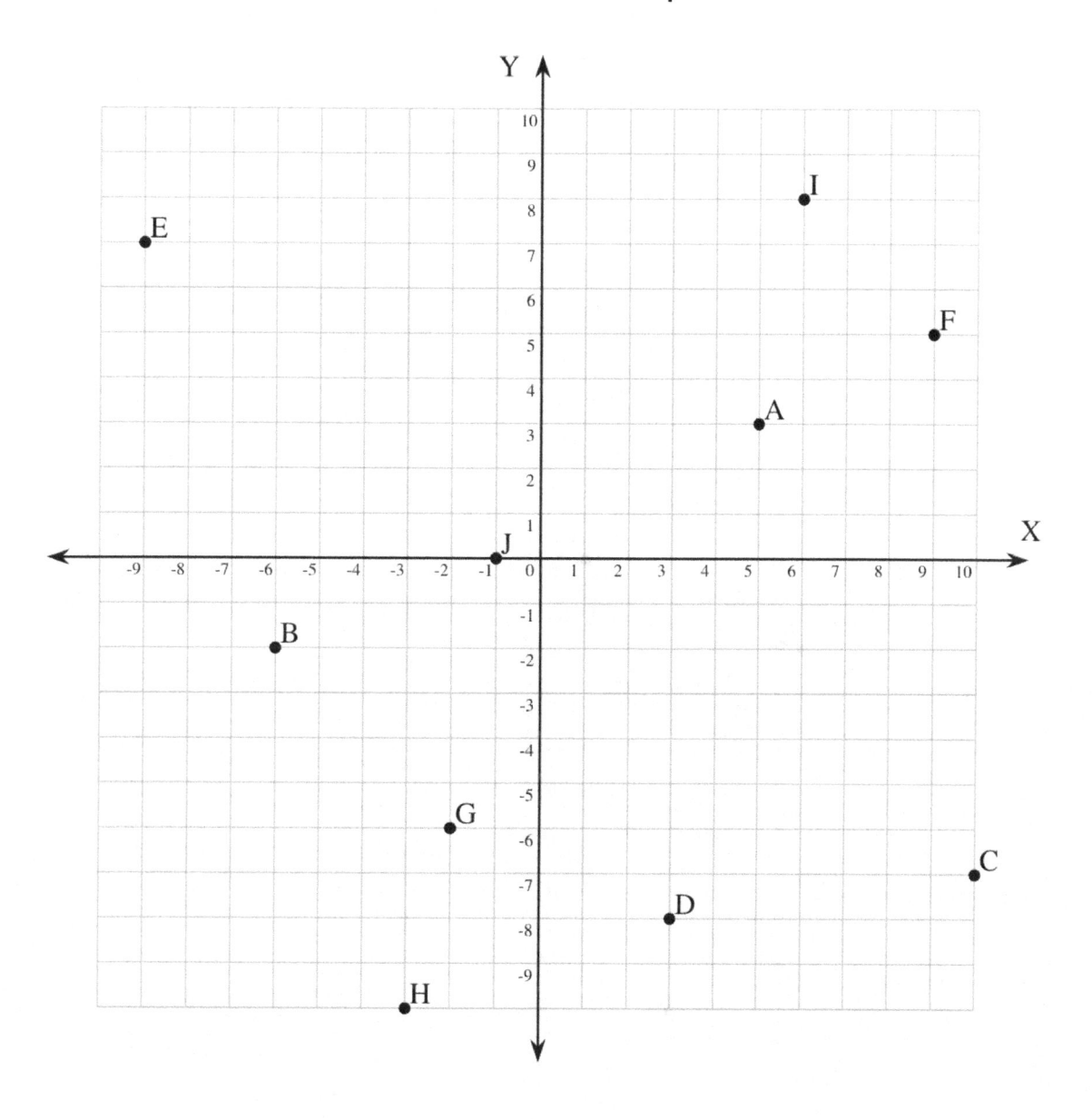

A _____   F _____

B _____   G _____

C _____   H _____

D _____   I _____

E _____   J _____

Answer Key

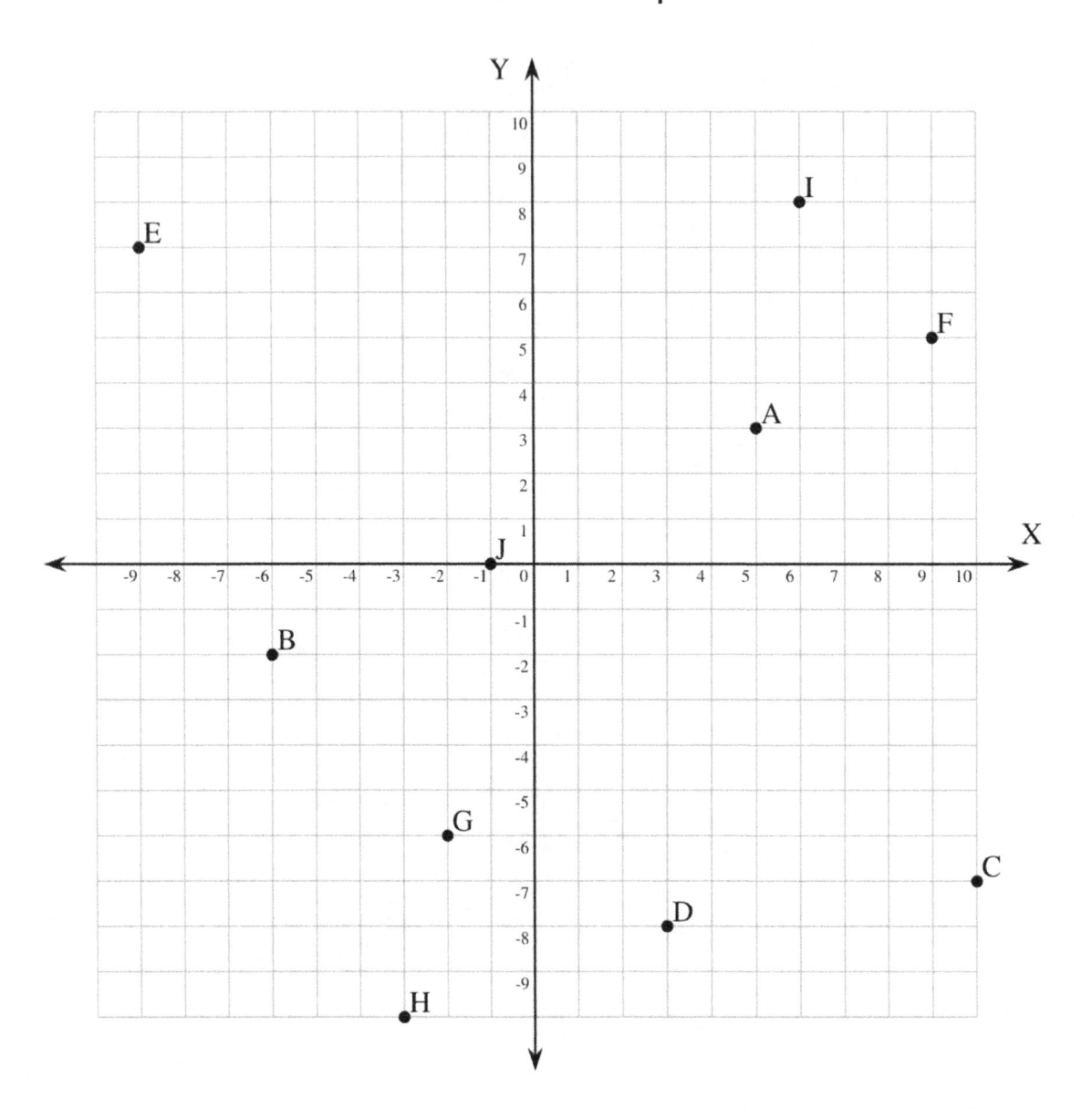

Write the coordinates of each labeled point.

A   (5, 3)   F   (9, 5)

B   (-6, -2)   G   (-2, -6)

C   (10, -7)   H   (-3, -10)

D   (3, -8)   I   (6, 8)

E   (-9, 7)   J   (-1, 0)

Write the coordinates of each labeled point.

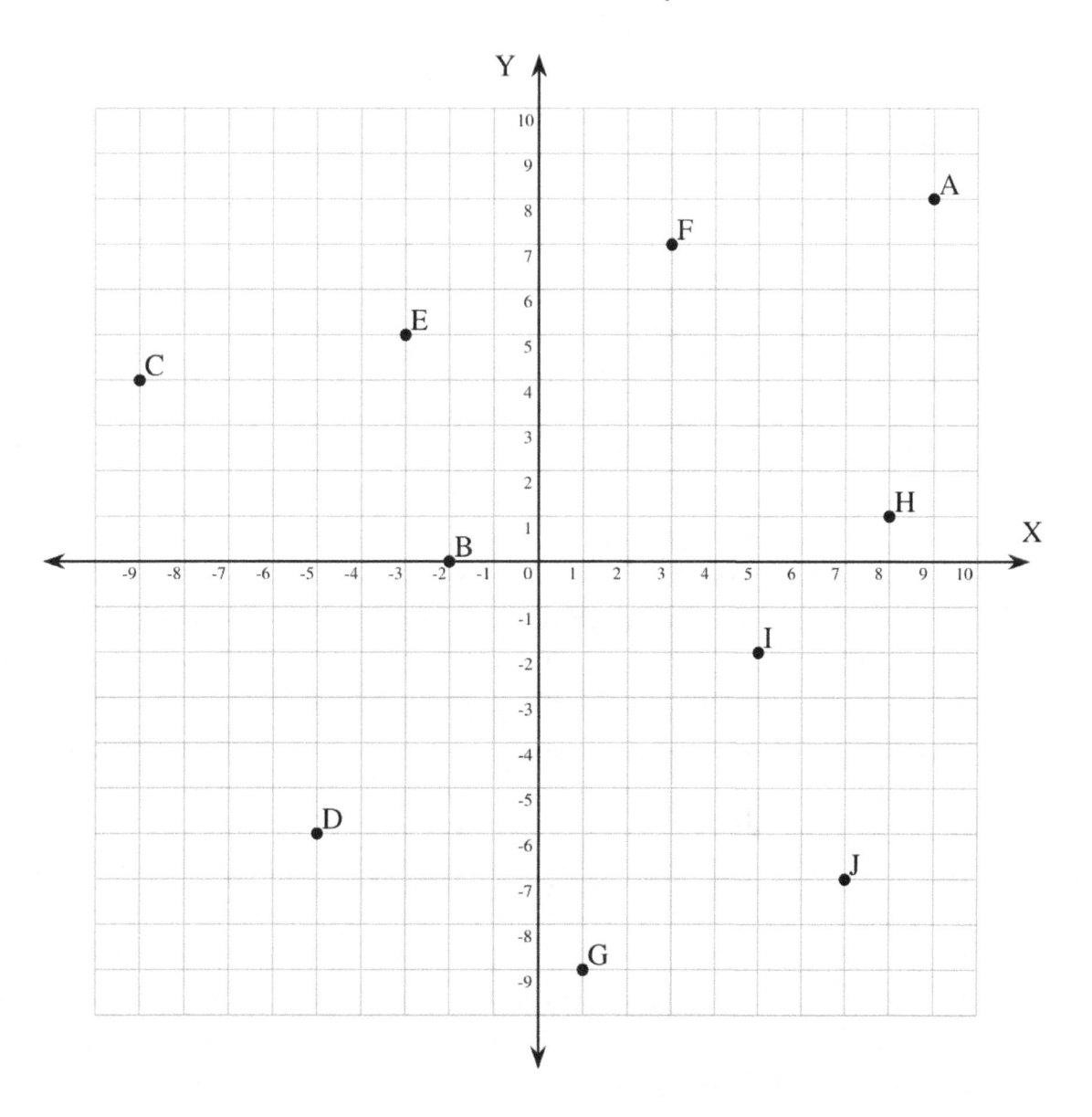

A _____   F _____

B _____   G _____

C _____   H _____

D _____   I _____

E _____   J _____

Answer Key

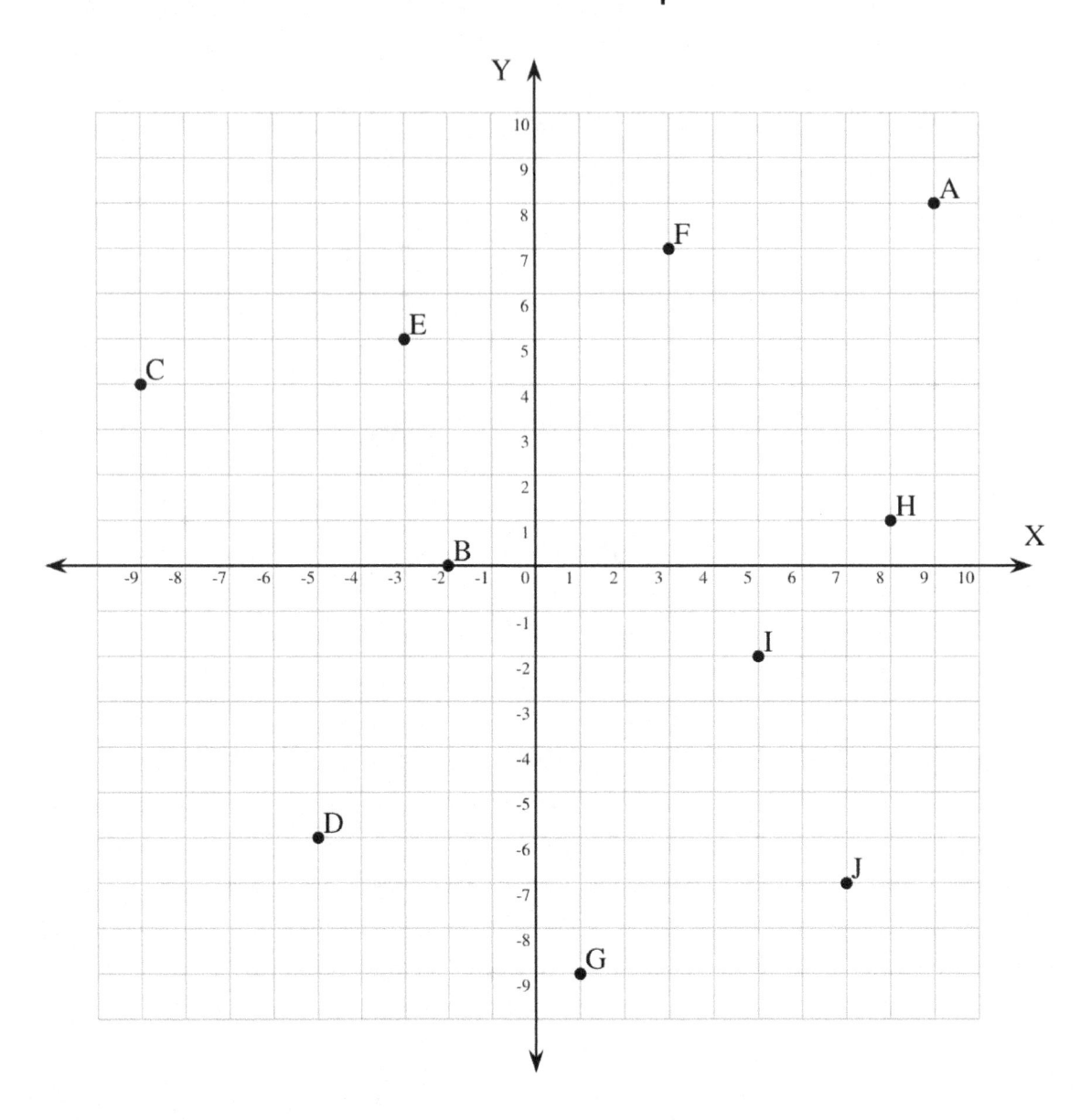

Write the coordinates of each labeled point.

A   (9, 8)   F   (3, 7)

B   (-2, 0)   G   (1, -9)

C   (-9, 4)   H   (8, 1)

D   (-5, -6)   I   (5, -2)

E   (-3, 5)   J   (7, -7)

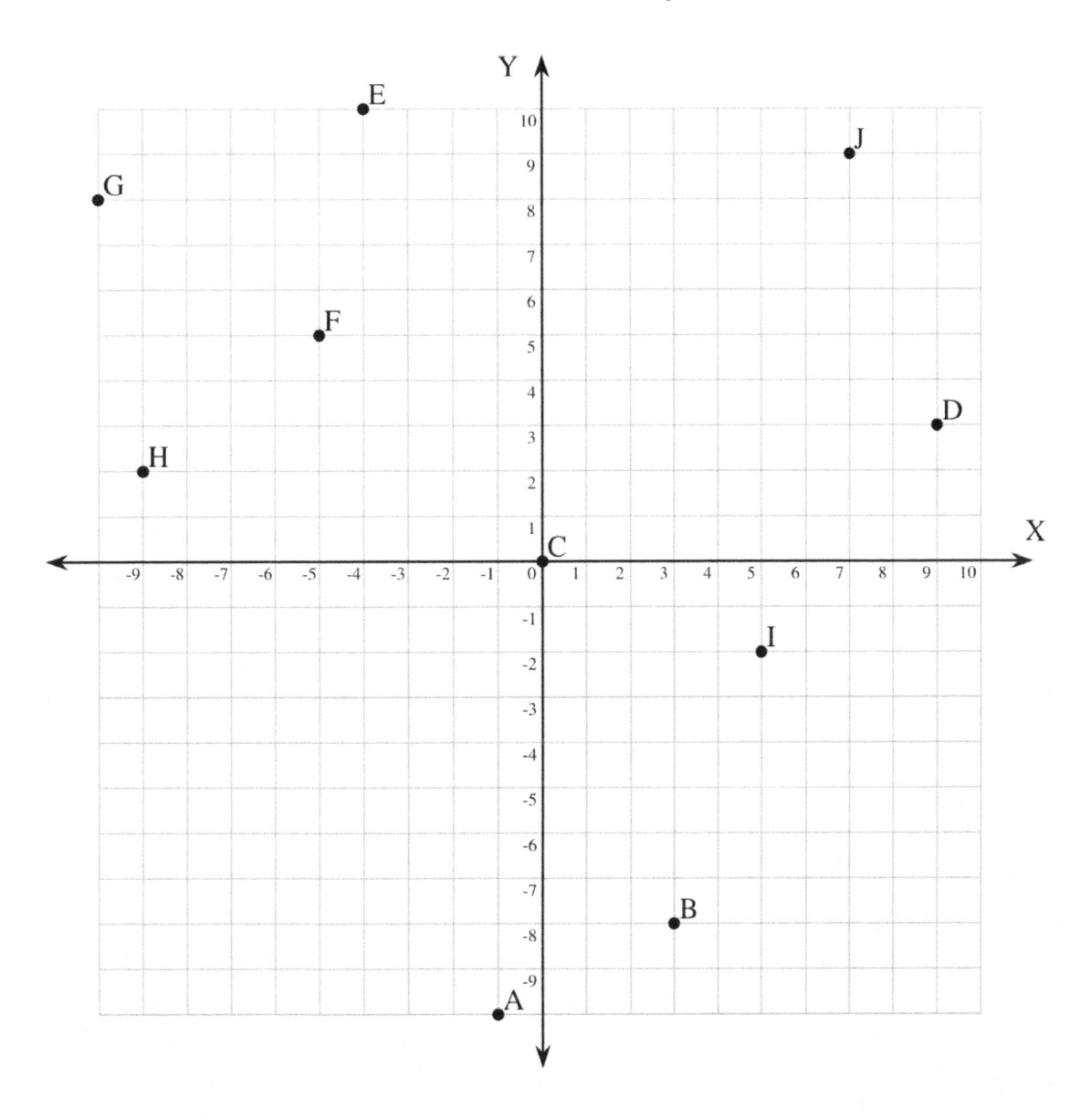

Write the coordinates of each labeled point.

A _____   F _____

B _____   G _____

C _____   H _____

D _____   I _____

E _____   J _____

Answer Key

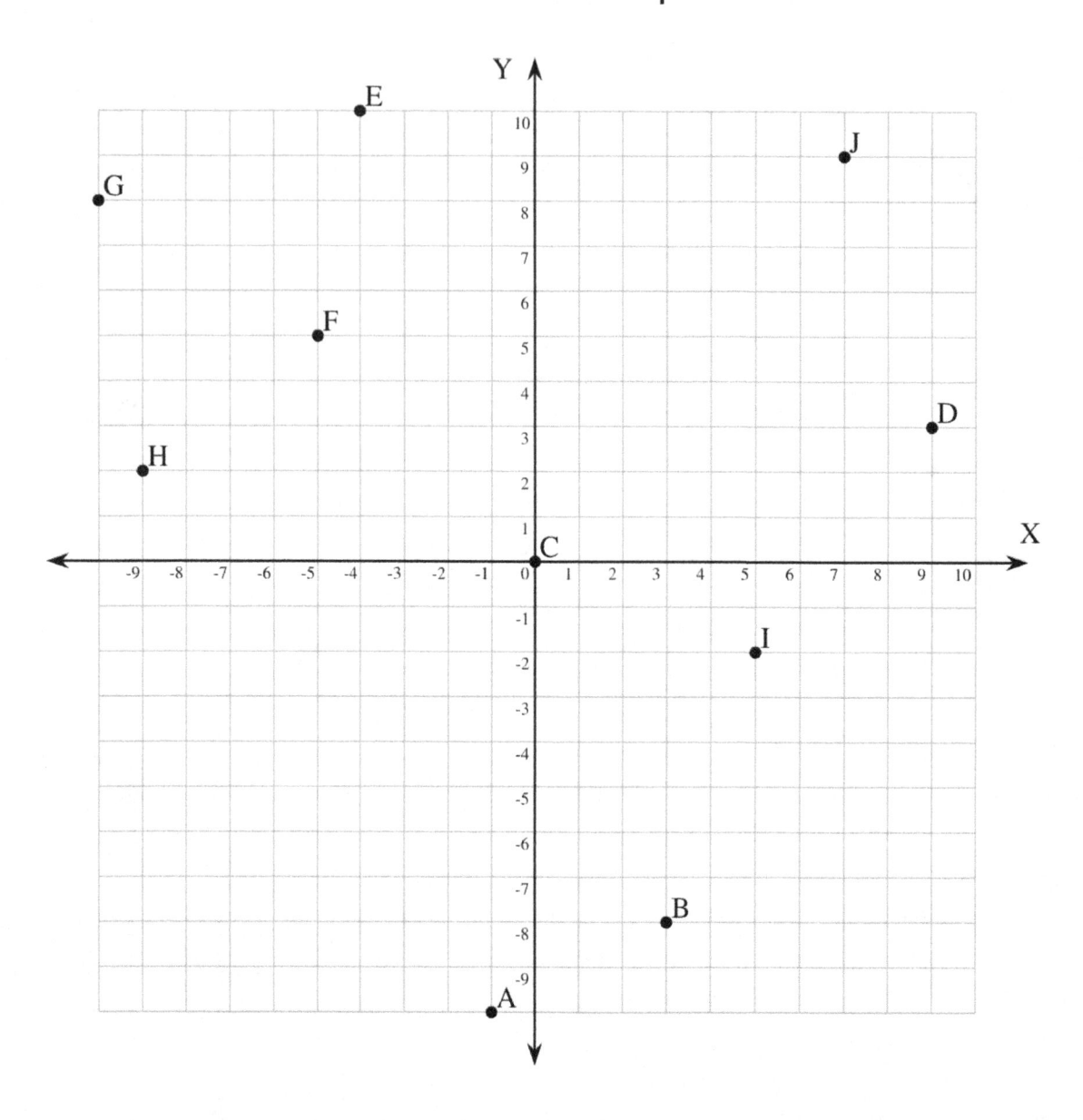

Write the coordinates of each labeled point.

A	(-1, -10)	F	(-5, 5)
B	(3, -8)	G	(-10, 8)
C	(0, 0)	H	(-9, 2)
D	(9, 3)	I	(5, -2)
E	(-4, 10)	J	(7, 9)

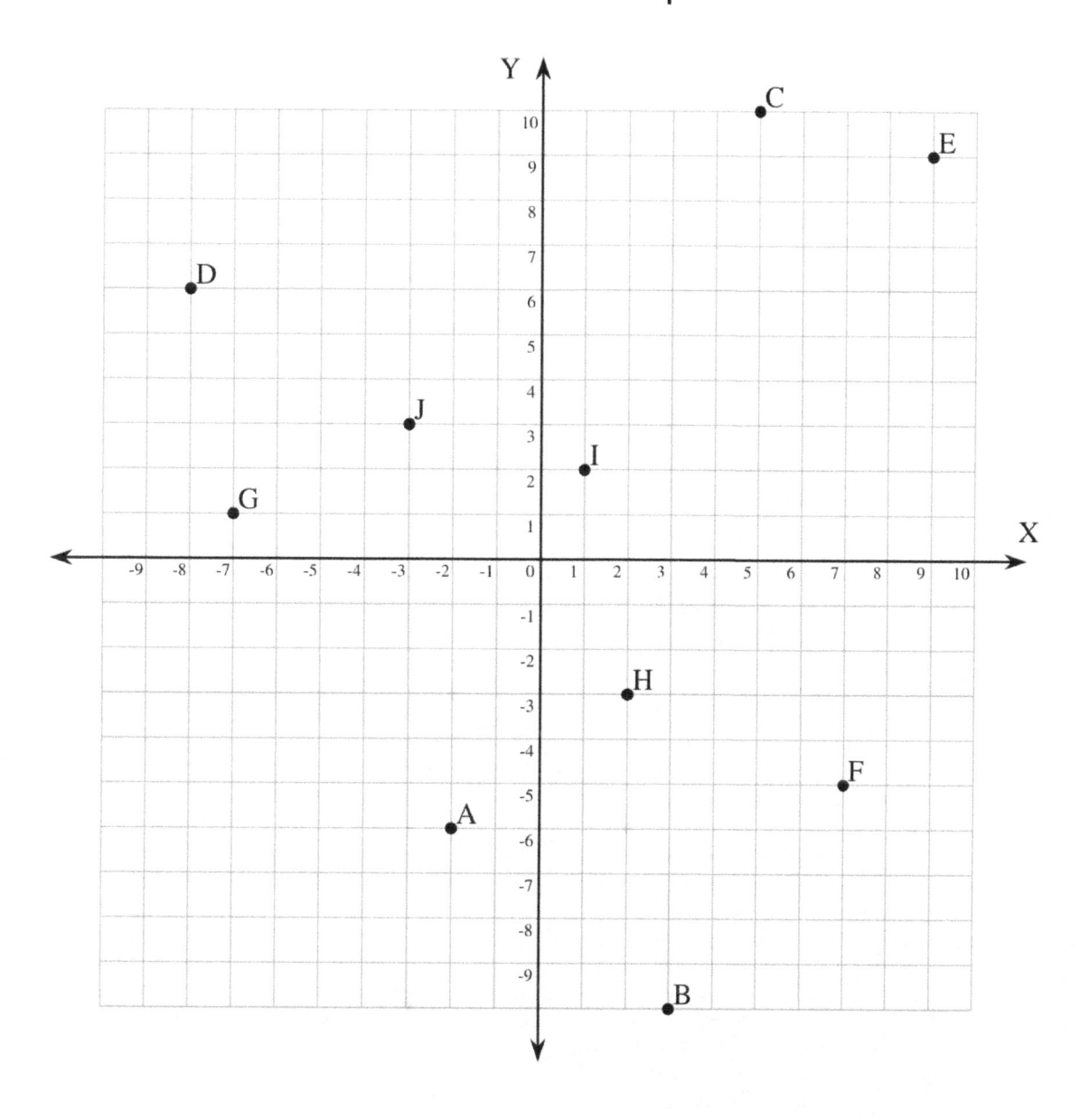

Write the coordinates of each labeled point.

A _____   F _____

B _____   G _____

C _____   H _____

D _____   I _____

E _____   J _____

Answer Key

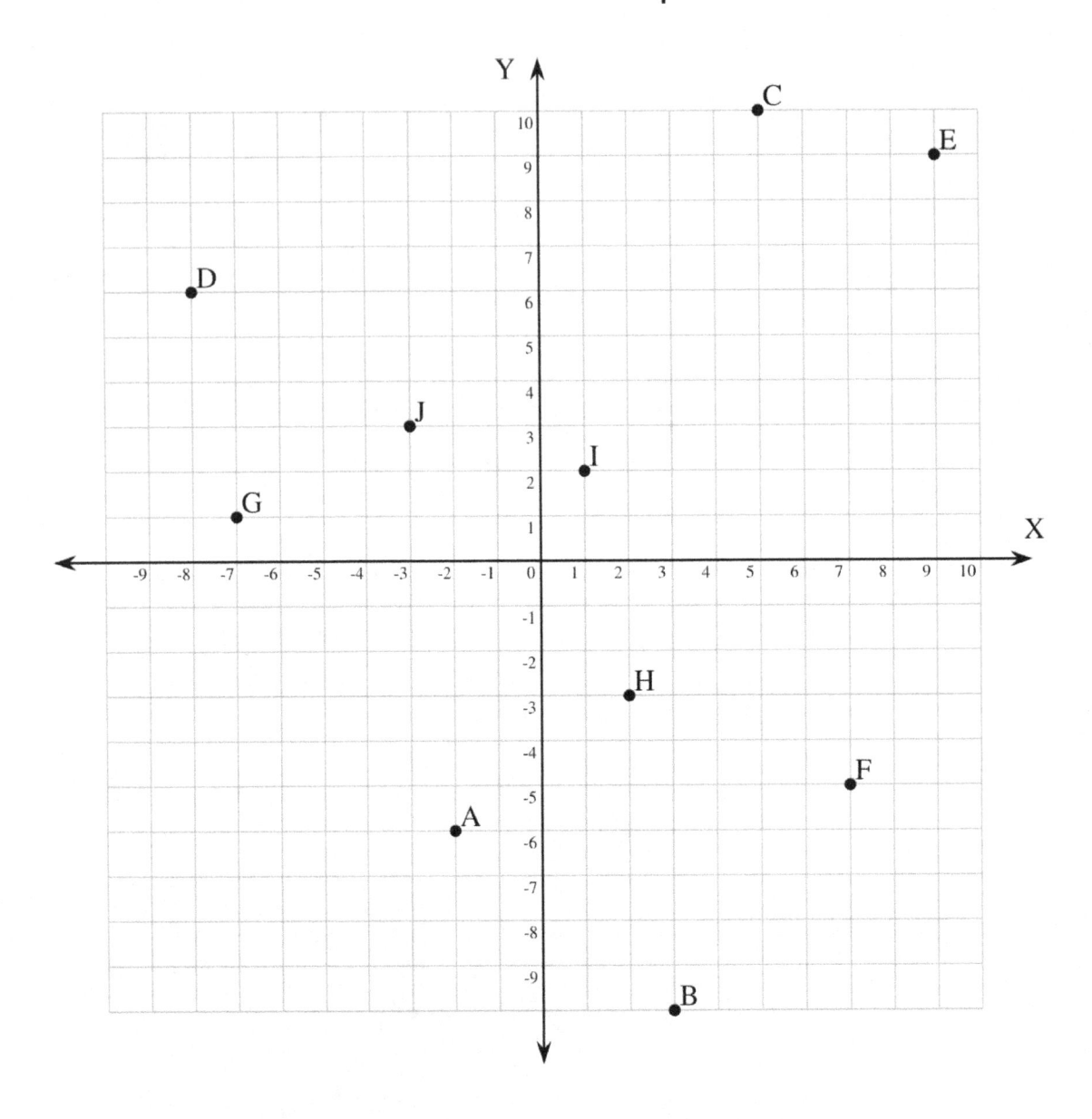

Write the coordinates of each labeled point.

A   (-2, -6)   F   (7, -5)

B   (3, -10)   G   (-7, 1)

C   (5, 10)   H   (2, -3)

D   (-8, 6)   I   (1, 2)

E   (9, 9)   J   (-3, 3)

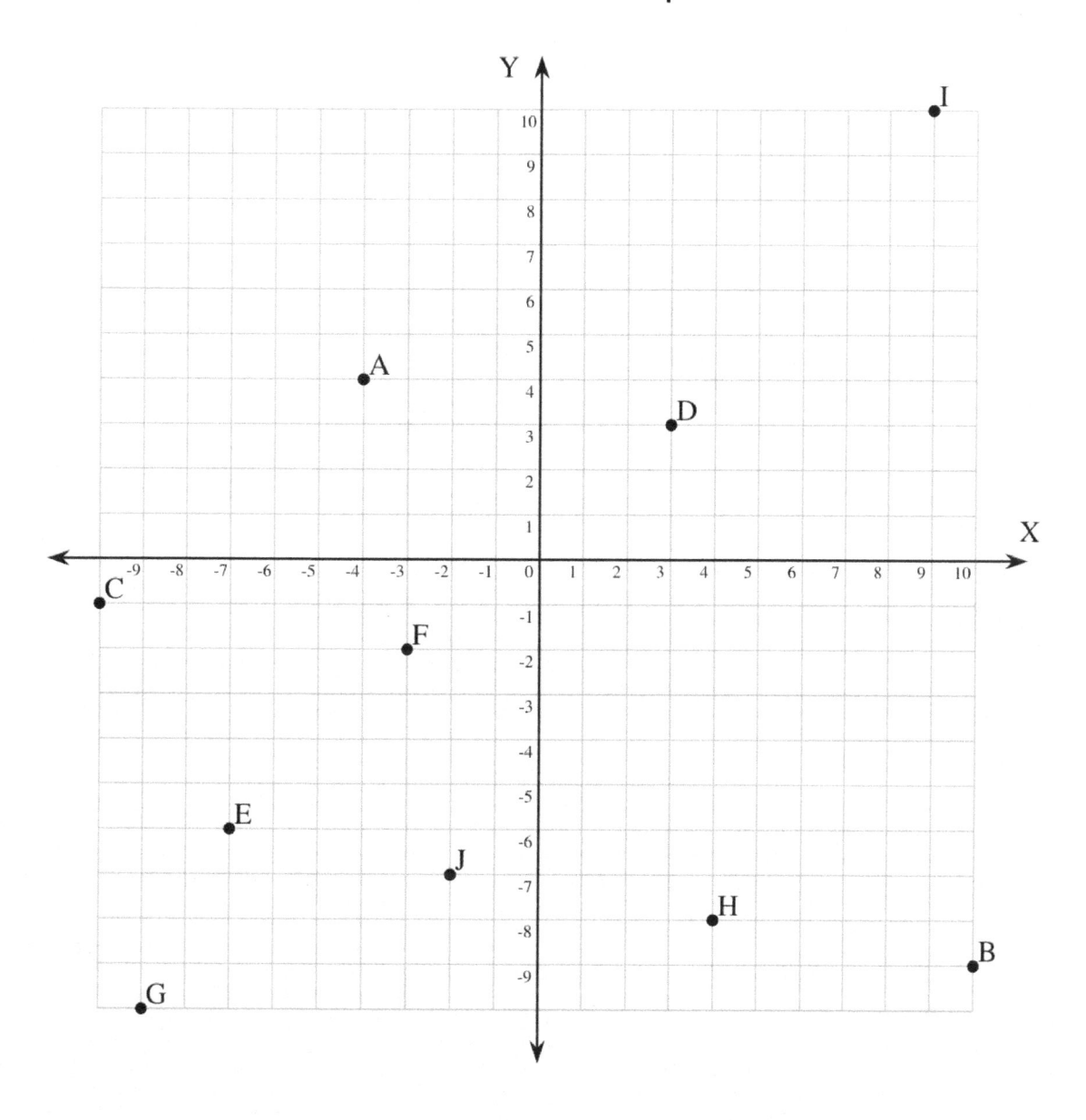

Write the coordinates of each labeled point.

A _____ F _____

B _____ G _____

C _____ H _____

D _____ I _____

E _____ J _____

Answer Key

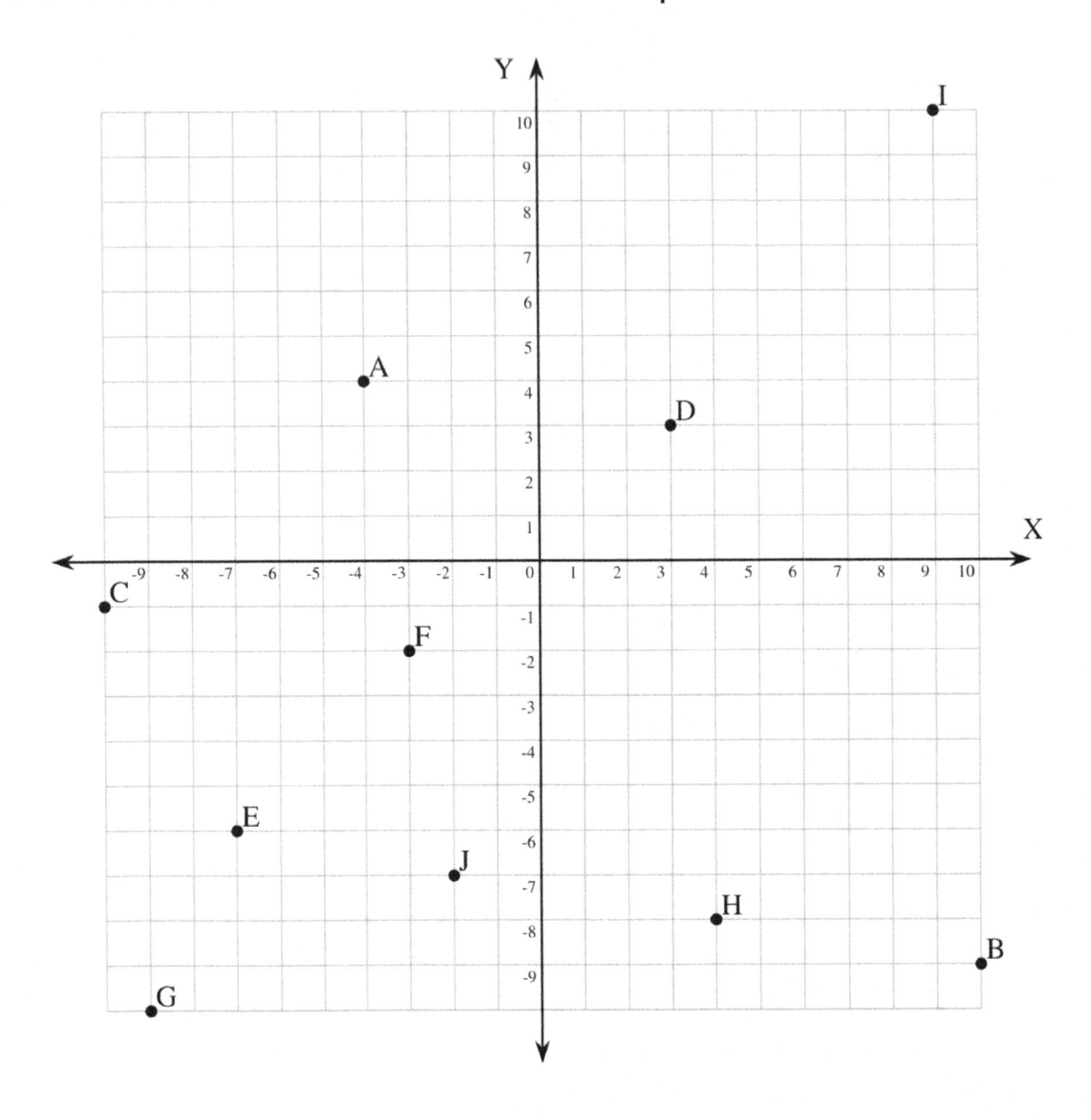

Write the coordinates of each labeled point.

A   (-4, 4)   F   (-3, -2)

B   (10, -9)   G   (-9, -10)

C   (-10, -1)   H   (4, -8)

D   (3, 3)   I   (9, 10)

E   (-7, -6)   J   (-2, -7)

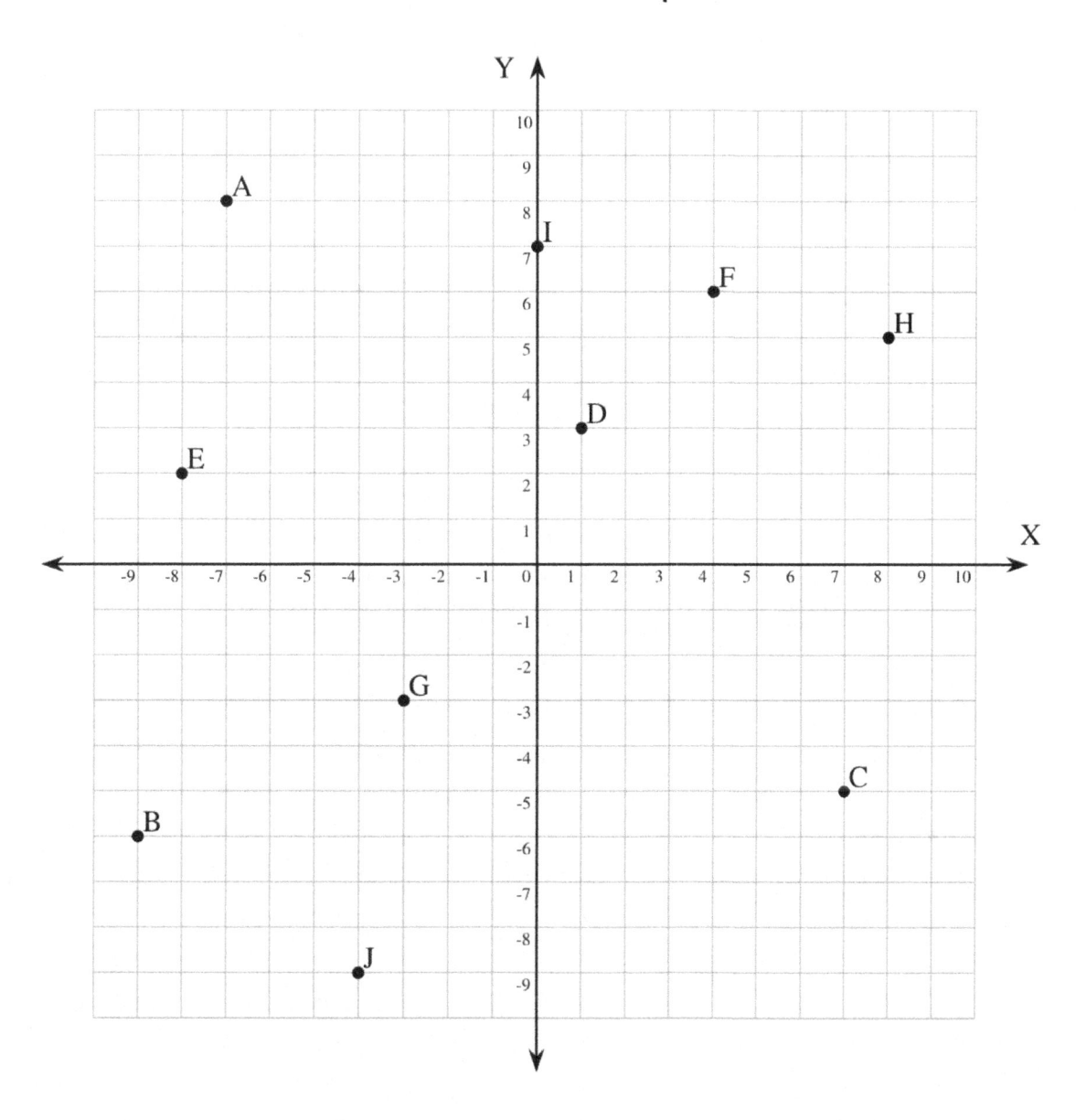

Write the coordinates of each labeled point.

A _____   F _____

B _____   G _____

C _____   H _____

D _____   I _____

E _____   J _____

Answer Key

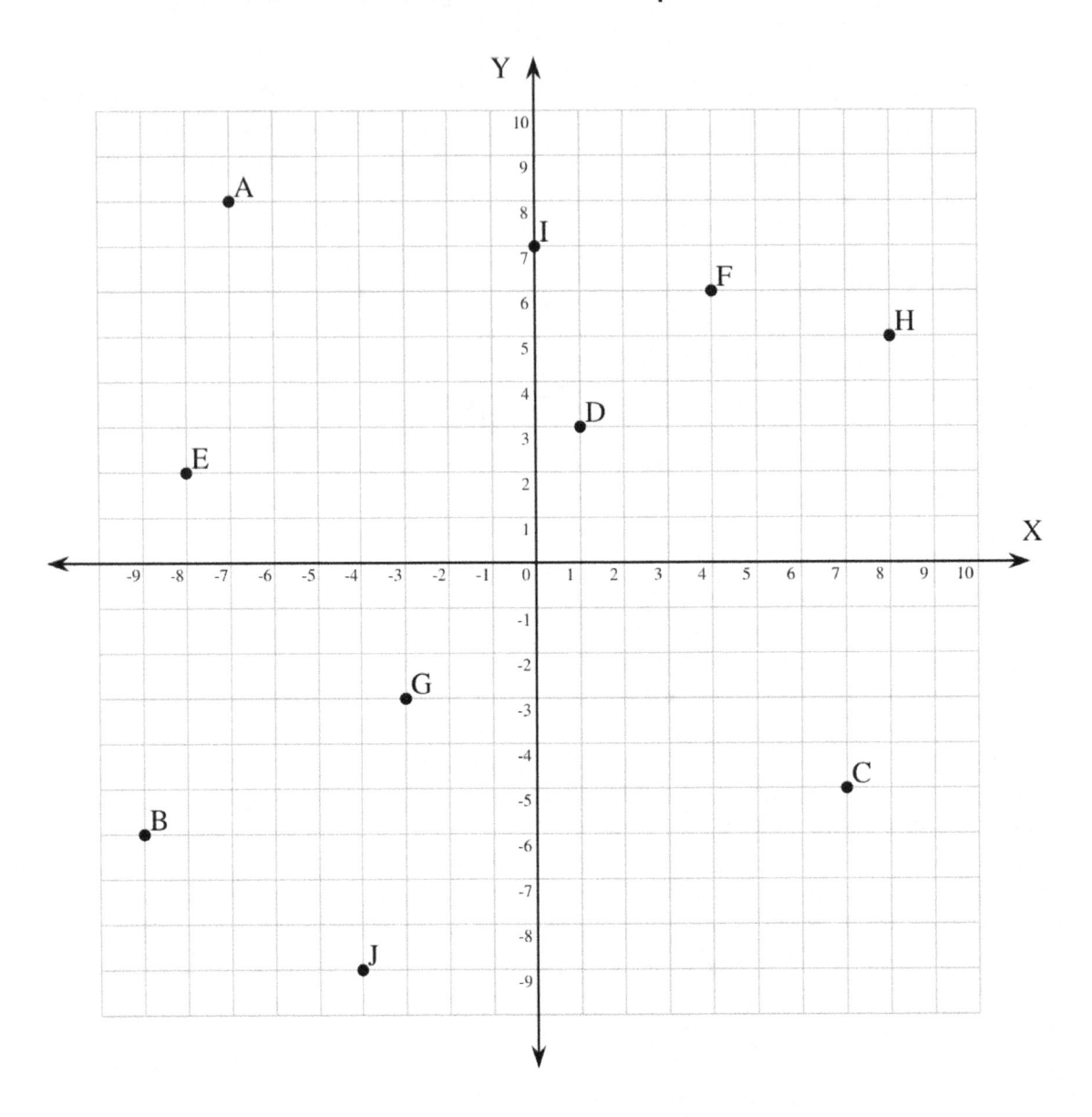

Write the coordinates of each labeled point.

A   (-7, 8)   F   (4, 6)

B   (-9, -6)   G   (-3, -3)

C   (7, -5)   H   (8, 5)

D   (1, 3)   I   (0, 7)

E   (-8, 2)   J   (-4, -9)

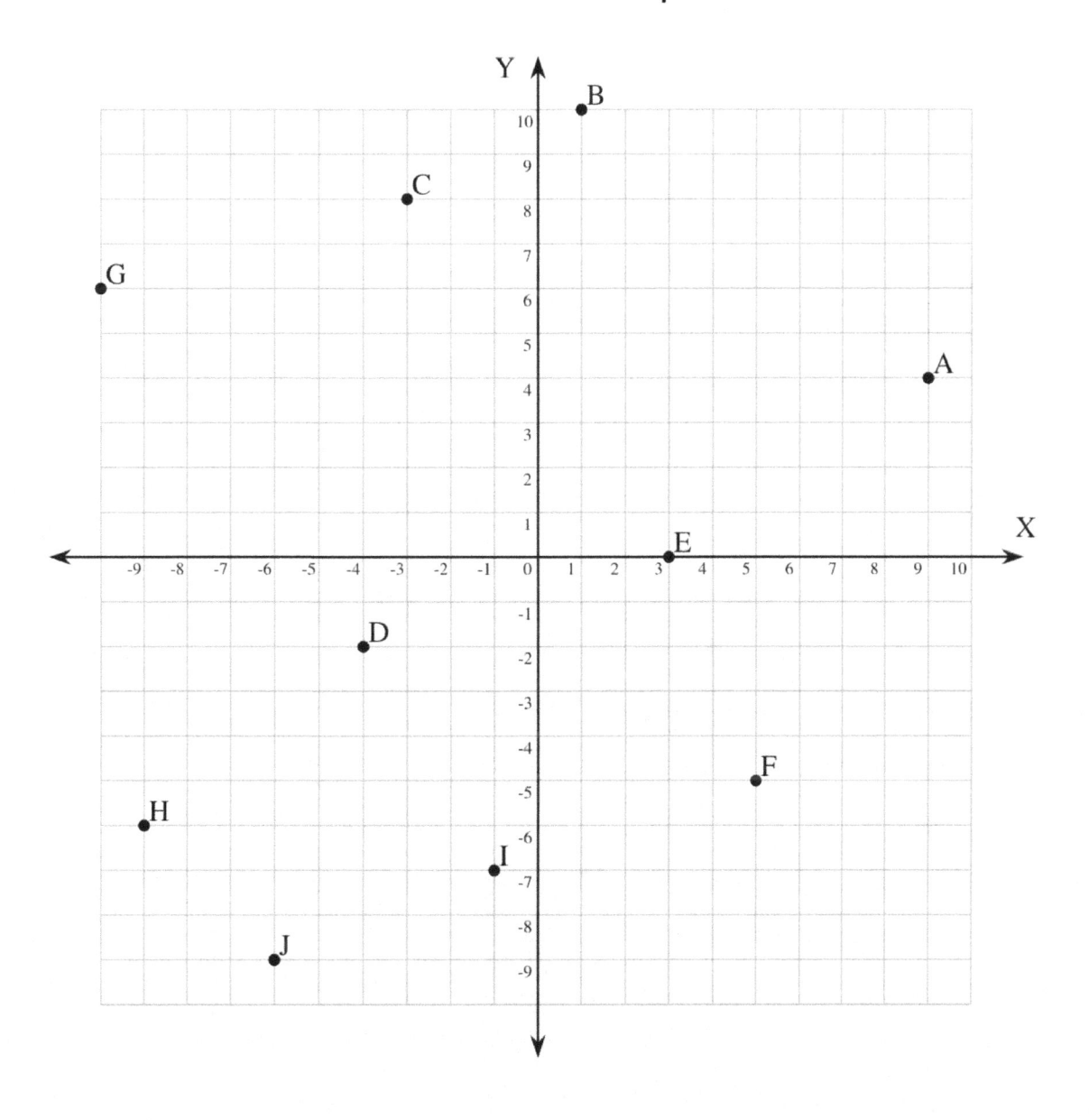

Write the coordinates of each labeled point.

A _____   F _____

B _____   G _____

C _____   H _____

D _____   I _____

E _____   J _____

Answer Key

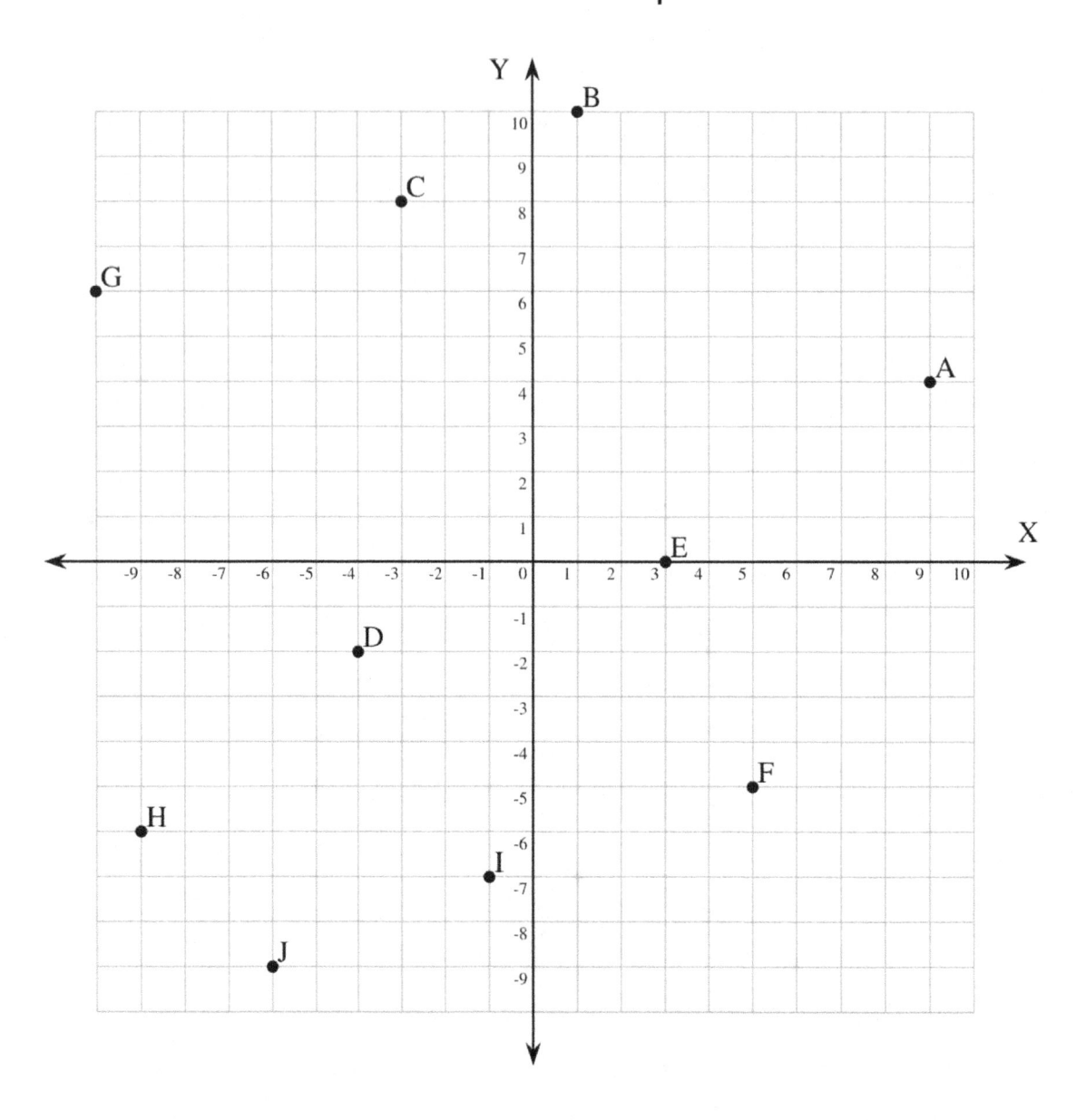

Write the coordinates of each labeled point.

A	(9, 4)	F	(5, -5)
B	(1, 10)	G	(-10, 6)
C	(-3, 8)	H	(-9, -6)
D	(-4, -2)	I	(-1, -7)
E	(3, 0)	J	(-6, -9)

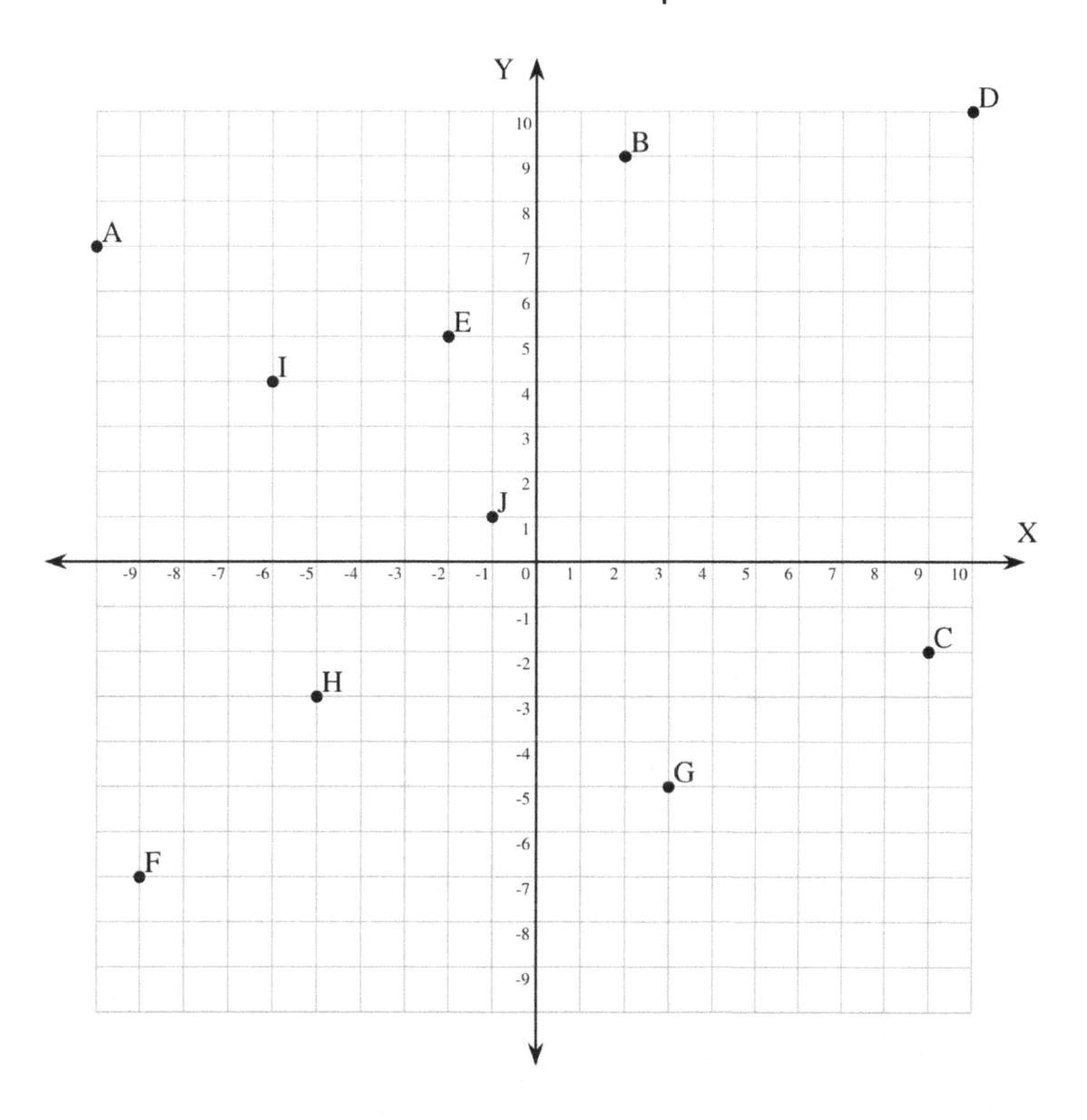

Write the coordinates of each labeled point.

A _____   F _____

B _____   G _____

C _____   H _____

D _____   I _____

E _____   J _____

Answer Key

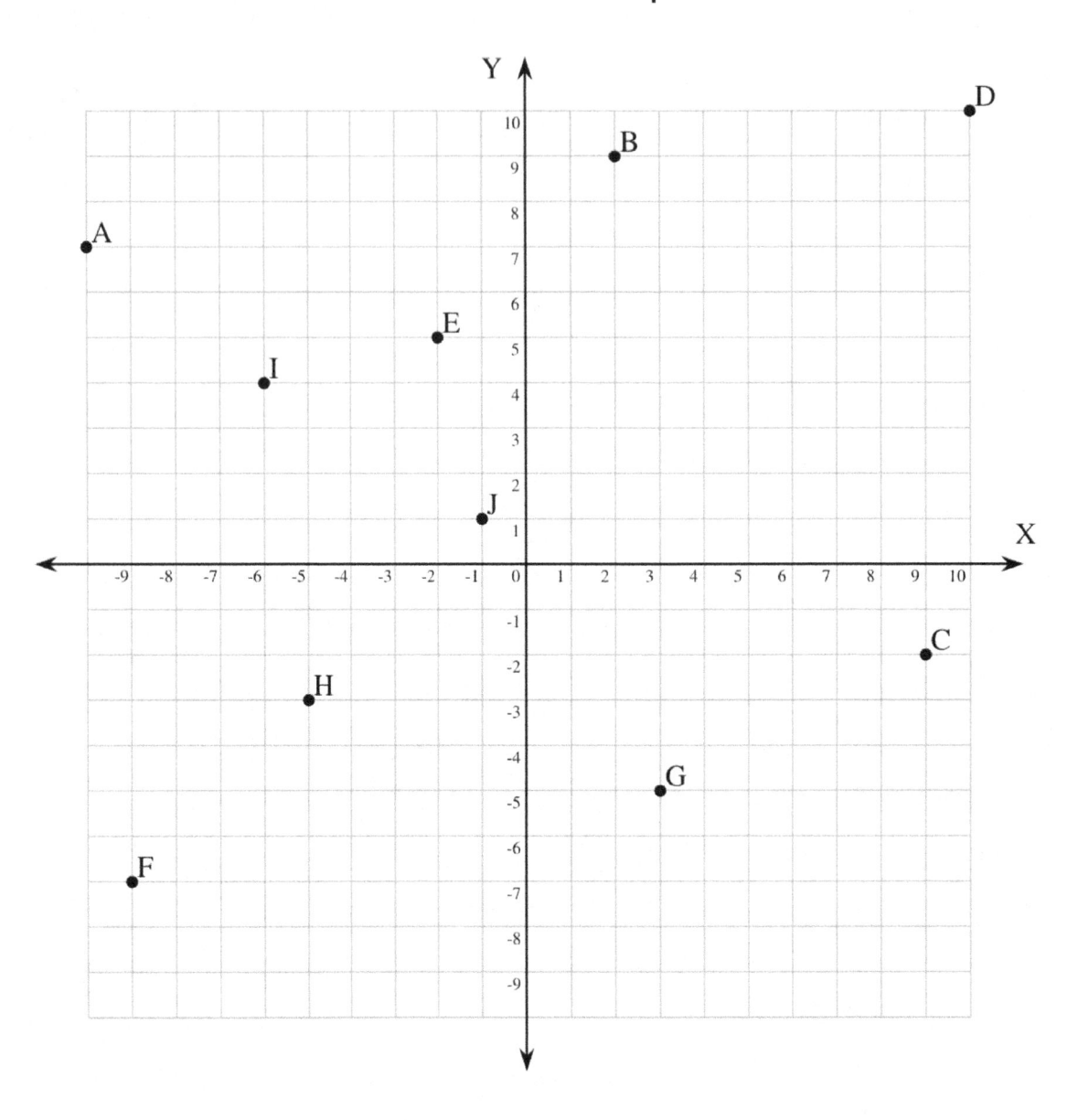

Write the coordinates of each labeled point.

A   (-10, 7)   F   (-9, -7)

B   (2, 9)   G   (3, -5)

C   (9, -2)   H   (-5, -3)

D   (10, 10)   I   (-6, 4)

E   (-2, 5)   J   (-1, 1)

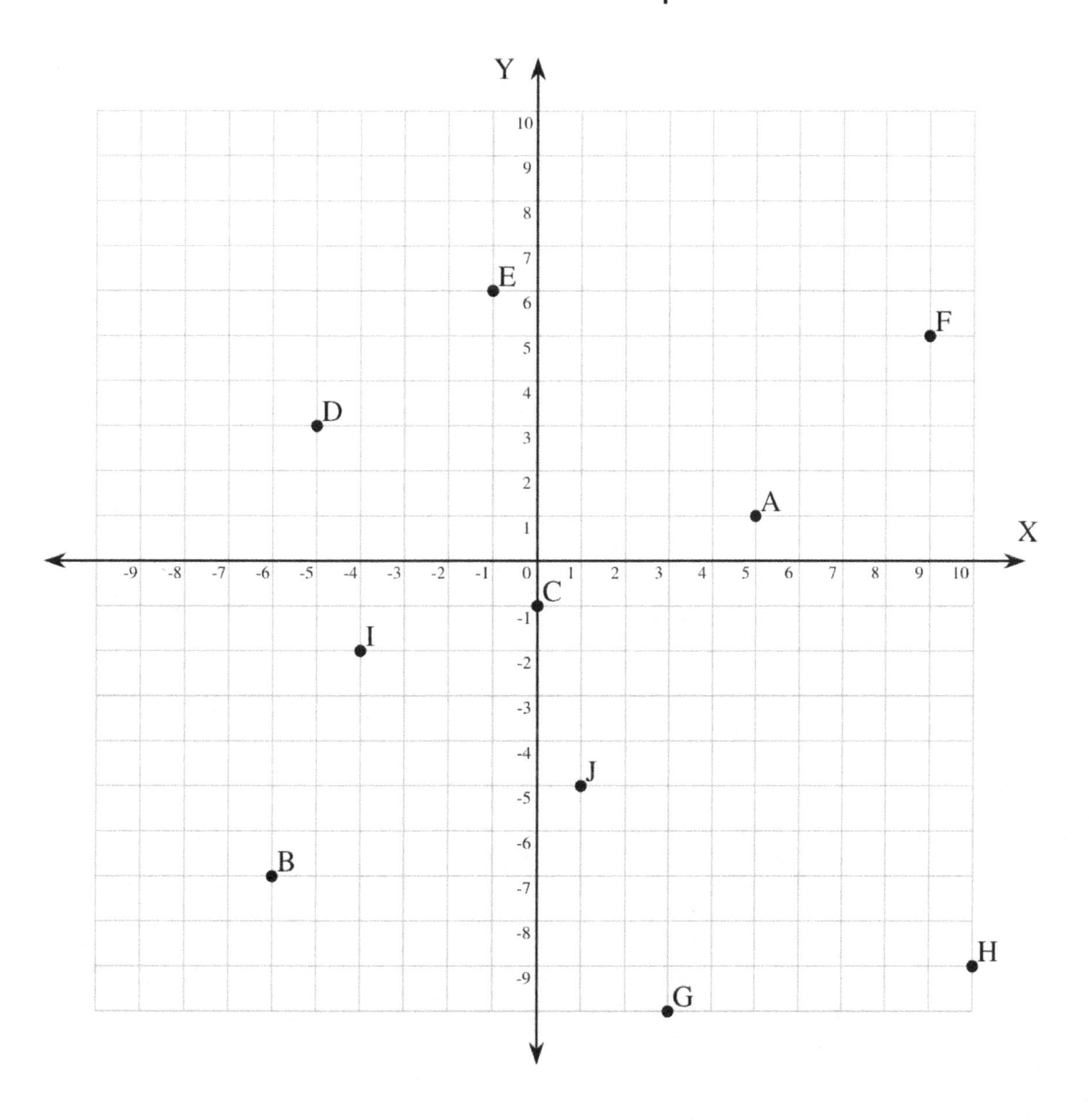

Write the coordinates of each labeled point.

A _____   F _____

B _____   G _____

C _____   H _____

D _____   I _____

E _____   J _____

Answer Key

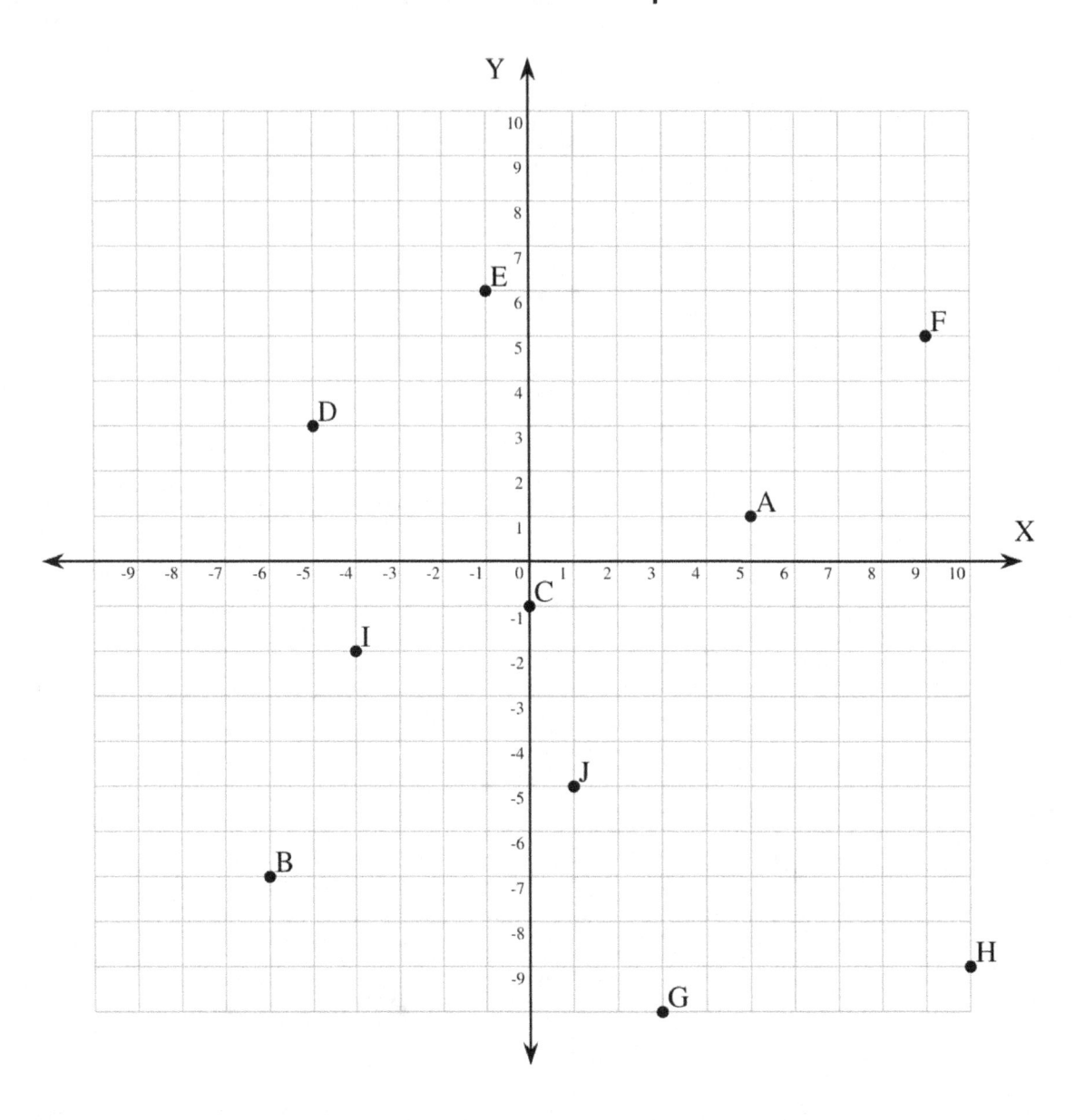

Write the coordinates of each labeled point.

A	(5, 1)	F	(9, 5)
B	(-6, -7)	G	(3, -10)
C	(0, -1)	H	(10, -9)
D	(-5, 3)	I	(-4, -2)
E	(-1, 6)	J	(1, -5)

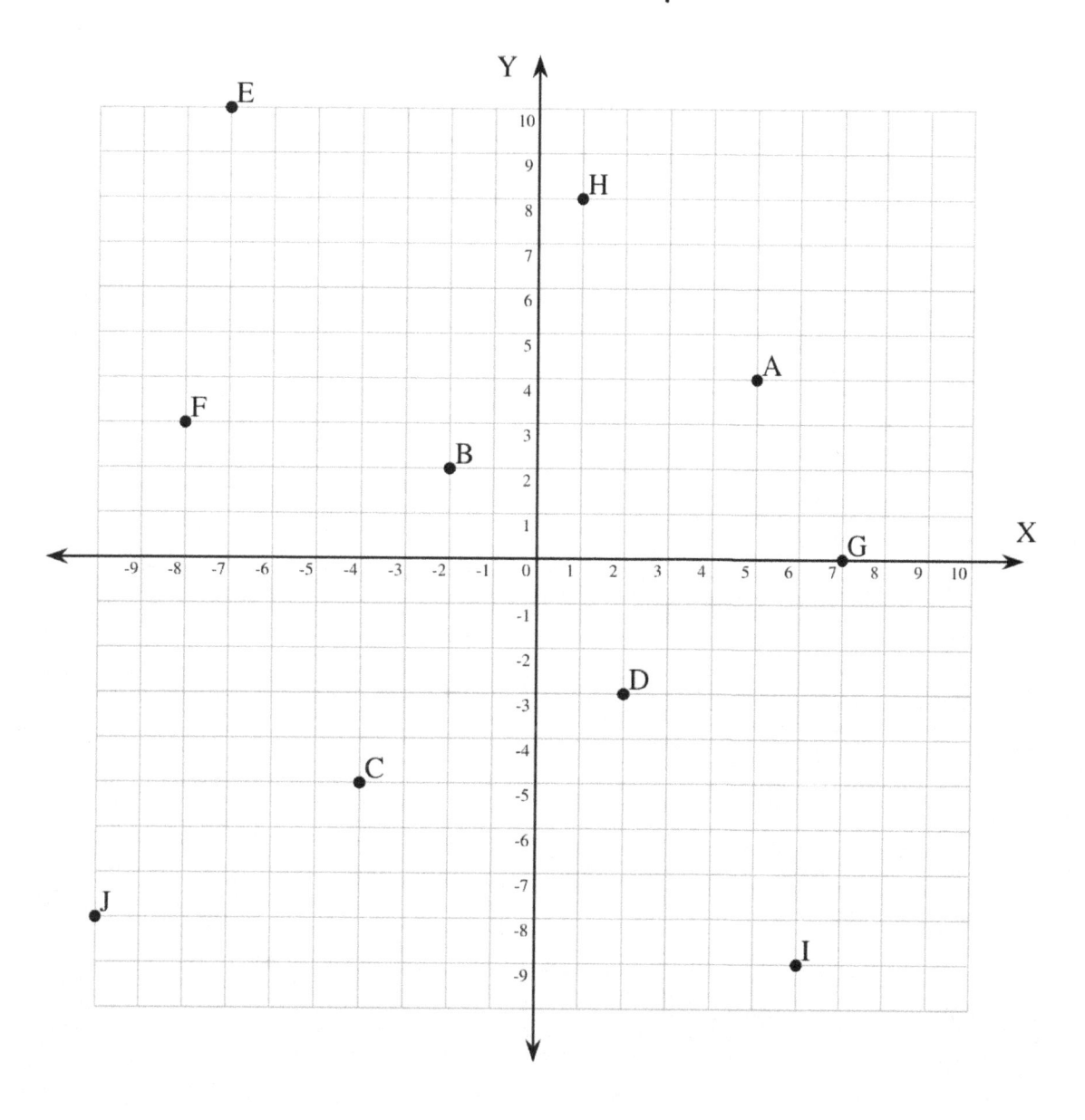

Write the coordinates of each labeled point.

A _____   F _____

B _____   G _____

C _____   H _____

D _____   I _____

E _____   J _____

Answer Key

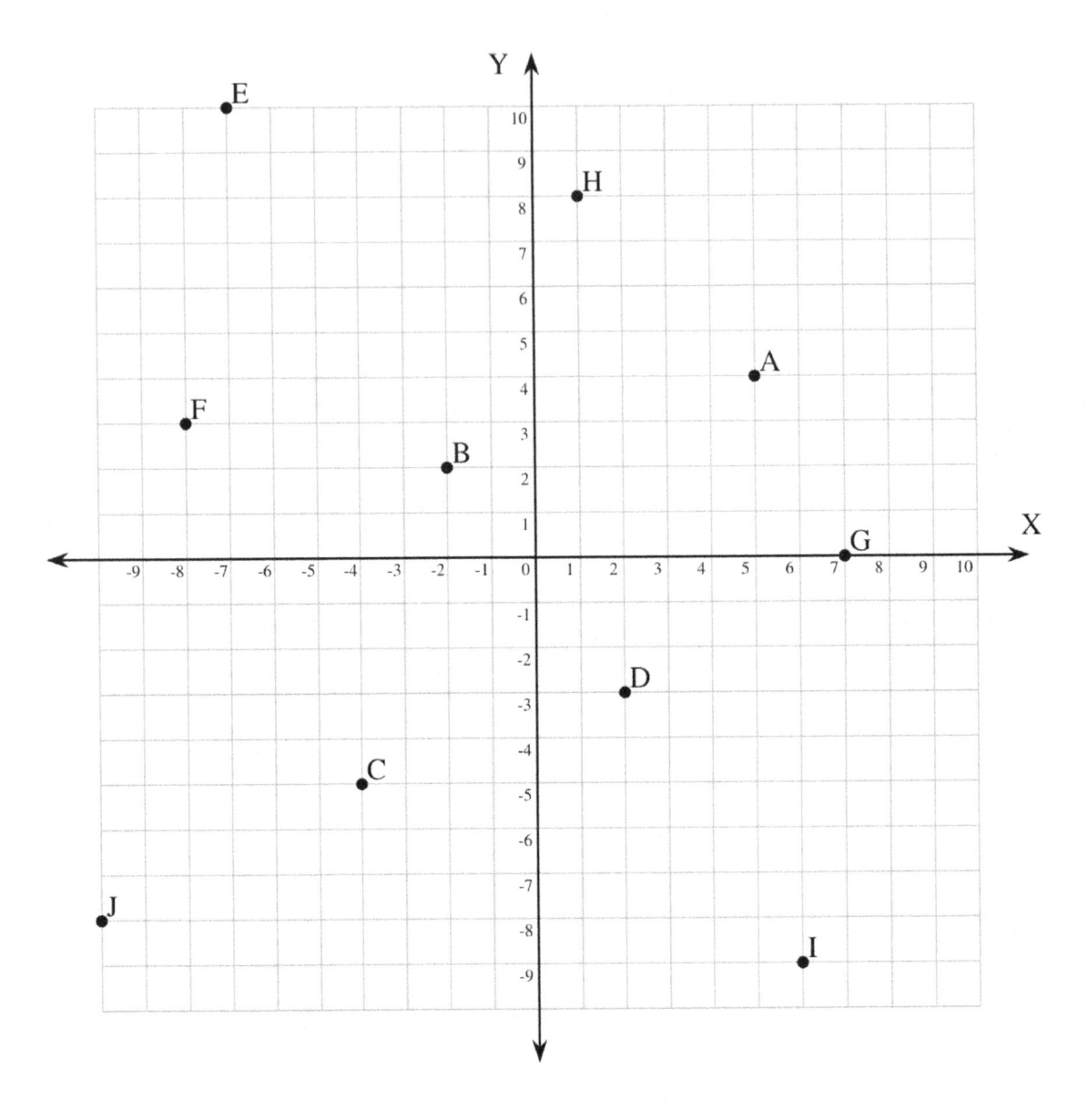

Write the coordinates of each labeled point.

A   (5, 4)   F   (-8, 3)

B   (-2, 2)   G   (7, 0)

C   (-4, -5)   H   (1, 8)

D   (2, -3)   I   (6, -9)

E   (-7, 10)   J   (-10, -8)

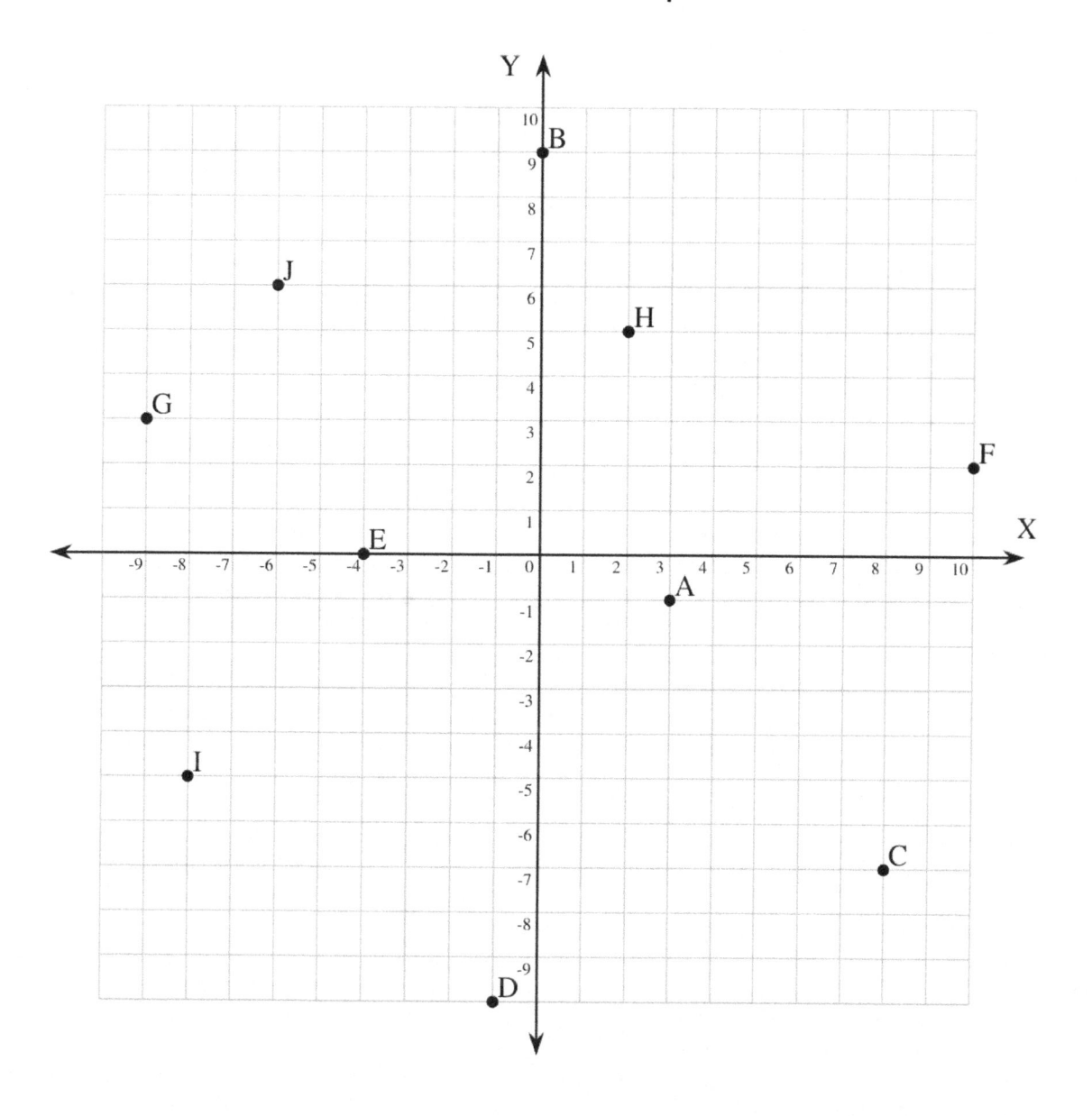

Write the coordinates of each labeled point.

A _____   F _____

B _____   G _____

C _____   H _____

D _____   I _____

E _____   J _____

Answer Key

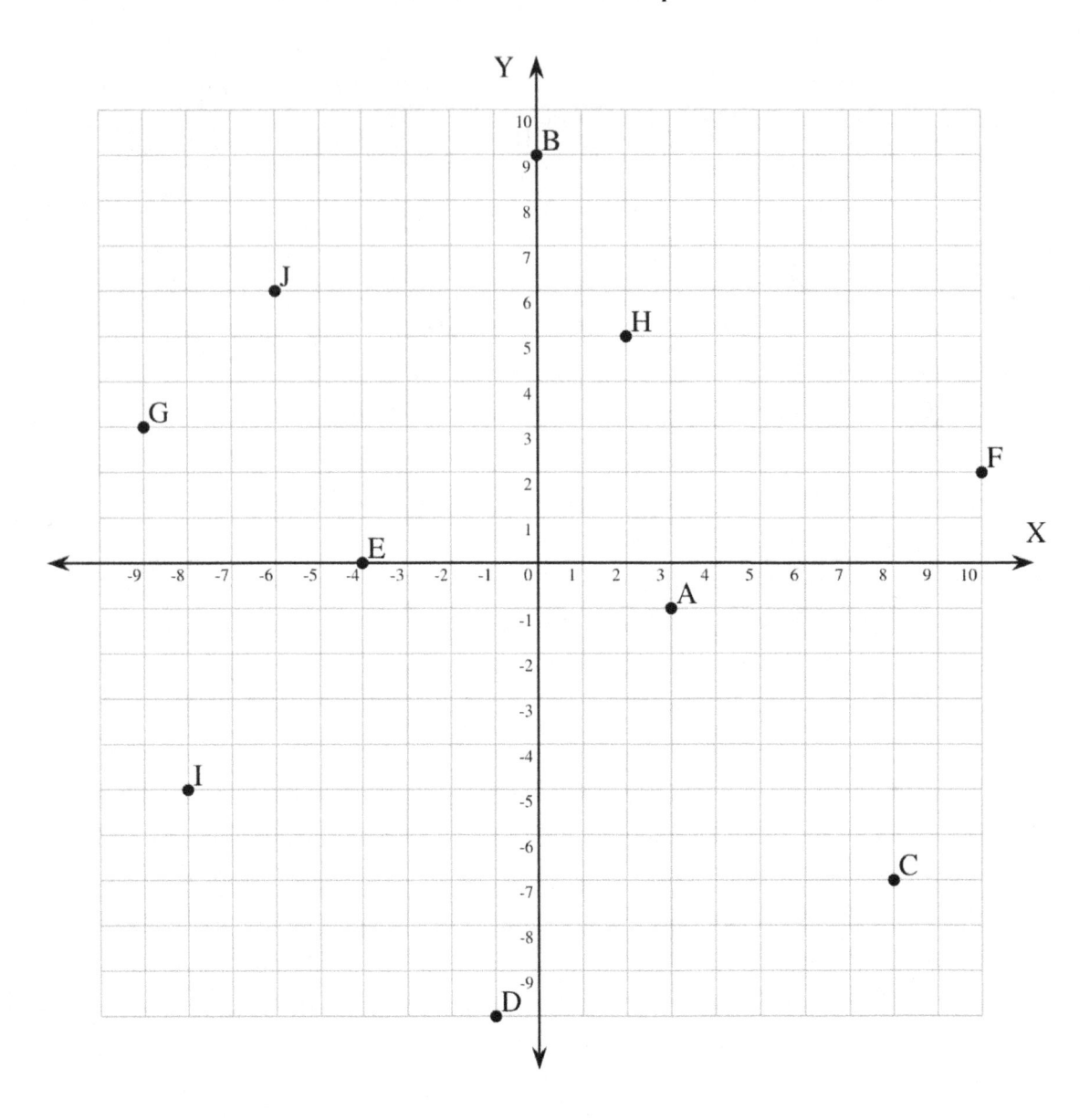

Write the coordinates of each labeled point.

A   (3, -1)   F   (10, 2)

B   (0, 9)   G   (-9, 3)

C   (8, -7)   H   (2, 5)

D   (-1, -10)   I   (-8, -5)

E   (-4, 0)   J   (-6, 6)

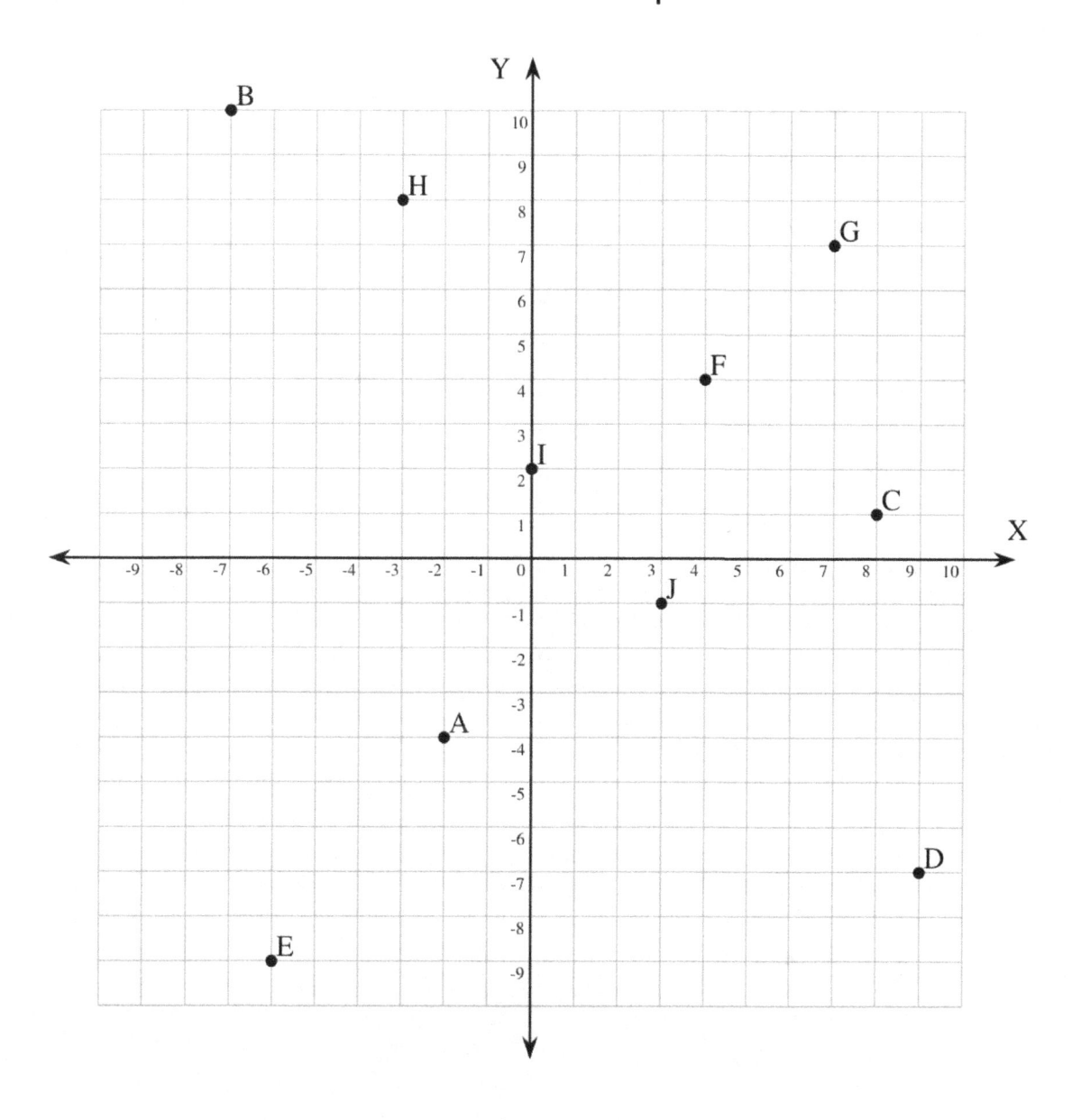

Write the coordinates of each labeled point.

A _____   F _____

B _____   G _____

C _____   H _____

D _____   I _____

E _____   J _____

Answer Key

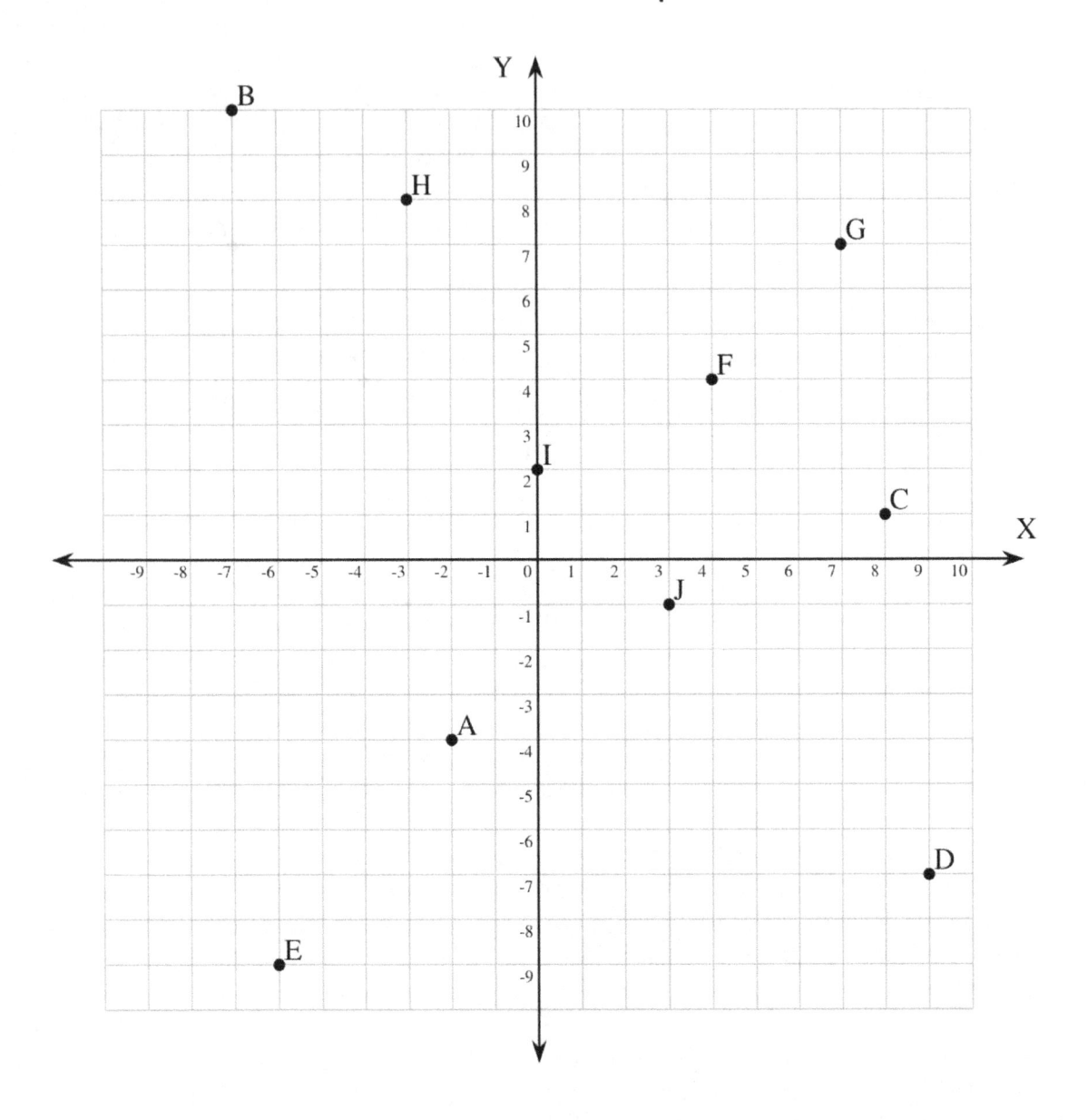

Write the coordinates of each labeled point.

A   (-2, -4)   F   (4, 4)

B   (-7, 10)   G   (7, 7)

C   (8, 1)   H   (-3, 8)

D   (9, -7)   I   (0, 2)

E   (-6, -9)   J   (3, -1)

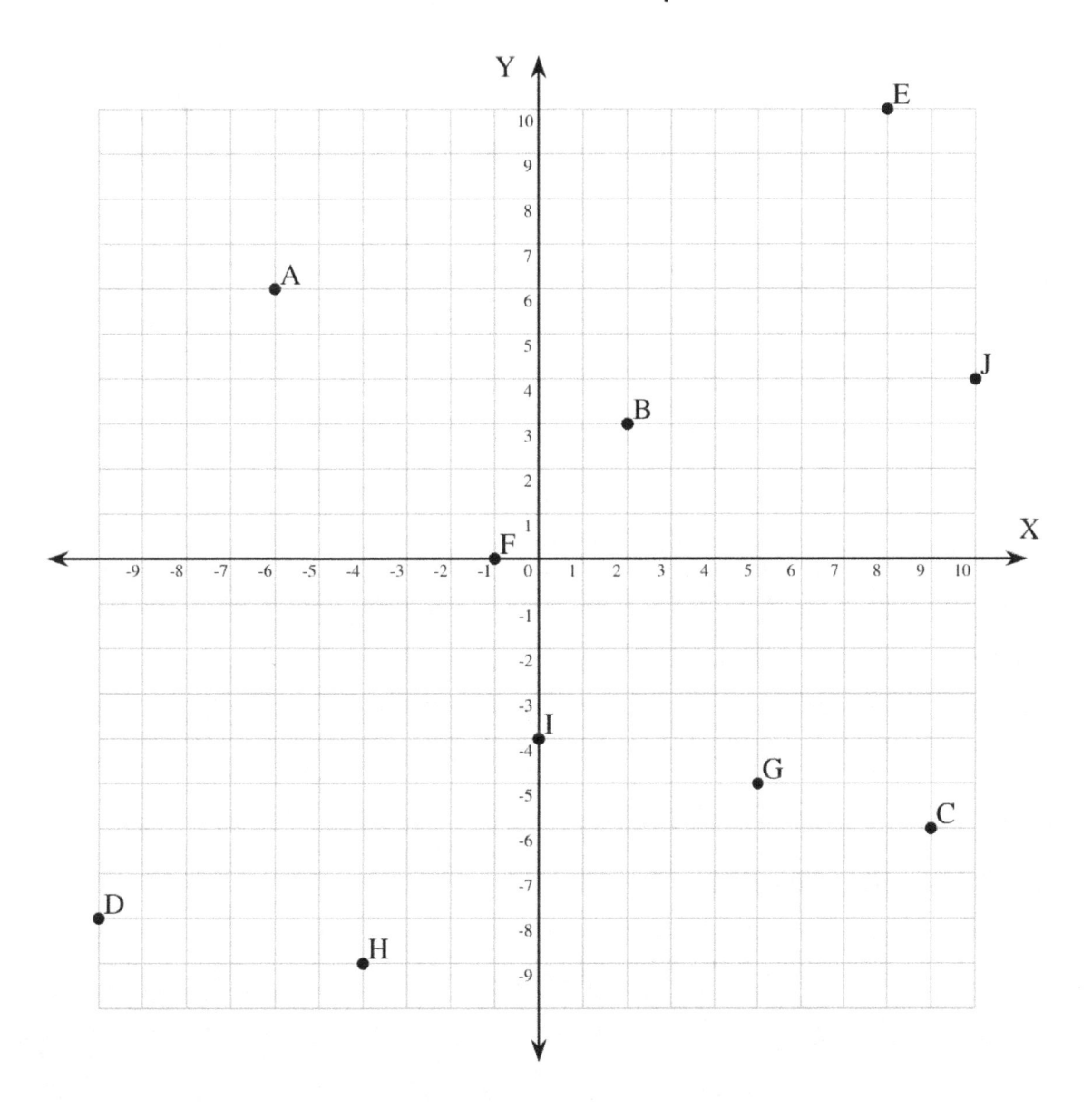

Write the coordinates of each labeled point.

A _____   F _____

B _____   G _____

C _____   H _____

D _____   I _____

E _____   J _____

Answer Key

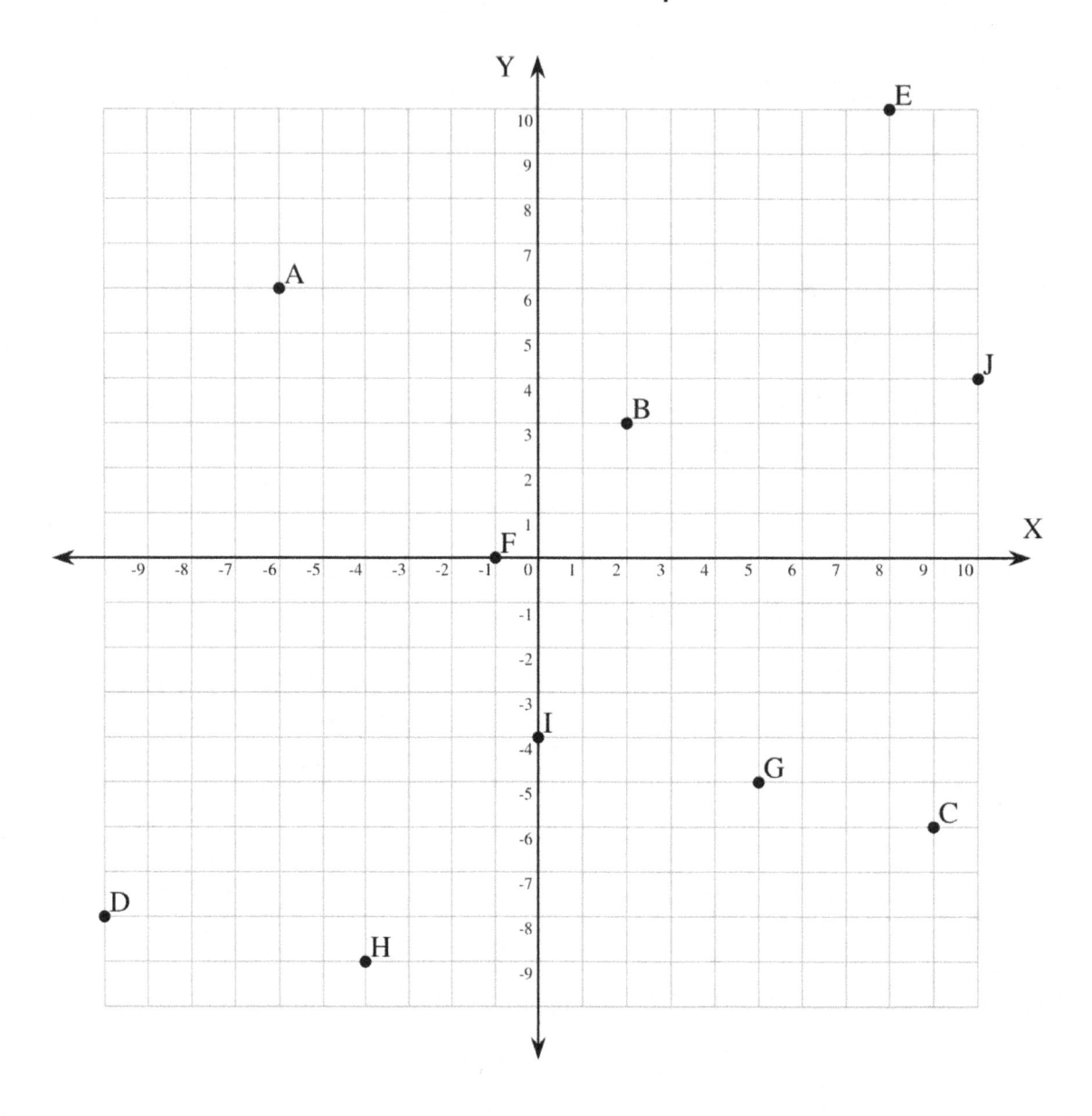

Write the coordinates of each labeled point.

A	(-6, 6)	F	(-1, 0)
B	(2, 3)	G	(5, -5)
C	(9, -6)	H	(-4, -9)
D	(-10, -8)	I	(0, -4)
E	(8, 10)	J	(10, 4)

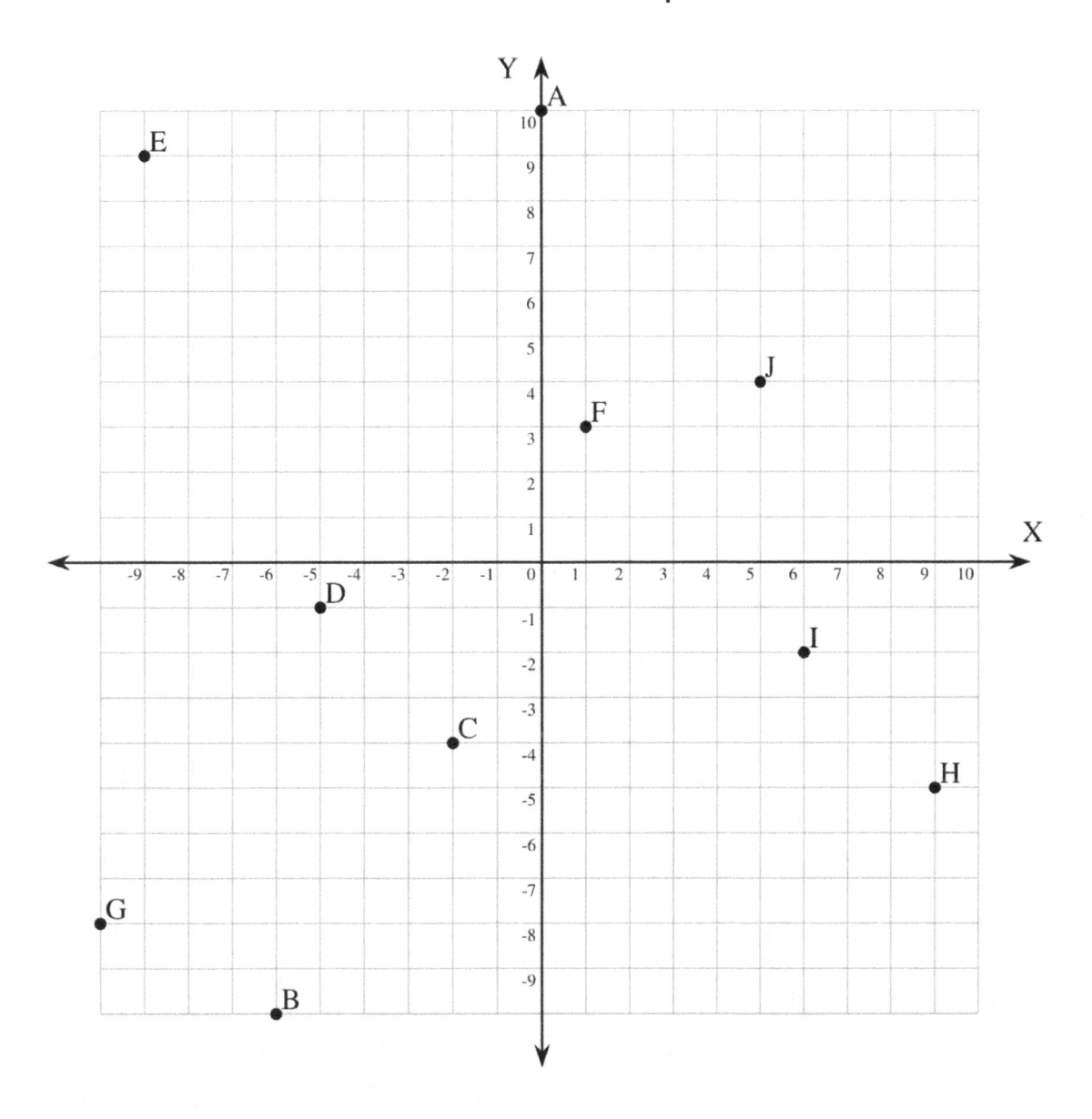

Write the coordinates of each labeled point.

A _____ F _____

B _____ G _____

C _____ H _____

D _____ I _____

E _____ J _____

Answer Key

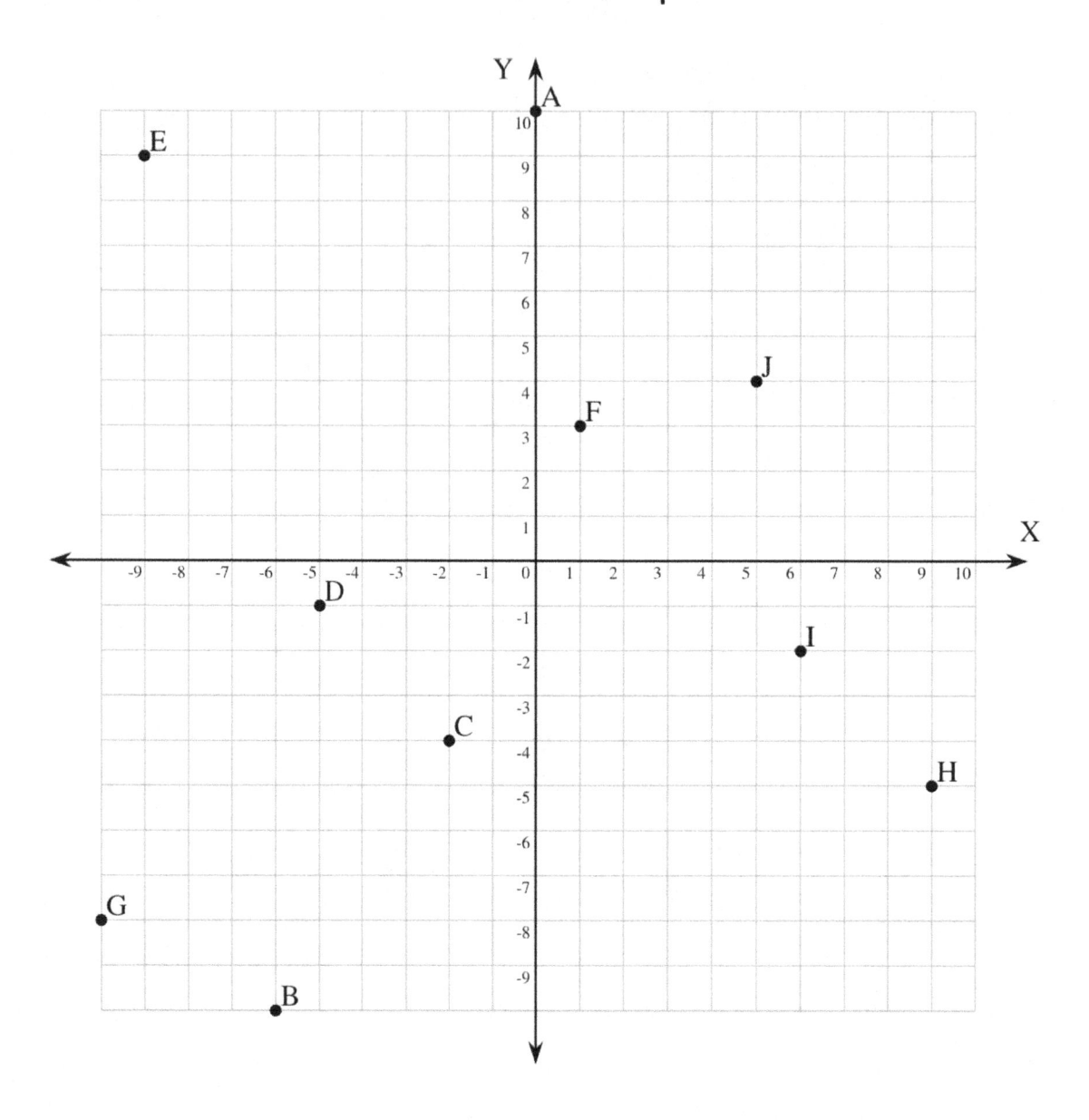

Write the coordinates of each labeled point.

A	(0, 10)	F	(1, 3)
B	(-6, -10)	G	(-10, -8)
C	(-2, -4)	H	(9, -5)
D	(-5, -1)	I	(6, -2)
E	(-9, 9)	J	(5, 4)

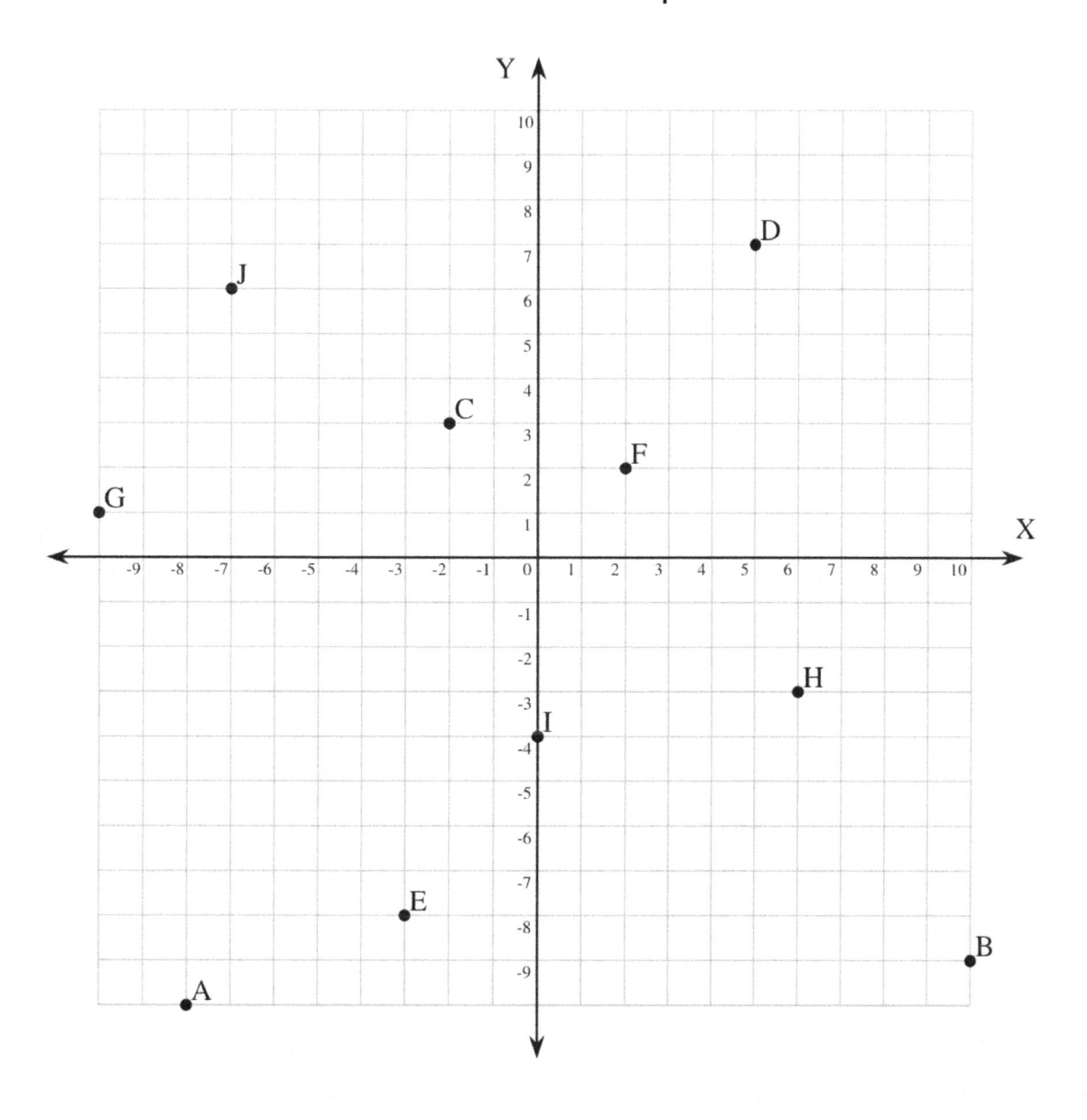

Write the coordinates of each labeled point.

A _____ F _____

B _____ G _____

C _____ H _____

D _____ I _____

E _____ J _____

Answer Key

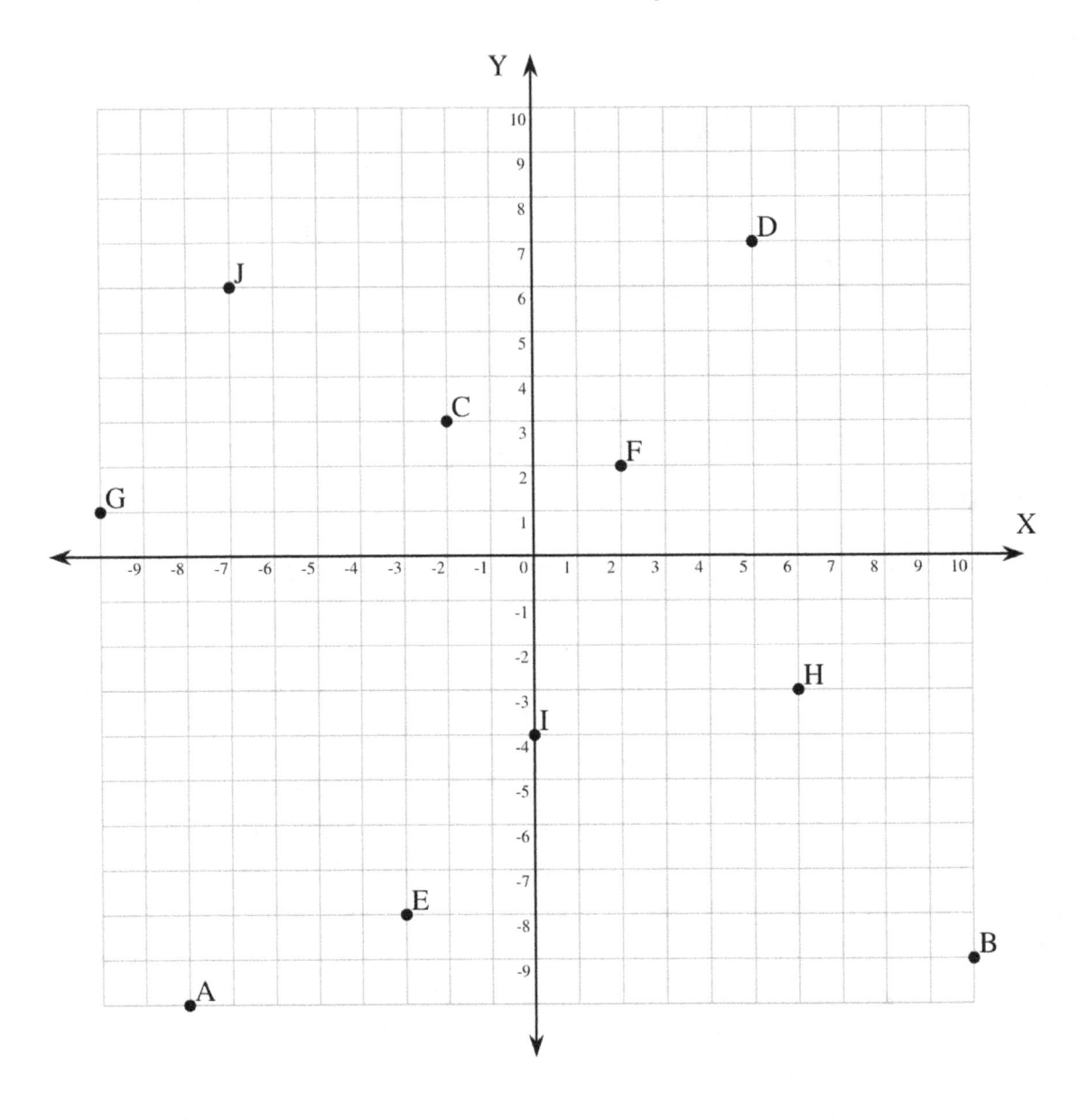

Write the coordinates of each labeled point.

A _____ (-8, -10) _____ F _____ (2, 2) _____

B _____ (10, -9) _____   G _____ (-10, 1) _____

C _____ (-2, 3) _____   H _____ (6, -3) _____

D _____ (5, 7) _____   I _____ (0, -4) _____

E _____ (-3, -8) _____   J _____ (-7, 6) _____

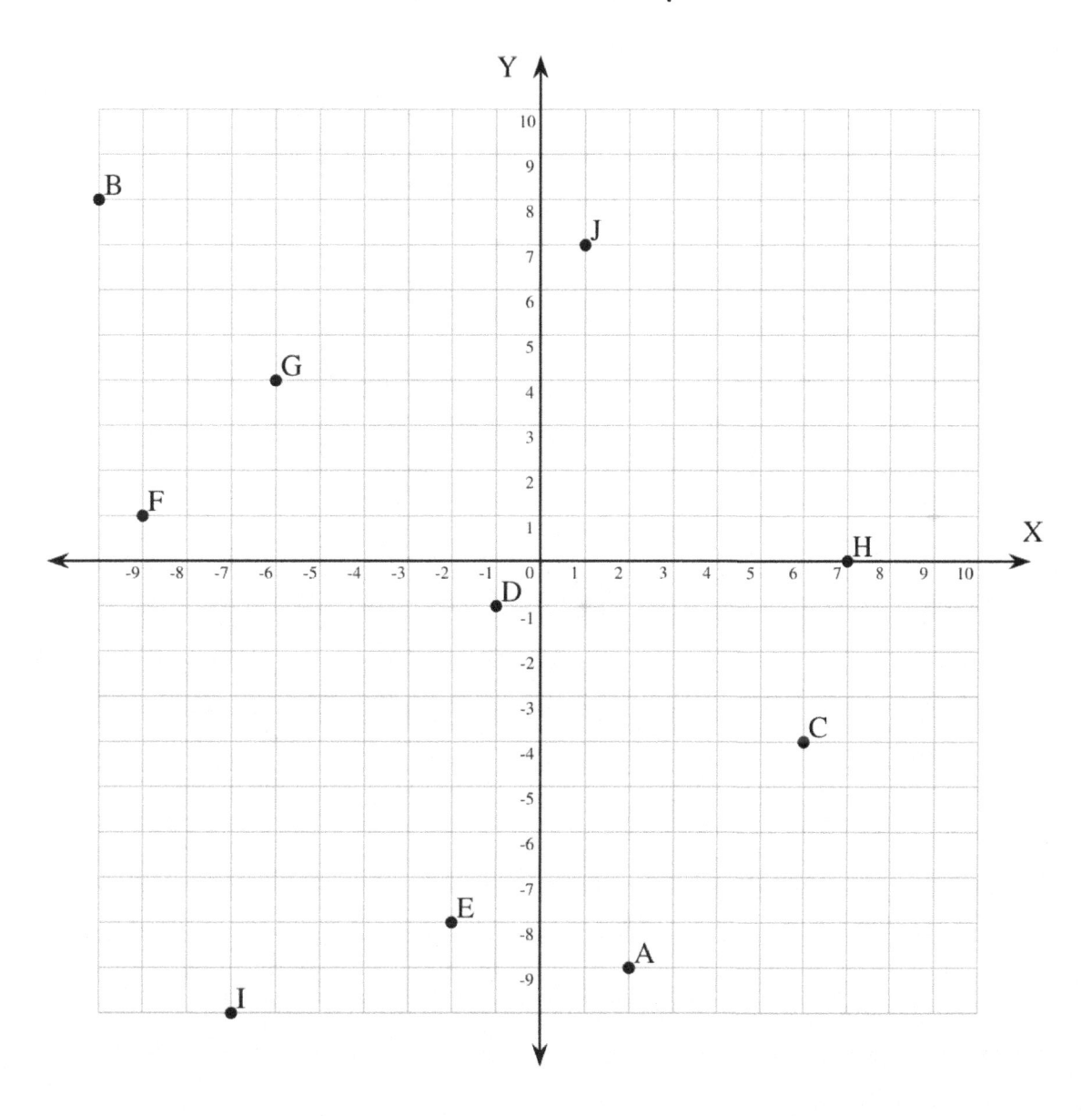

Write the coordinates of each labeled point.

A _____   F _____

B _____   G _____

C _____   H _____

D _____   I _____

E _____   J _____

Answer Key

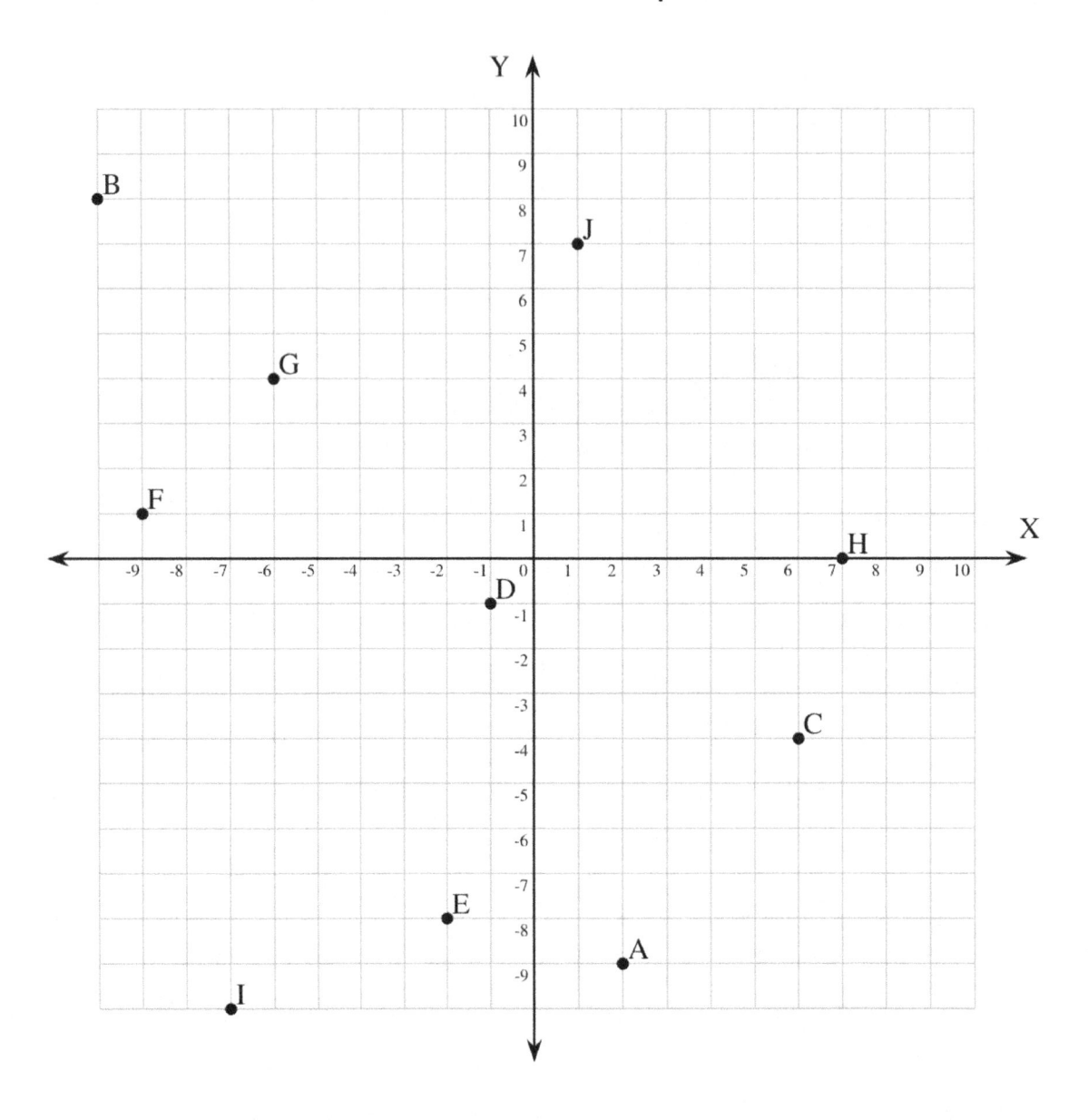

Write the coordinates of each labeled point.

A   (2, -9)   F   (-9, 1)

B   (-10, 8)   G   (-6, 4)

C   (6, -4)   H   (7, 0)

D   (-1, -1)   I   (-7, -10)

E   (-2, -8)   J   (1, 7)

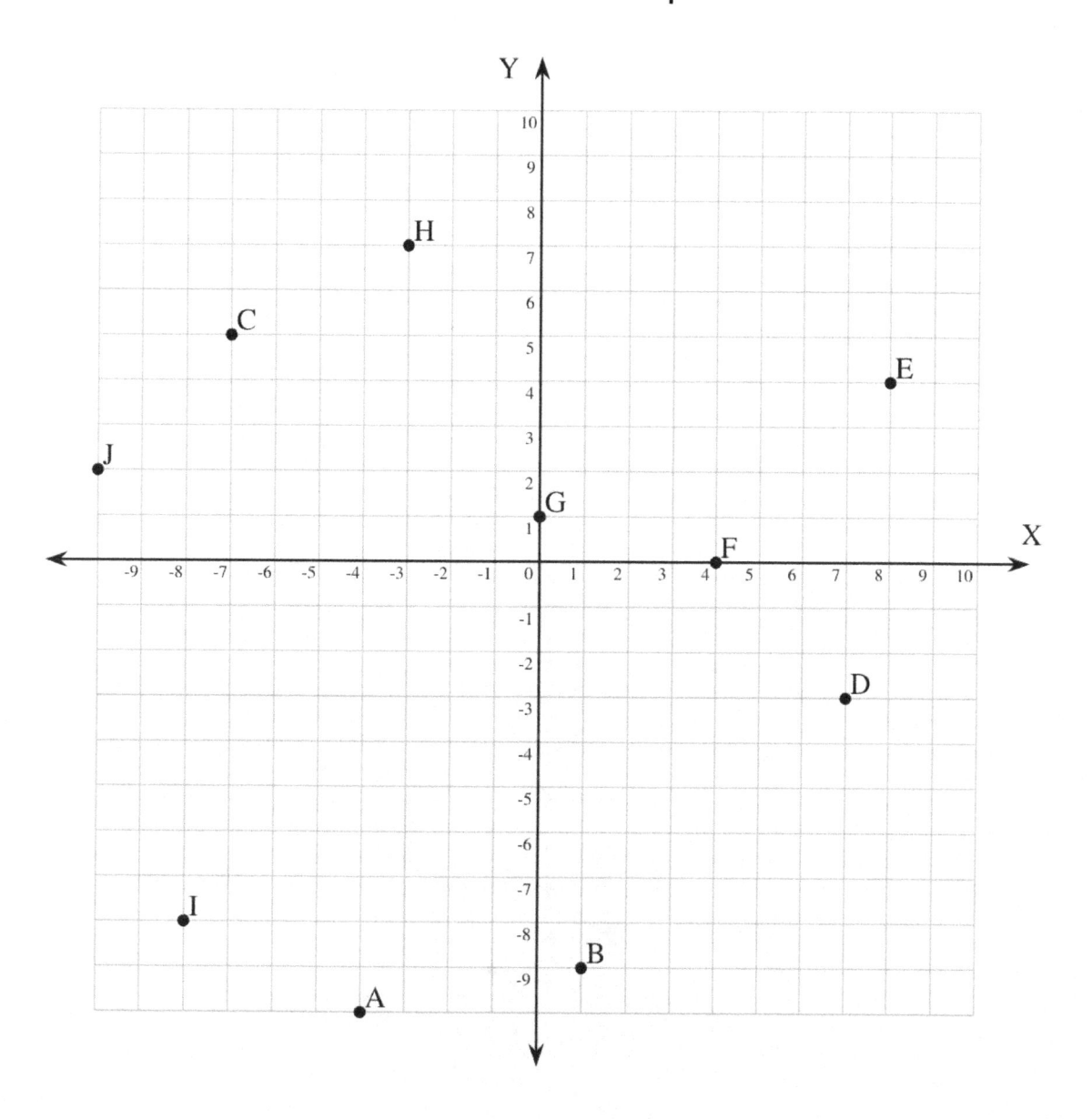

Write the coordinates of each labeled point.

A _____   F _____

B _____   G _____

C _____   H _____

D _____   I _____

E _____   J _____

Answer Key

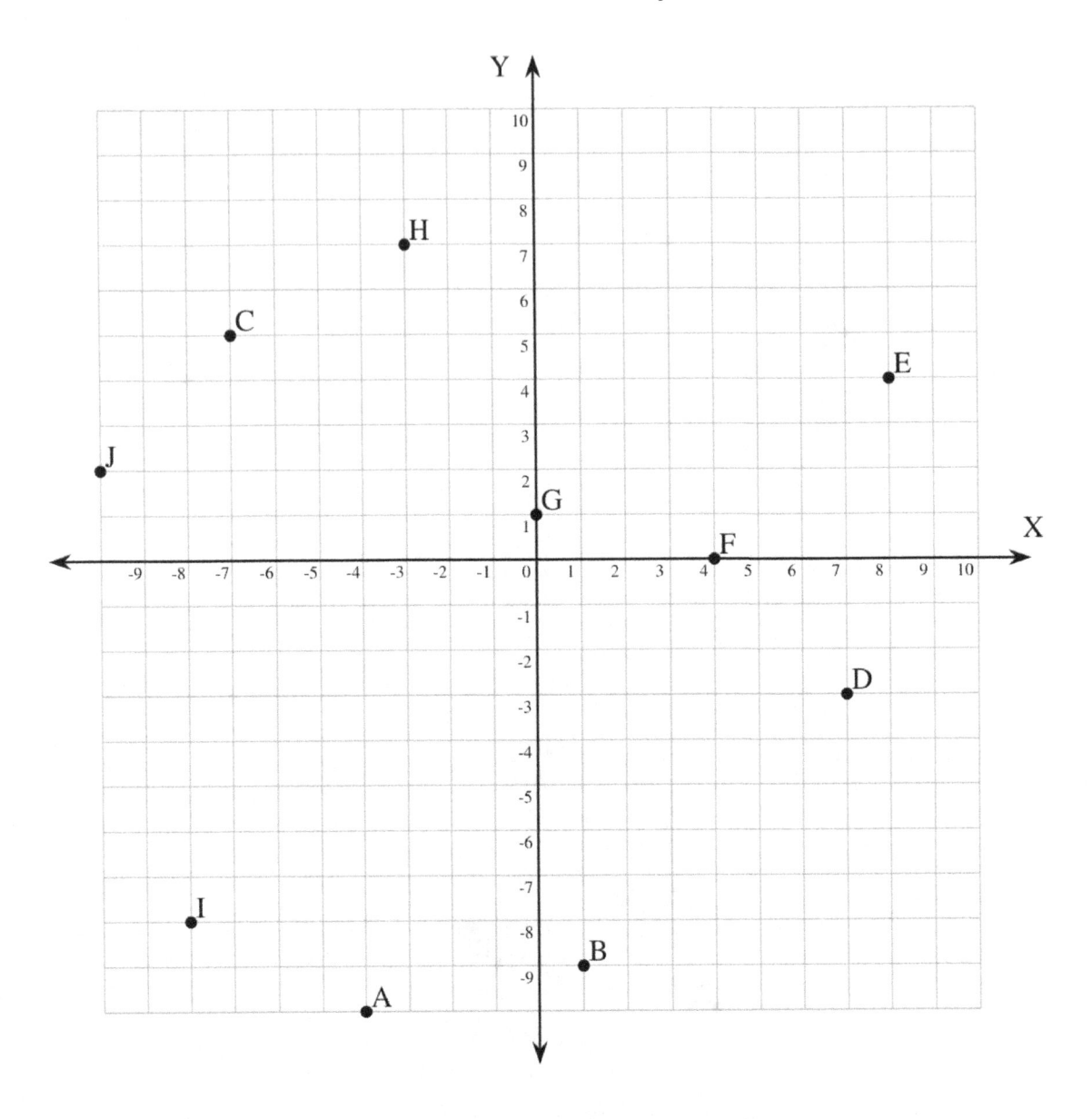

Write the coordinates of each labeled point.

A   (-4, -10)   F   (4, 0)

B   (1, -9)   G   (0, 1)

C   (-7, 5)   H   (-3, 7)

D   (7, -3)   I   (-8, -8)

E   (8, 4)   J   (-10, 2)

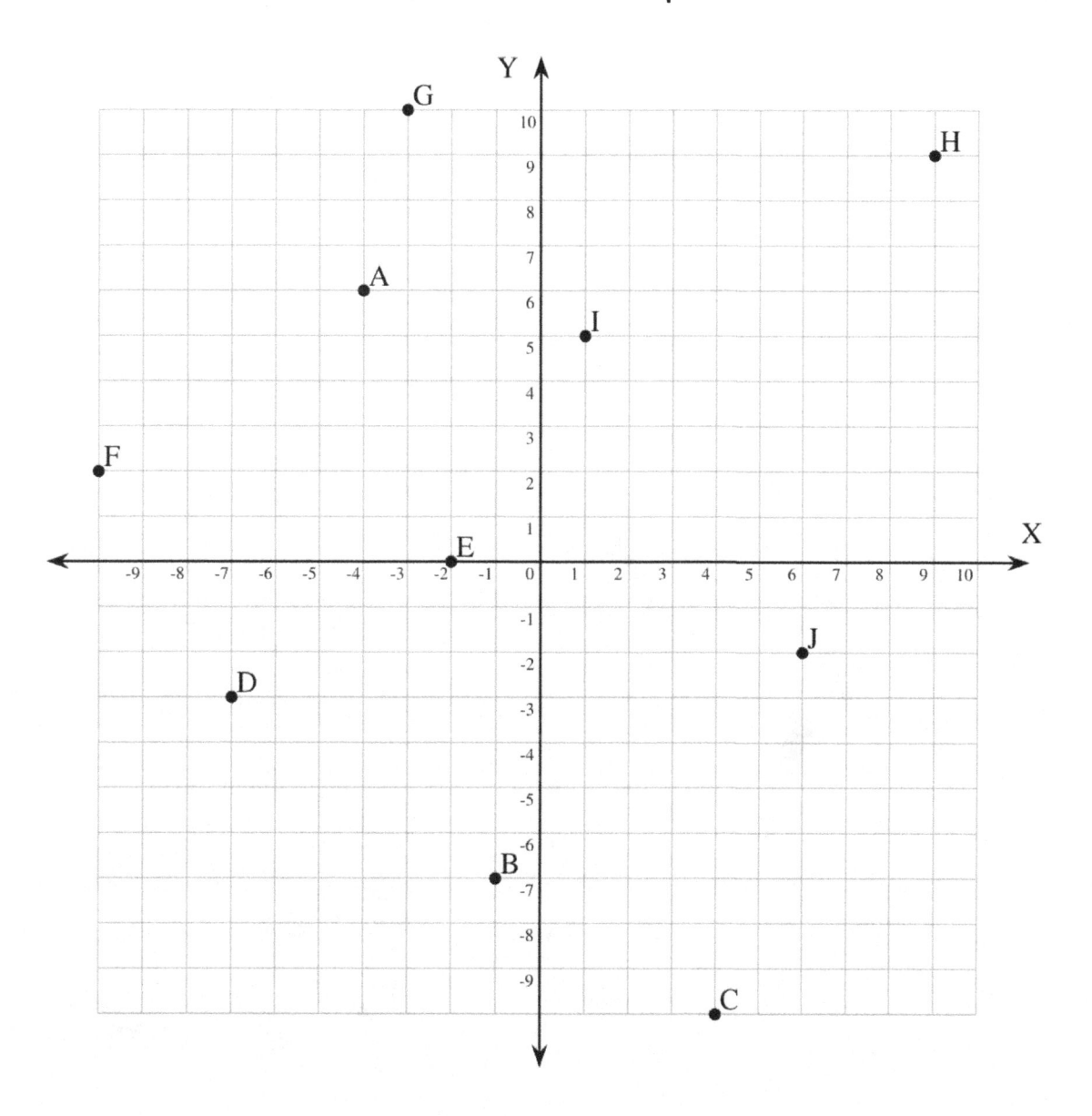

Write the coordinates of each labeled point.

A _____   F _____

B _____   G _____

C _____   H _____

D _____   I _____

E _____   J _____

Answer Key

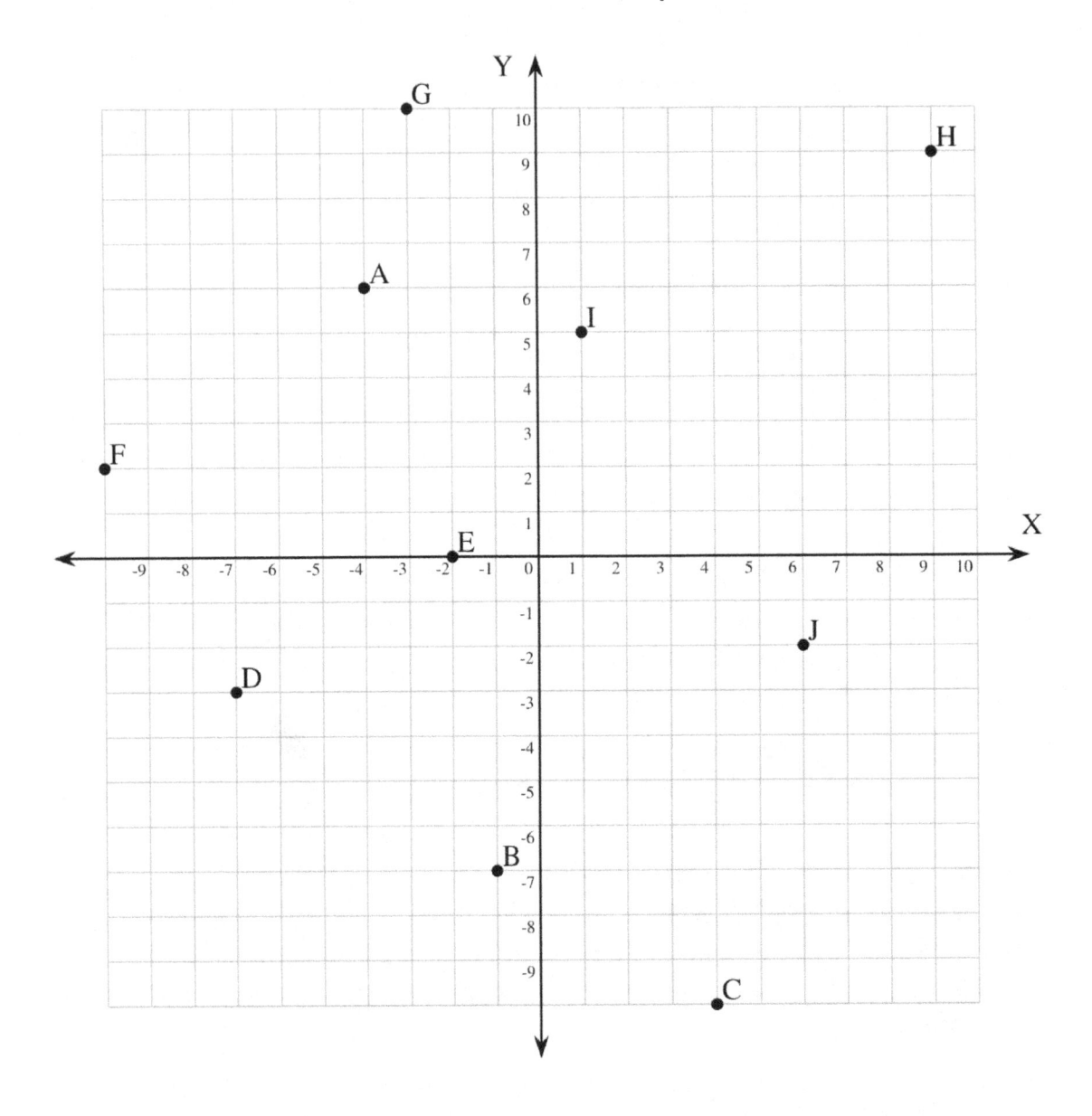

Write the coordinates of each labeled point.

A   (-4, 6)   F   (-10, 2)

B   (-1, -7)   G   (-3, 10)

C   (4, -10)   H   (9, 9)

D   (-7, -3)   I   (1, 5)

E   (-2, 0)   J   (6, -2)

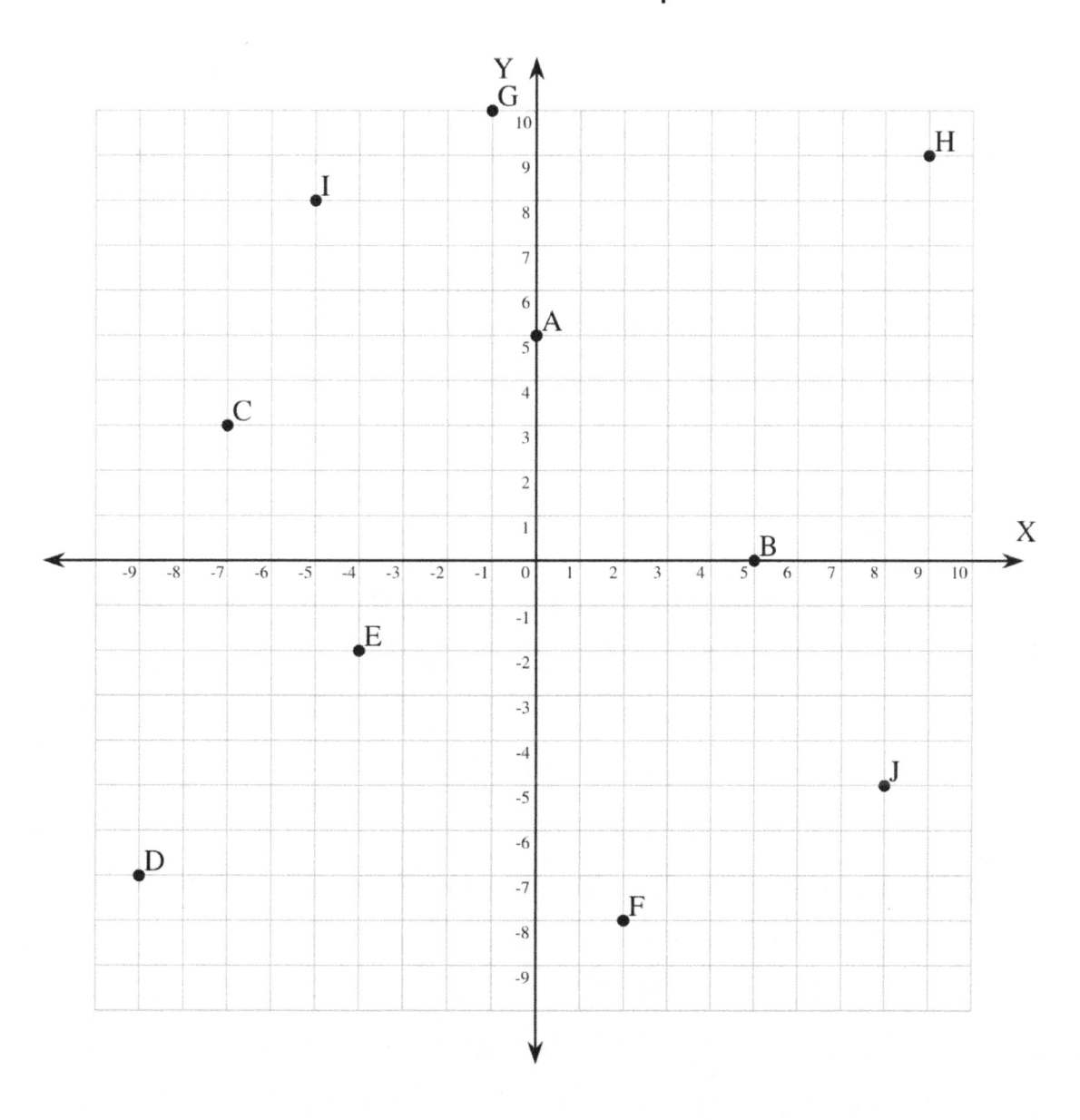

Write the coordinates of each labeled point.

A _____   F _____

B _____   G _____

C _____   H _____

D _____   I _____

E _____   J _____

Answer Key

Write the coordinates of each labeled point.

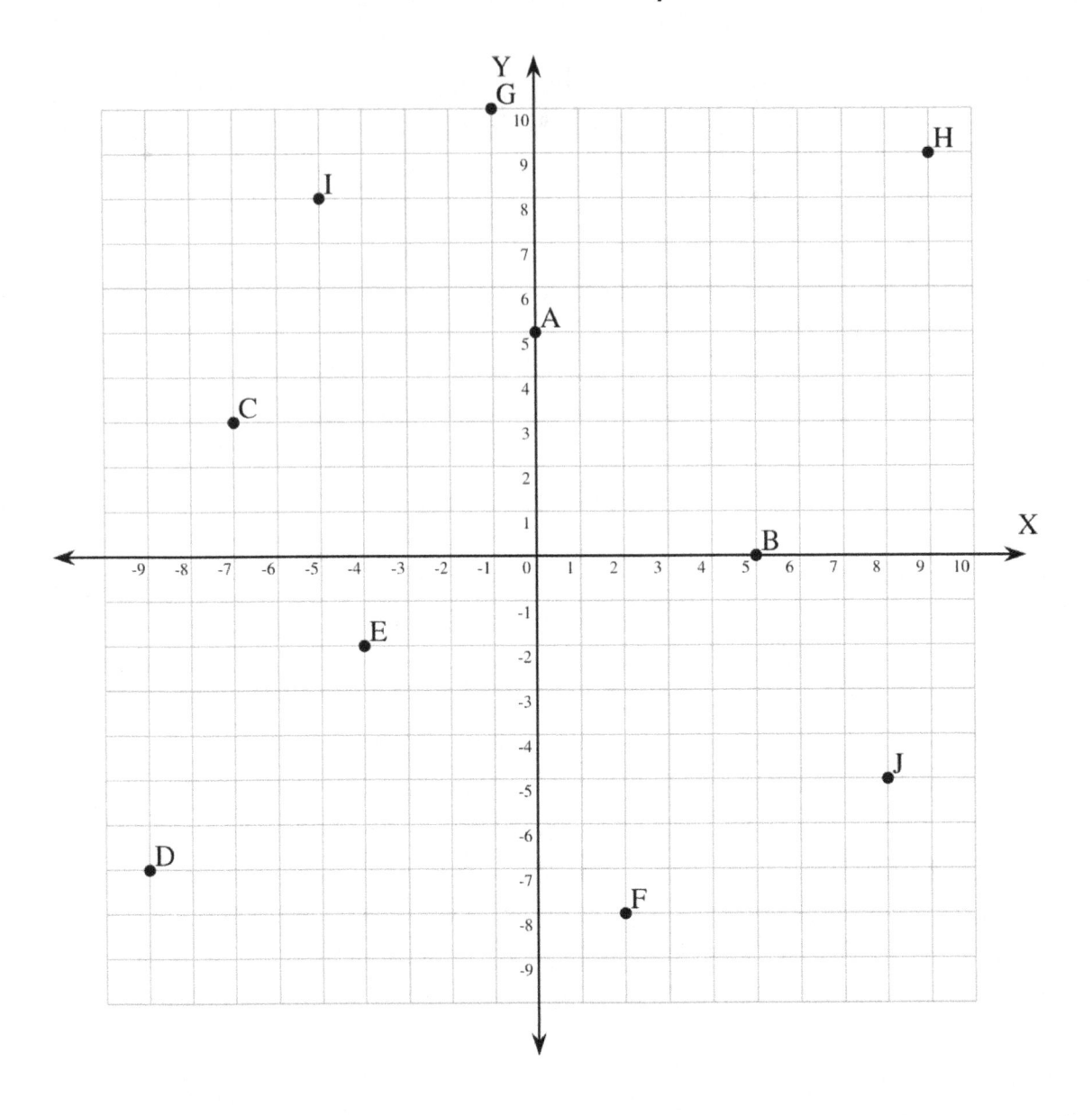

A	(0, 5)	F	(2, -8)
B	(5, 0)	G	(-1, 10)
C	(-7, 3)	H	(9, 9)
D	(-9, -7)	I	(-5, 8)
E	(-4, -2)	J	(8, -5)

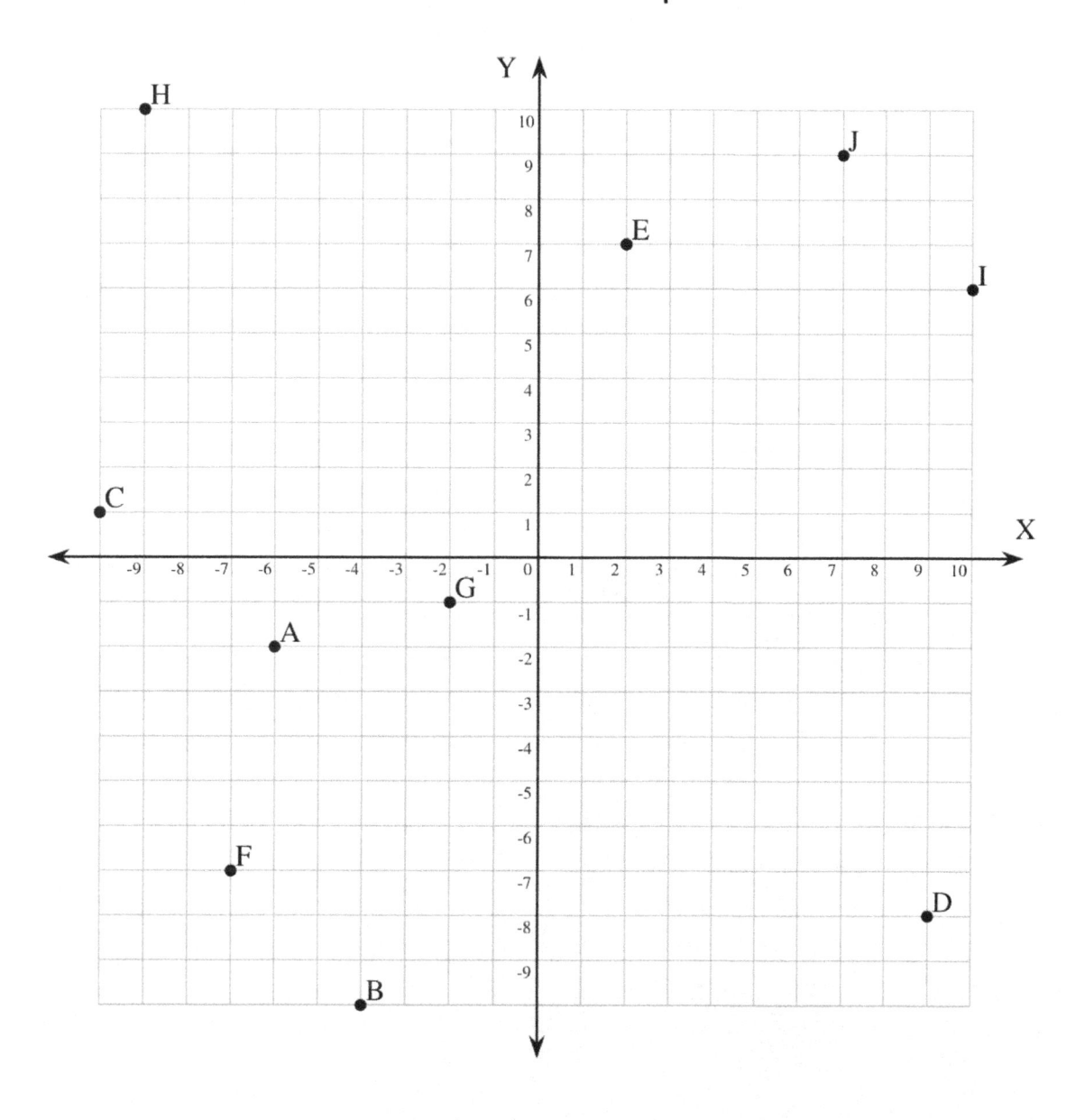

Write the coordinates of each labeled point.

A _____   F _____

B _____   G _____

C _____   H _____

D _____   I _____

E _____   J _____

Answer Key

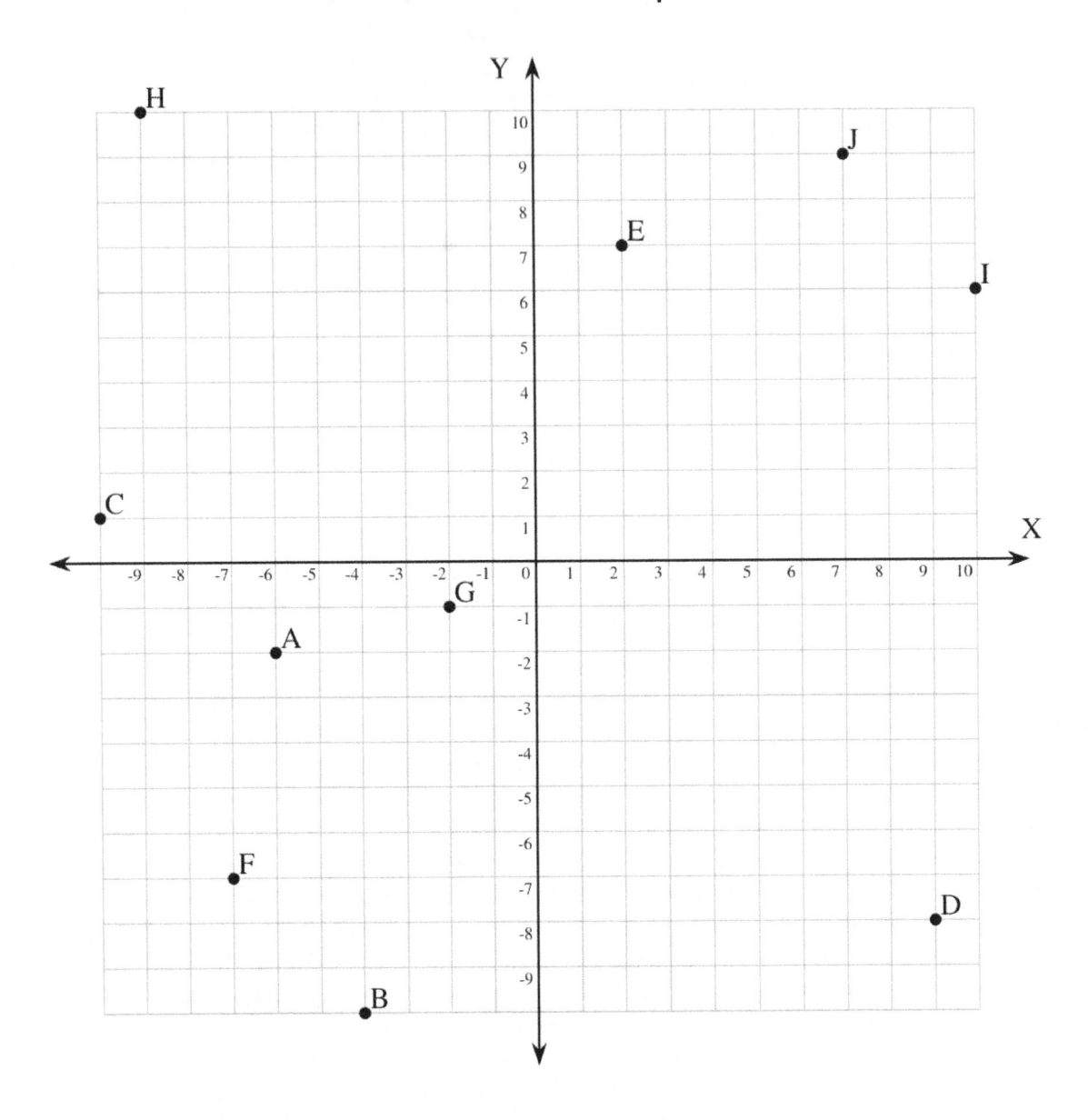

Write the coordinates of each labeled point.

A	(-6, -2)	F	(-7, -7)
B	(-4, -10)	G	(-2, -1)
C	(-10, 1)	H	(-9, 10)
D	(9, -8)	I	(10, 6)
E	(2, 7)	J	(7, 9)

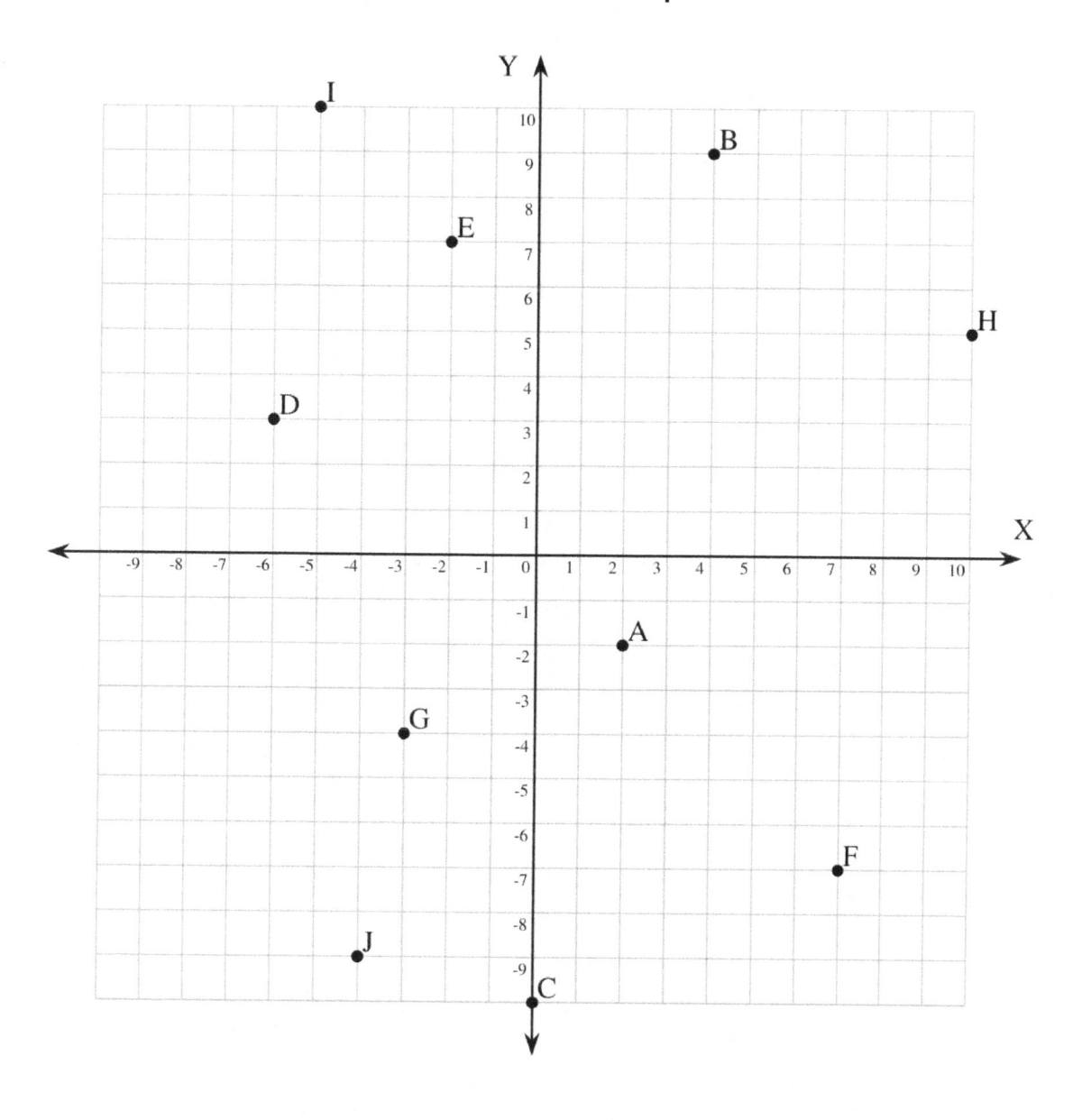

Write the coordinates of each labeled point.

A _____   F _____

B _____   G _____

C _____   H _____

D _____   I _____

E _____   J _____

Answer Key

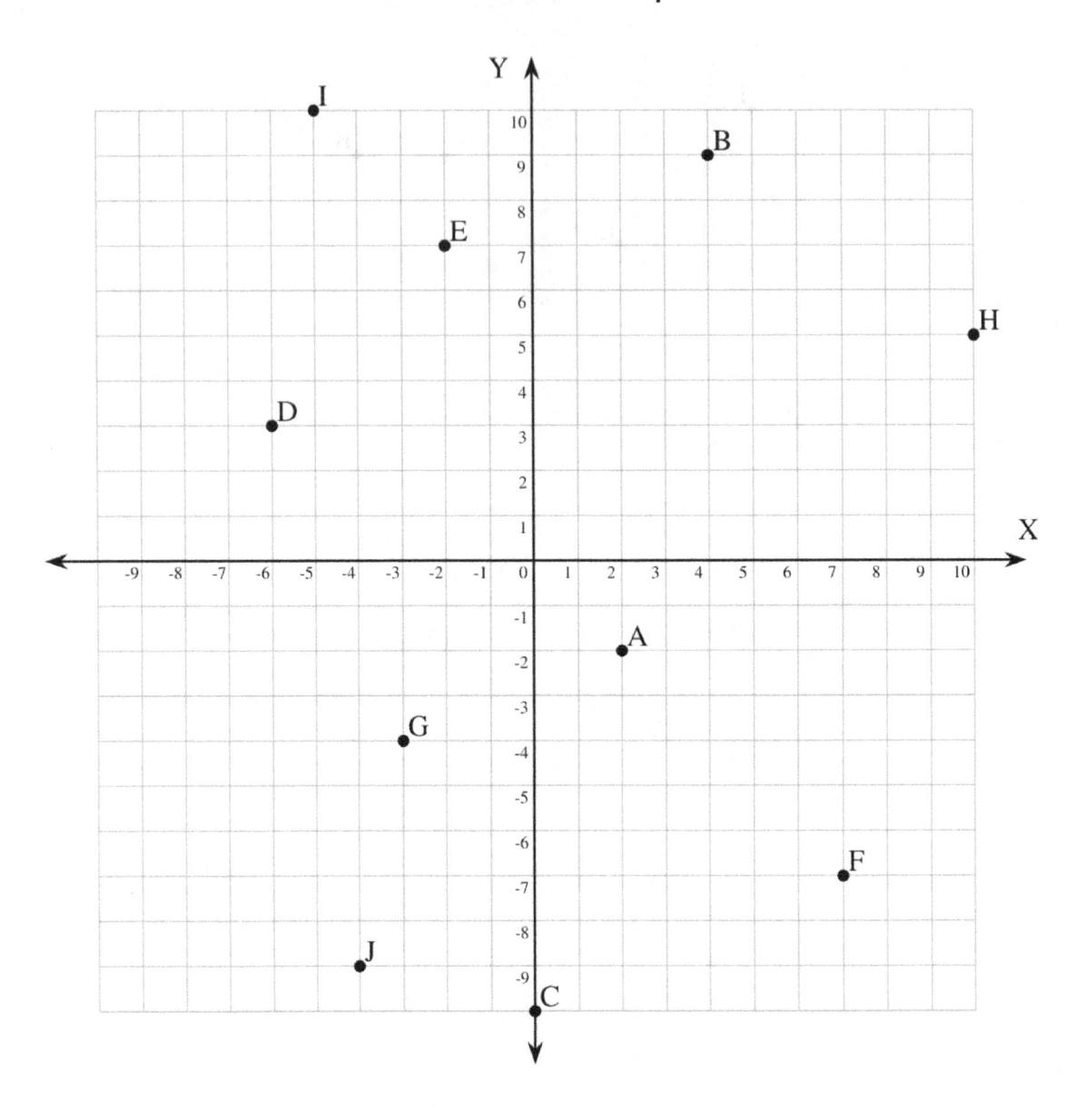

Write the coordinates of each labeled point.

A	(2, -2)	F	(7, -7)
B	(4, 9)	G	(-3, -4)
C	(0, -10)	H	(10, 5)
D	(-6, 3)	I	(-5, 10)
E	(-2, 7)	J	(-4, -9)

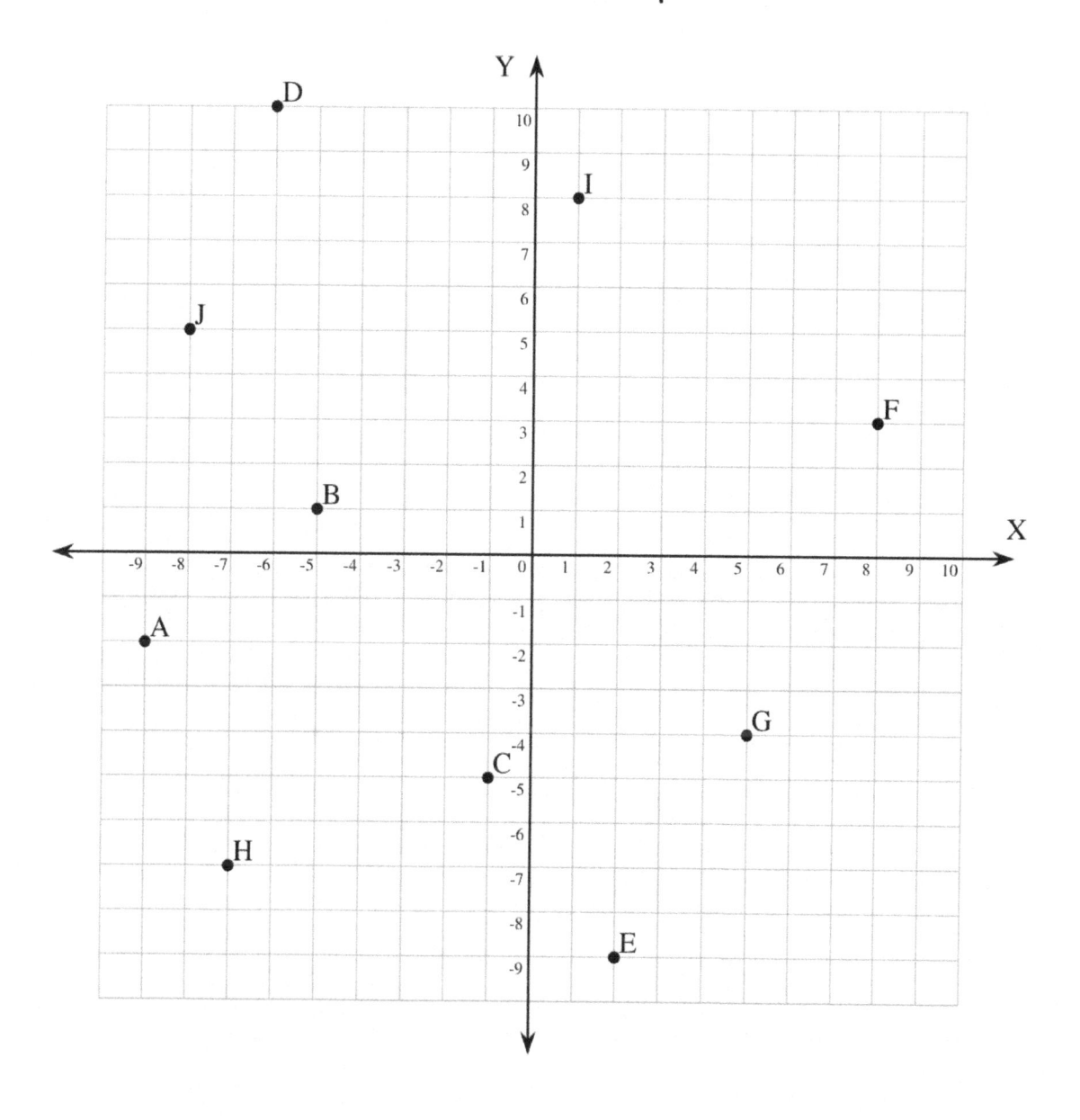

Write the coordinates of each labeled point.

A _____   F _____

B _____   G _____

C _____   H _____

D _____   I _____

E _____   J _____

Answer Key

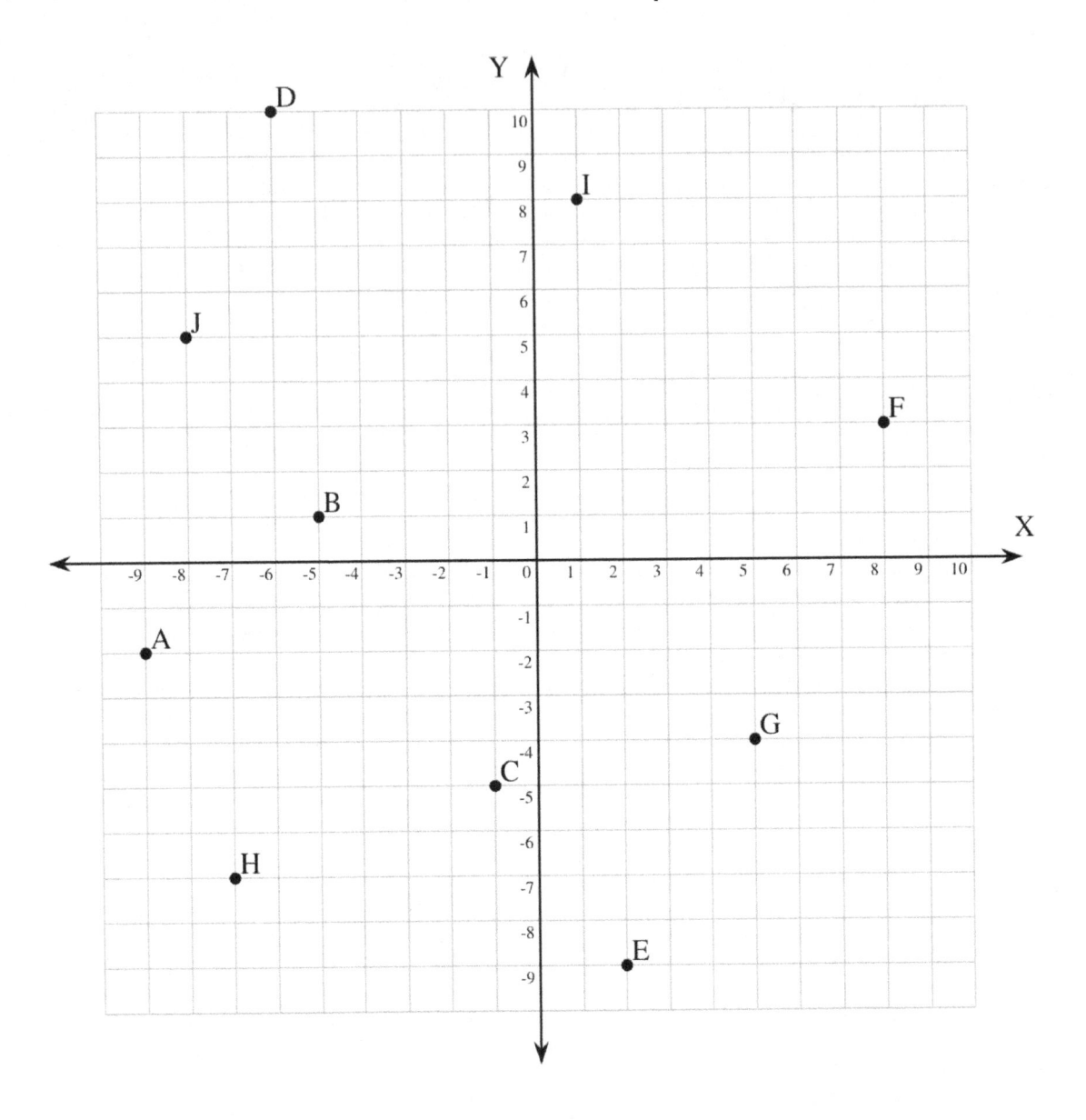

Write the coordinates of each labeled point.

A   (-9, -2)   F   (8, 3)

B   (-5, 1)   G   (5, -4)

C   (-1, -5)   H   (-7, -7)

D   (-6, 10)   I   (1, 8)

E   (2, -9)   J   (-8, 5)

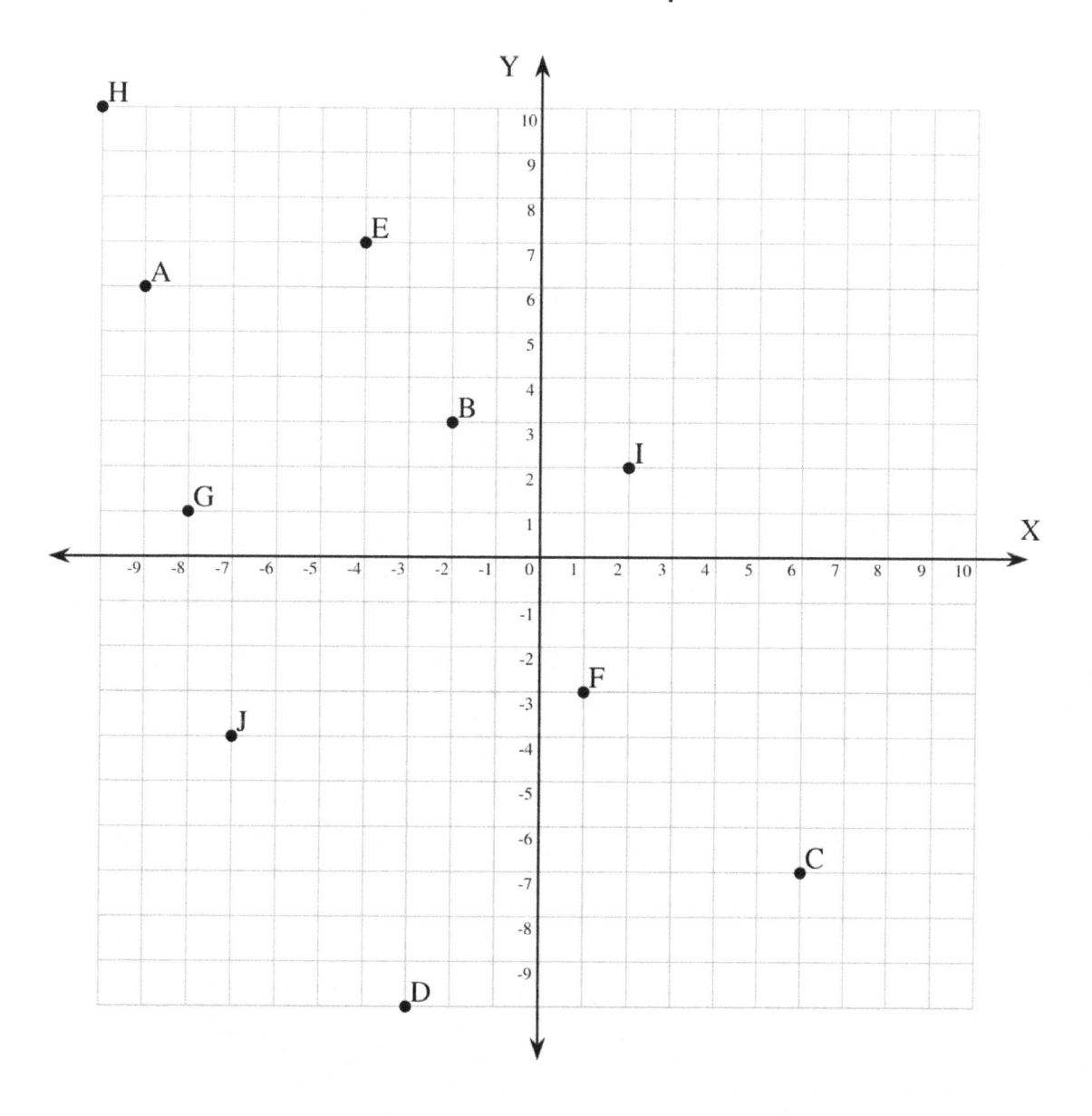

Write the coordinates of each labeled point.

A _____   F _____

B _____   G _____

C _____   H _____

D _____   I _____

E _____   J _____

Answer Key

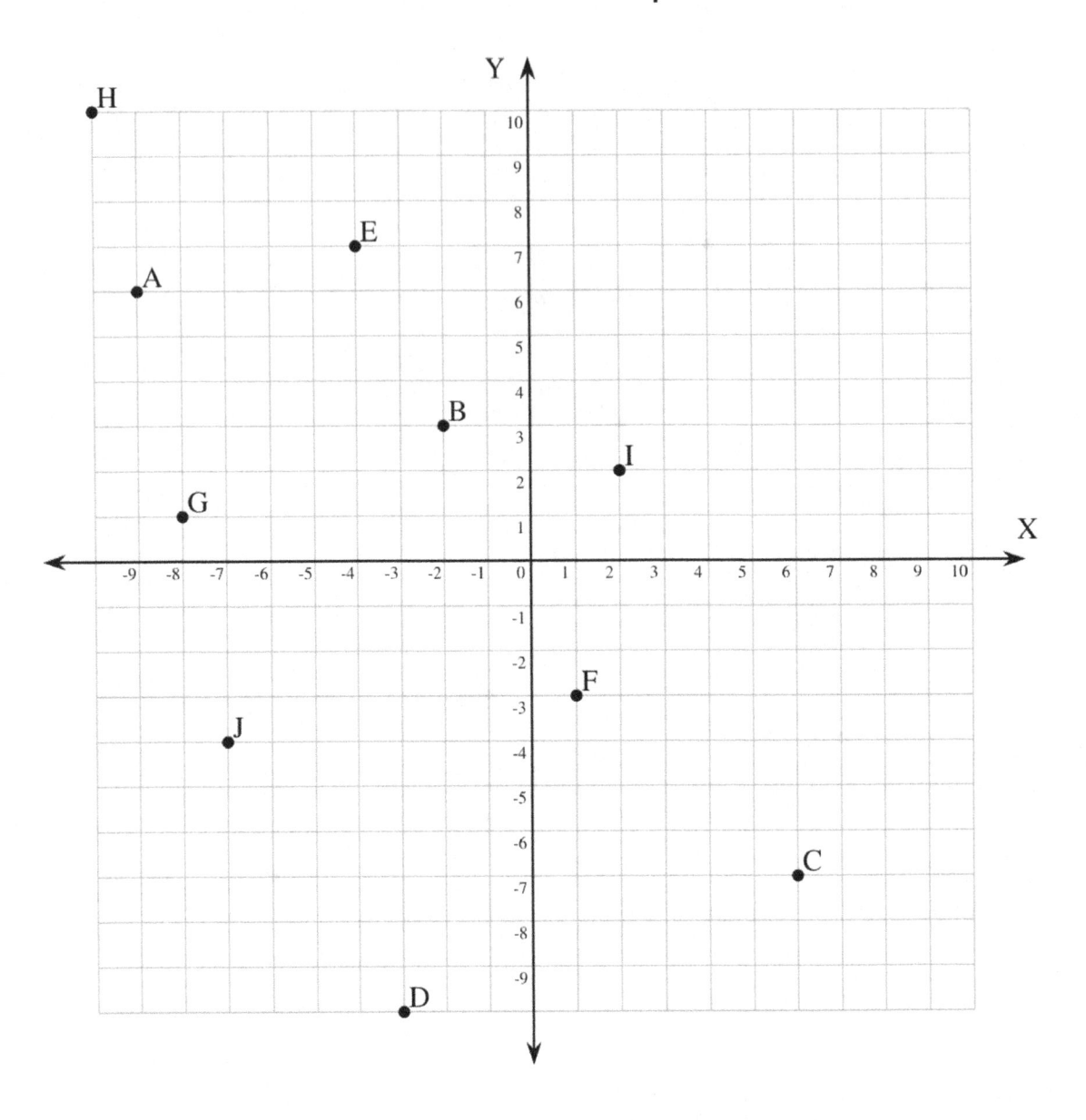

Write the coordinates of each labeled point.

A   (-9, 6)   F   (1, -3)

B   (-2, 3)   G   (-8, 1)

C   (6, -7)   H   (-10, 10)

D   (-3, -10)   I   (2, 2)

E   (-4, 7)   J   (-7, -4)

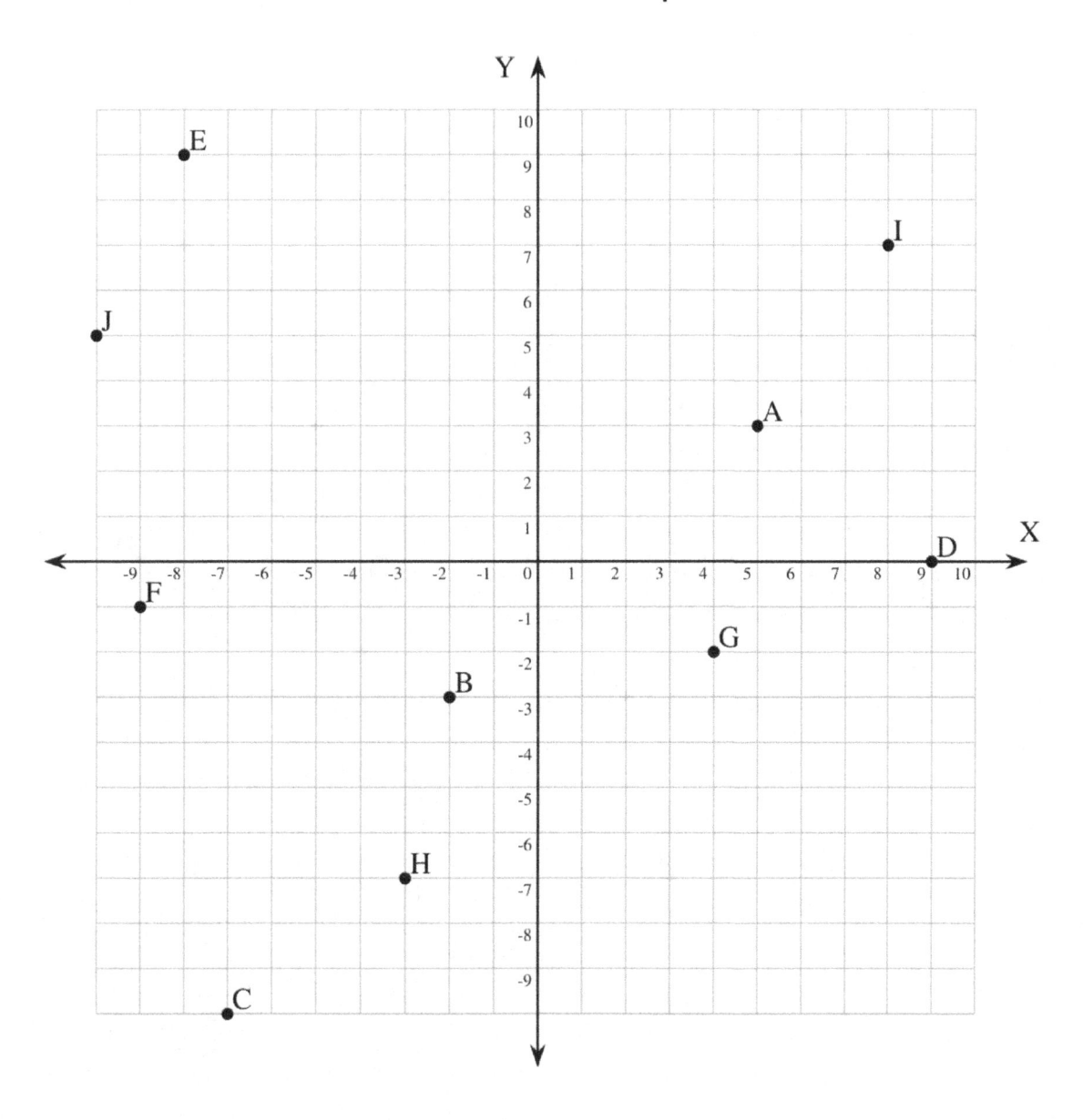

Write the coordinates of each labeled point.

A _____   F _____

B _____   G _____

C _____   H _____

D _____   I _____

E _____   J _____

Answer Key

Write the coordinates of each labeled point.

A   (5, 3)

B   (-2, -3)

C   (-7, -10)

D   (9, 0)

E   (-8, 9)

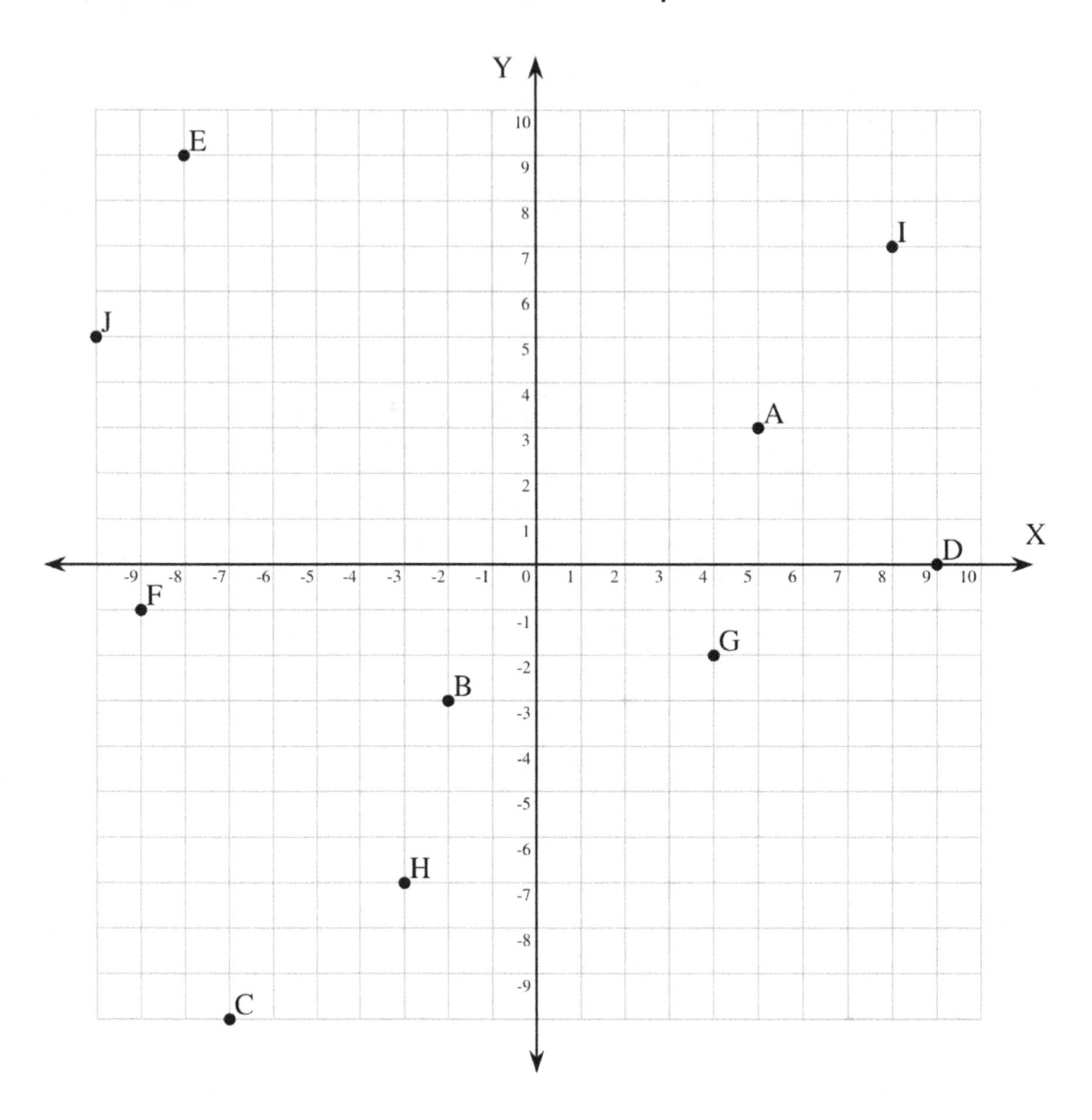

F   (-9, -1)

G   (4, -2)

H   (-3, -7)

I   (8, 7)

J   (-10, 5)

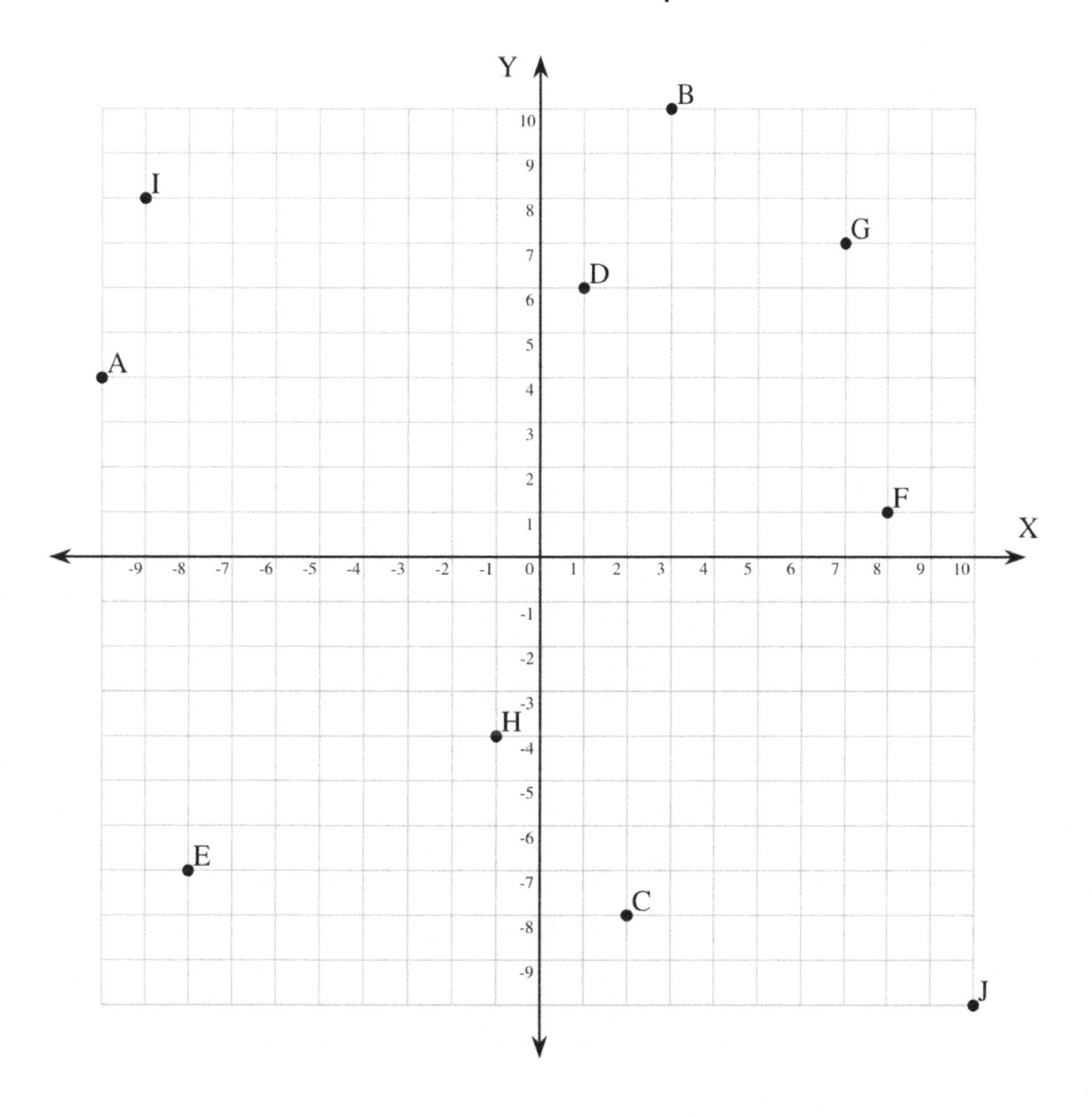

Write the coordinates of each labeled point.

A _____   F _____

B _____   G _____

C _____   H _____

D _____   I _____

E _____   J _____

Answer Key

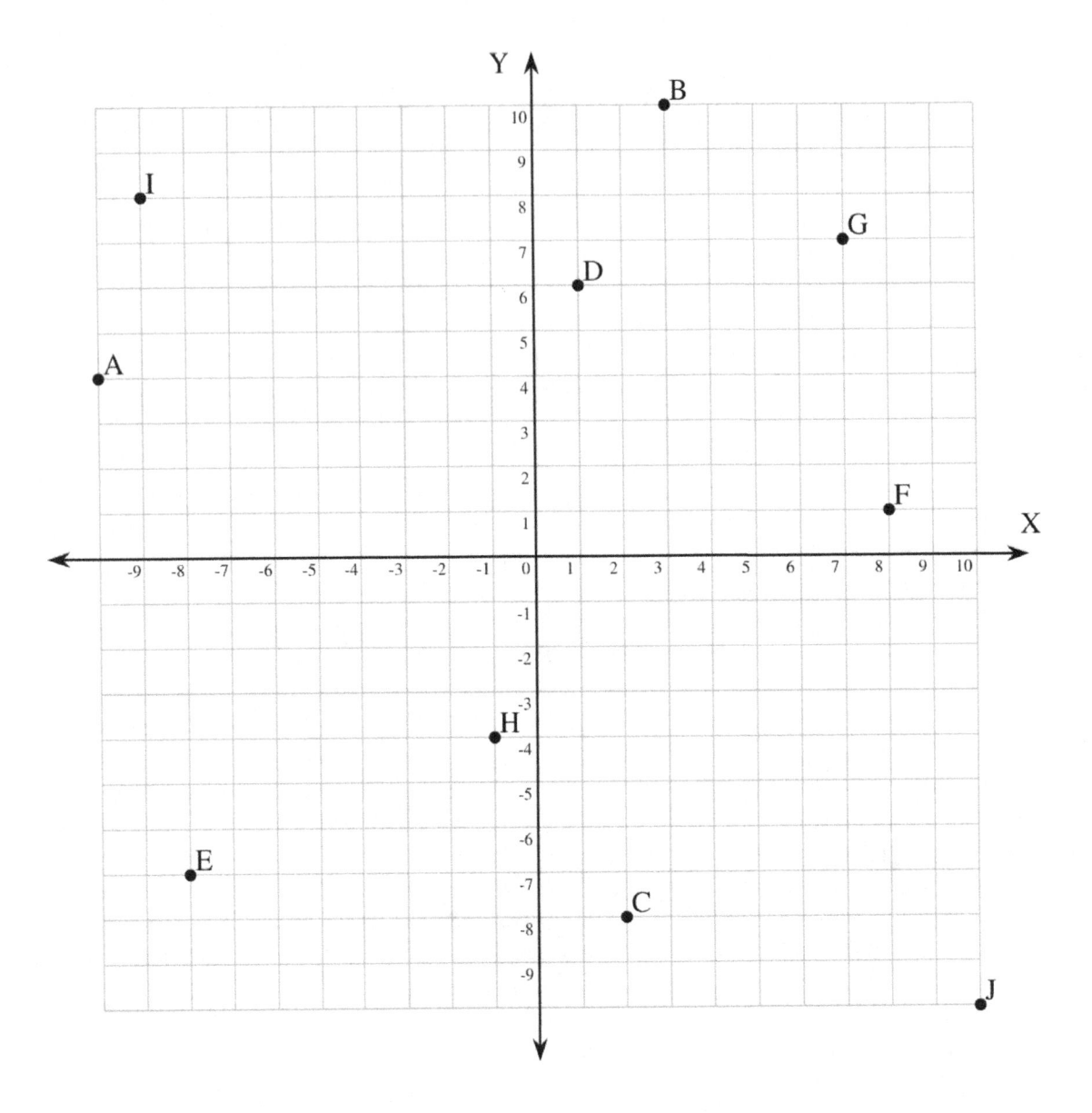

Write the coordinates of each labeled point.

A   (-10, 4)   F   (8, 1)

B   (3, 10)   G   (7, 7)

C   (2, -8)   H   (-1, -4)

D   (1, 6)   I   (-9, 8)

E   (-8, -7)   J   (10, -10)

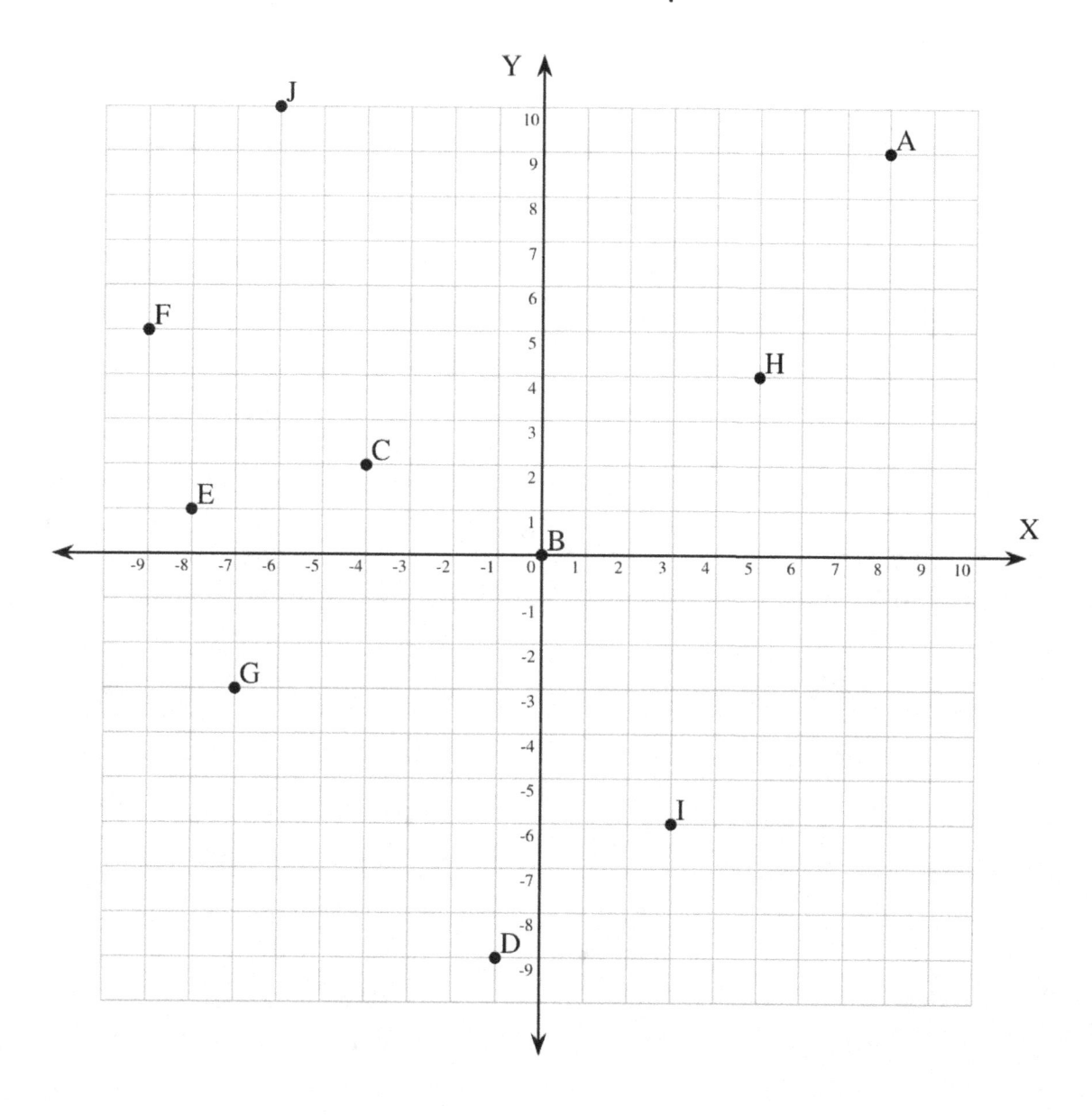

Write the coordinates of each labeled point.

A _____   F _____

B _____   G _____

C _____   H _____

D _____   I _____

E _____   J _____

Answer Key

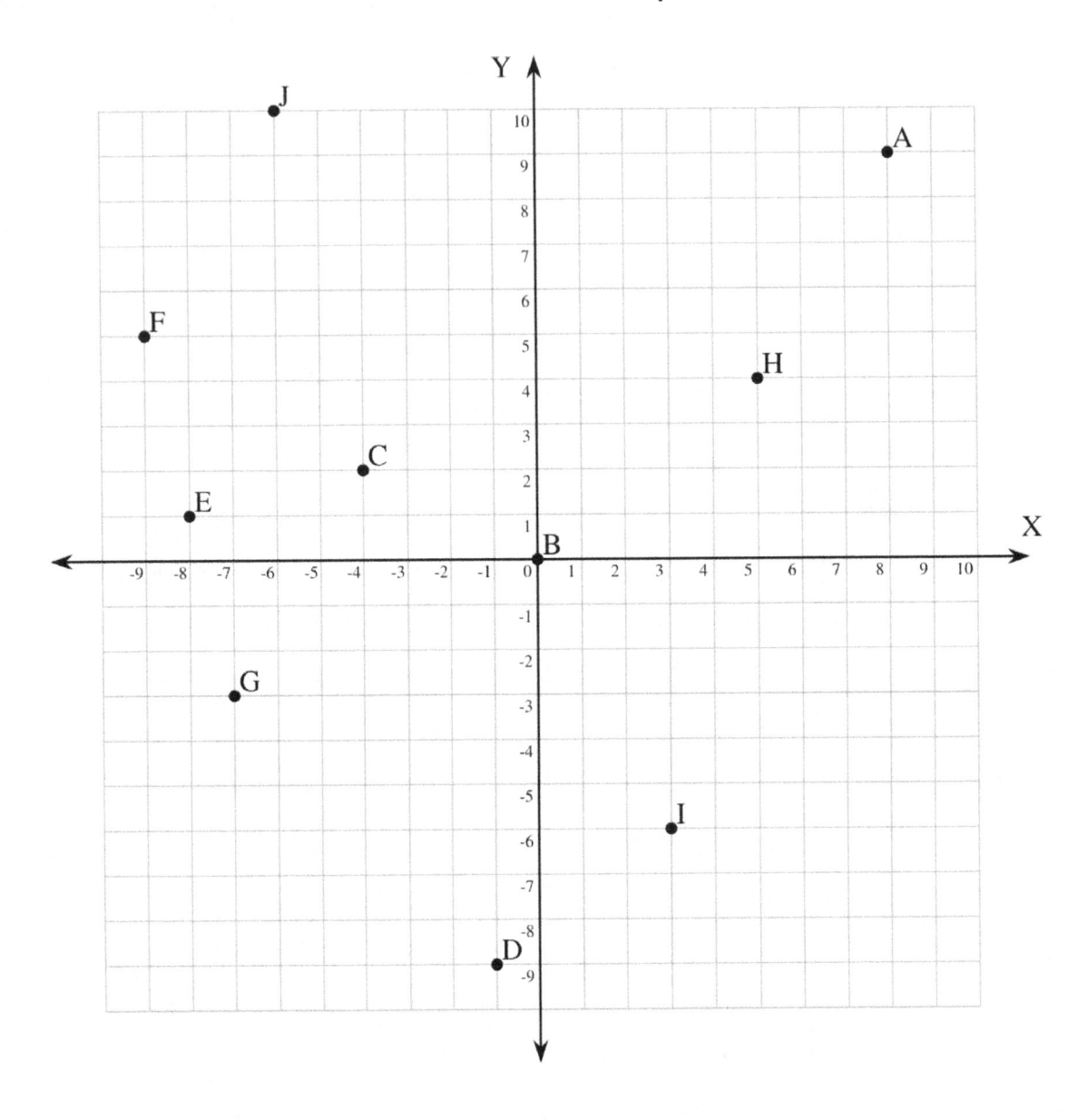

Write the coordinates of each labeled point.

A	(8, 9)	F	(-9, 5)
B	(0, 0)	G	(-7, -3)
C	(-4, 2)	H	(5, 4)
D	(-1, -9)	I	(3, -6)
E	(-8, 1)	J	(-6, 10)

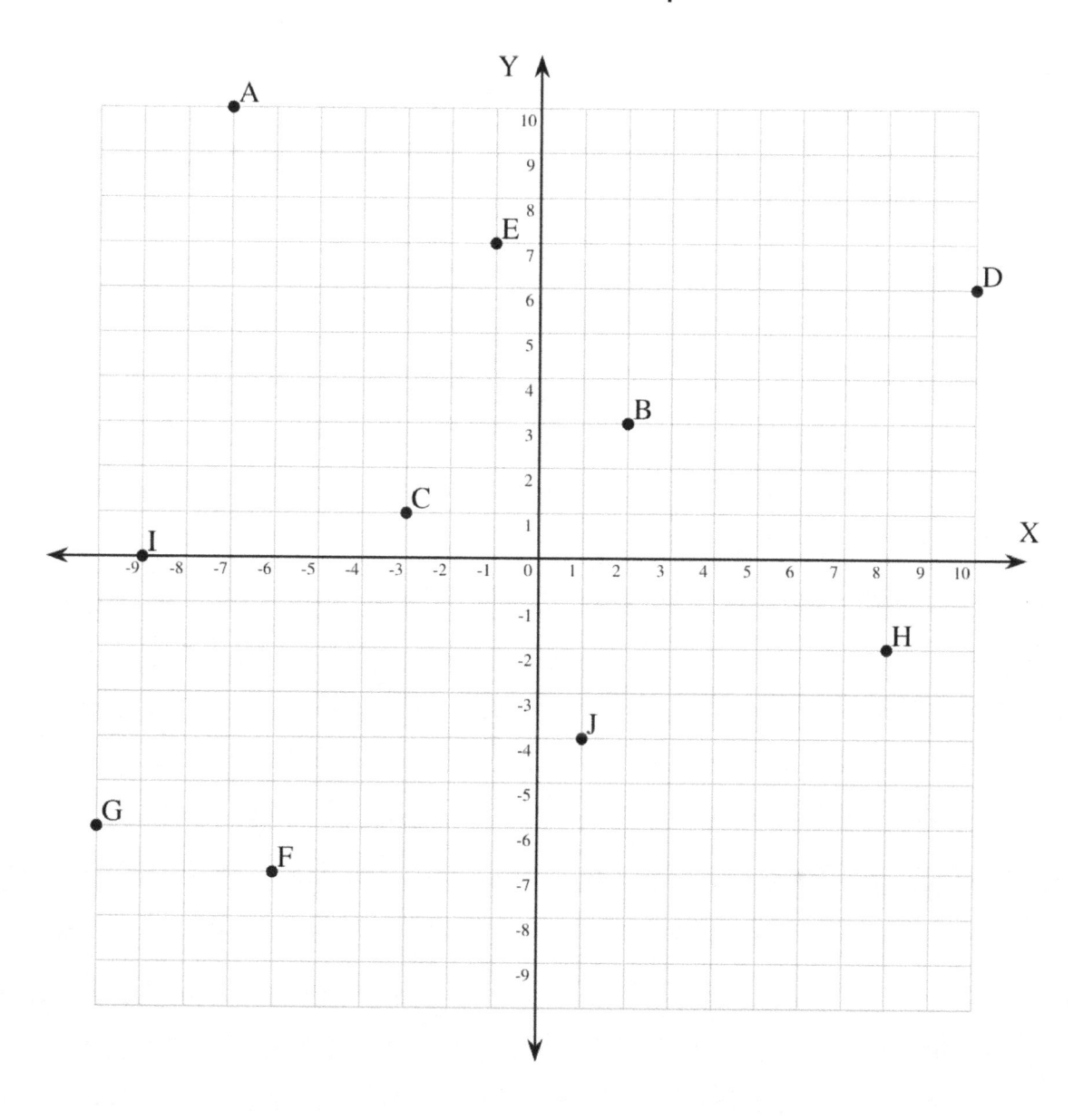

Write the coordinates of each labeled point.

A _____   F _____

B _____   G _____

C _____   H _____

D _____   I _____

E _____   J _____

Answer Key

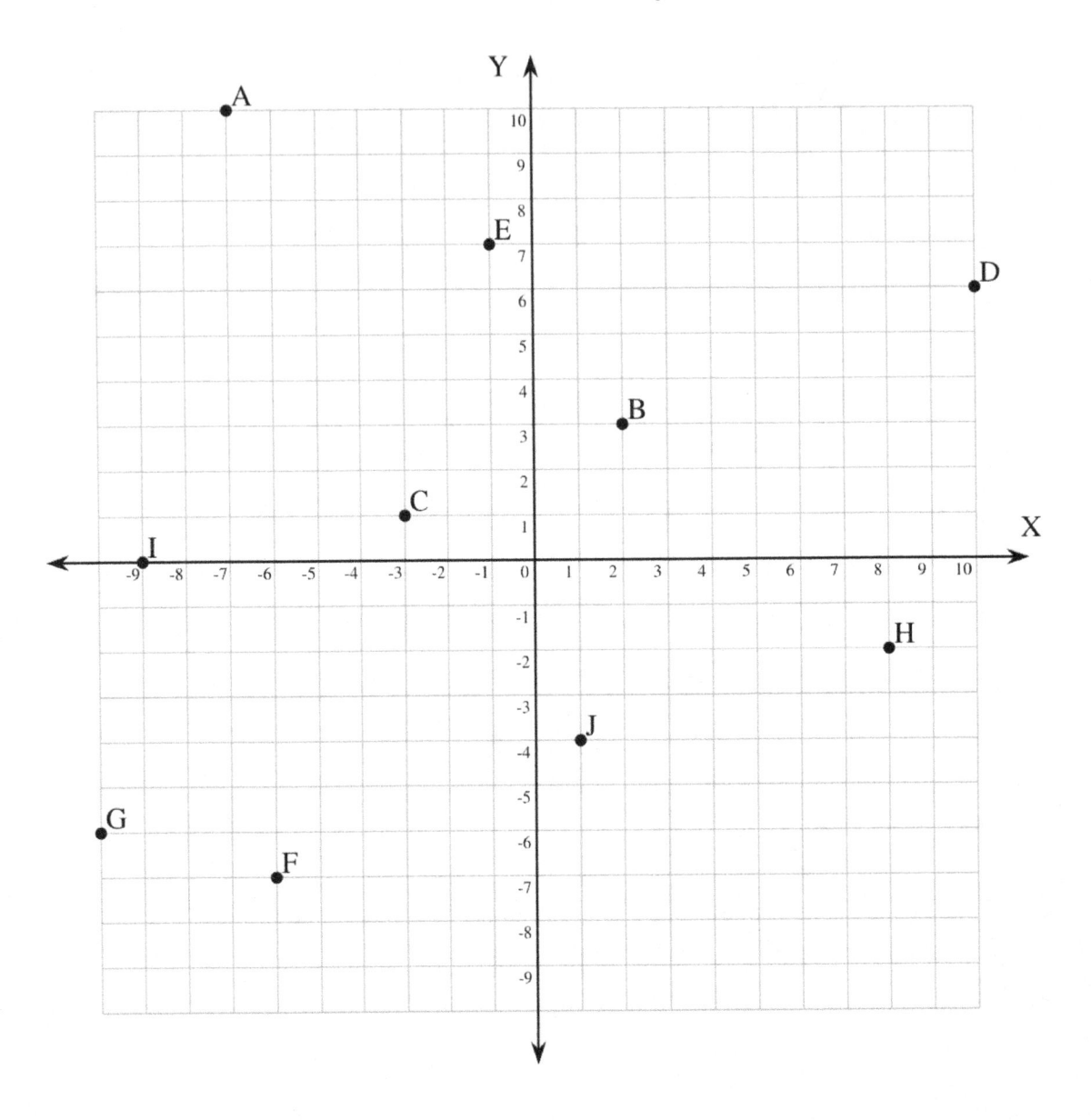

Write the coordinates of each labeled point.

A	(-7, 10)	F	(-6, -7)
B	(2, 3)	G	(-10, -6)
C	(-3, 1)	H	(8, -2)
D	(10, 6)	I	(-9, 0)
E	(-1, 7)	J	(1, -4)

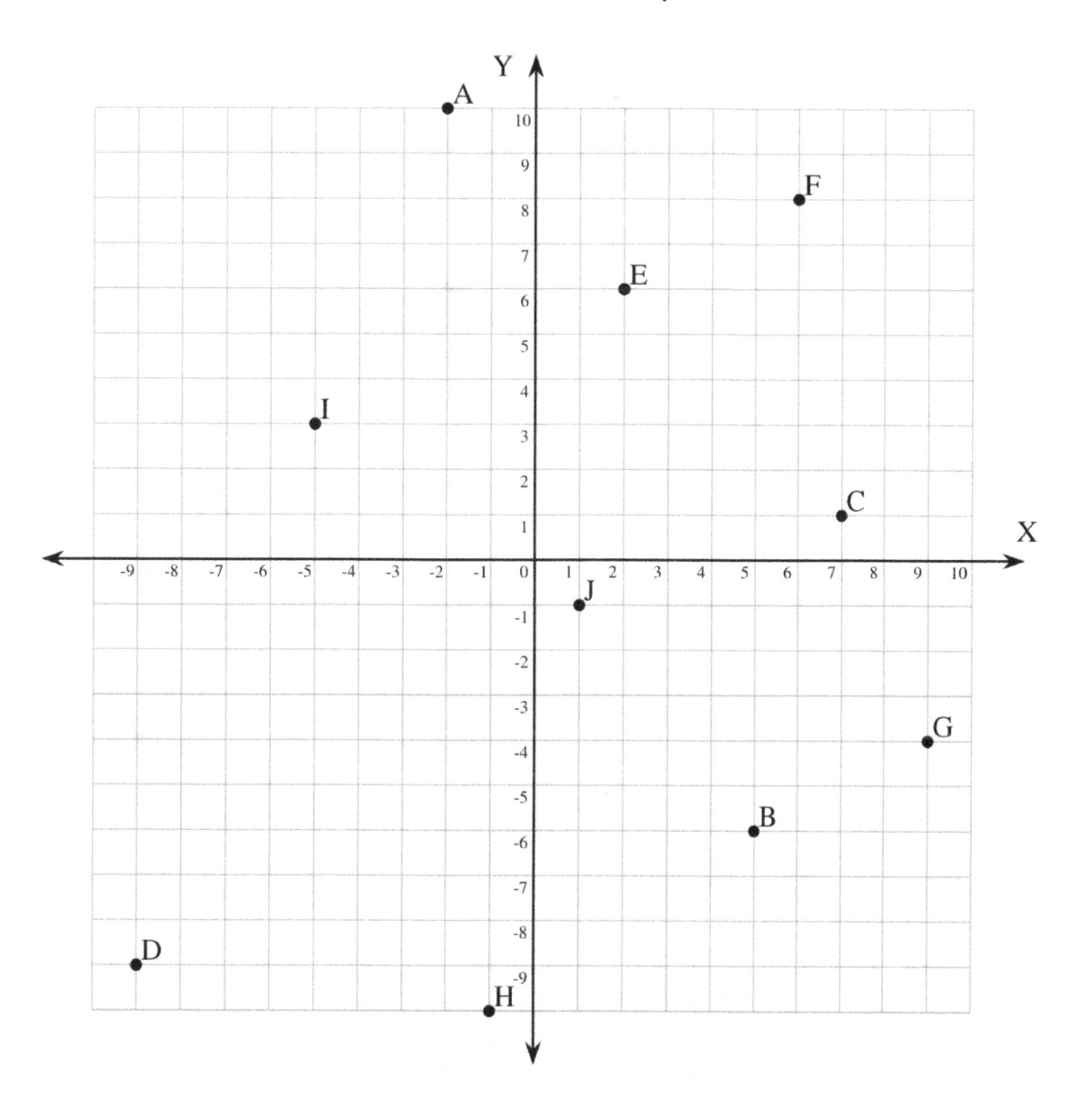

Write the coordinates of each labeled point.

A _____   F _____

B _____   G _____

C _____   H _____

D _____   I _____

E _____   J _____

Answer Key

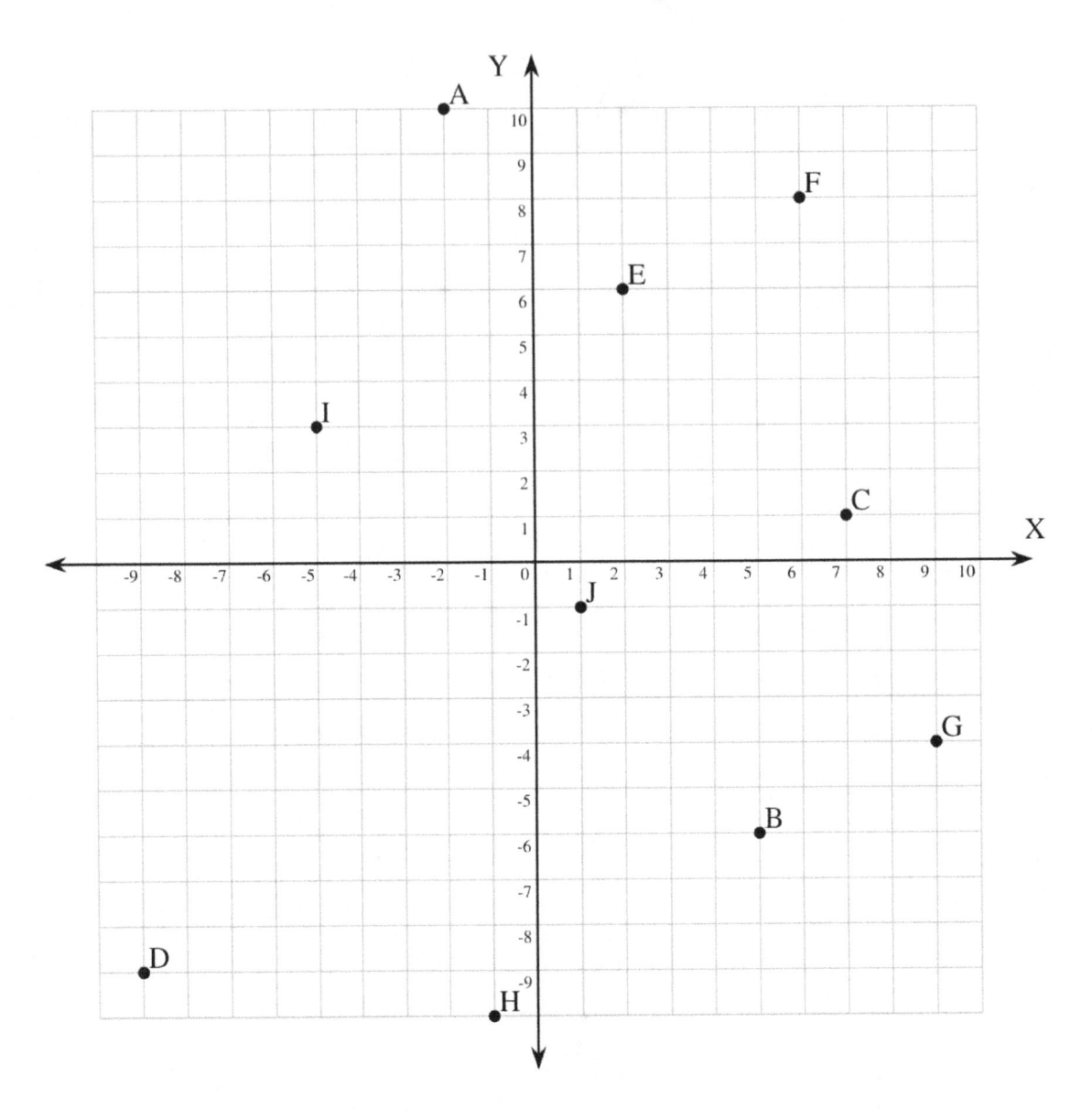

Write the coordinates of each labeled point.

A   (-2, 10)   F   (6, 8)

B   (5, -6)   G   (9, -4)

C   (7, 1)   H   (-1, -10)

D   (-9, -9)   I   (-5, 3)

E   (2, 6)   J   (1, -1)

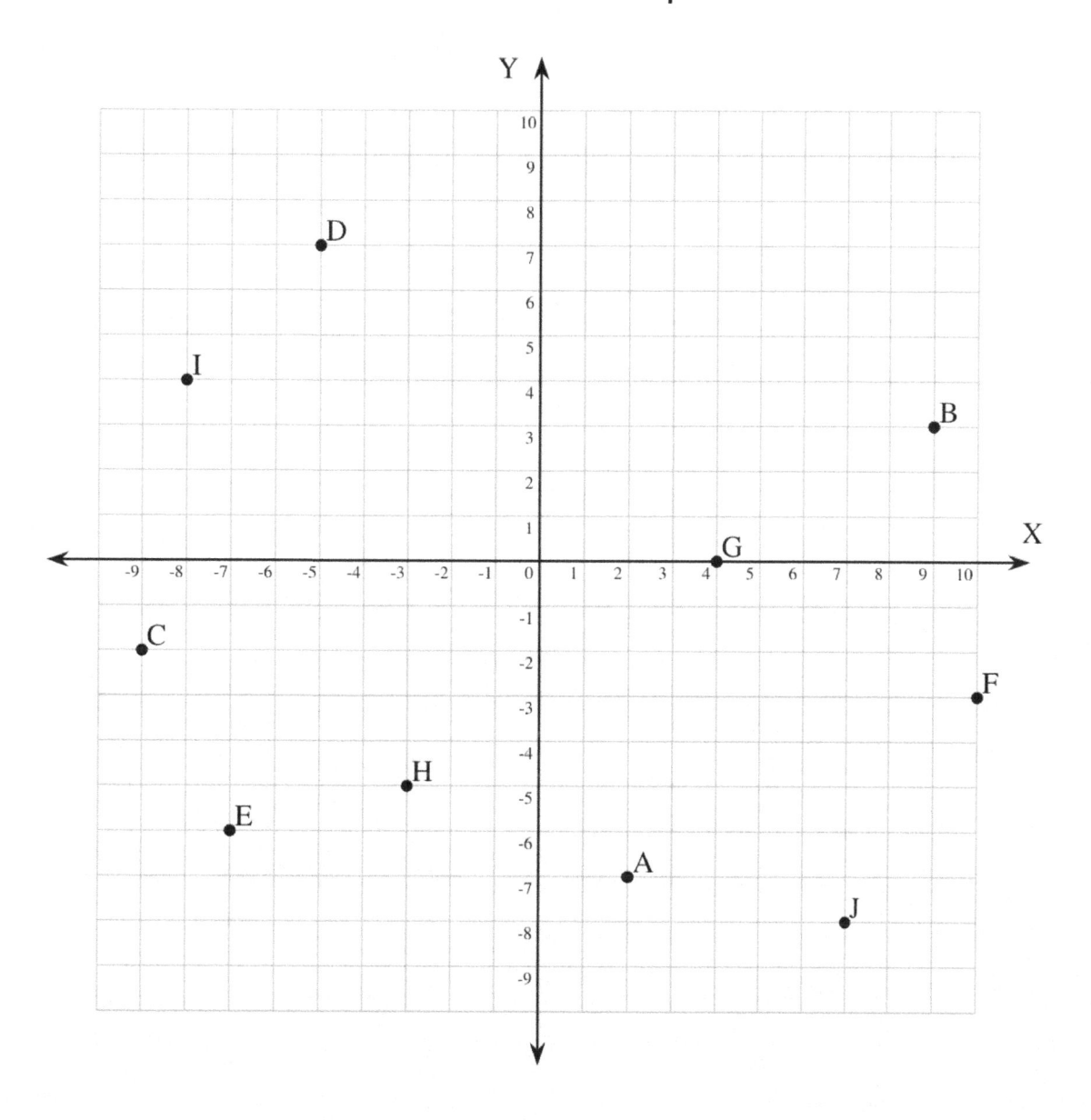

Write the coordinates of each labeled point.

A _____   F _____

B _____   G _____

C _____   H _____

D _____   I _____

E _____   J _____

Answer Key

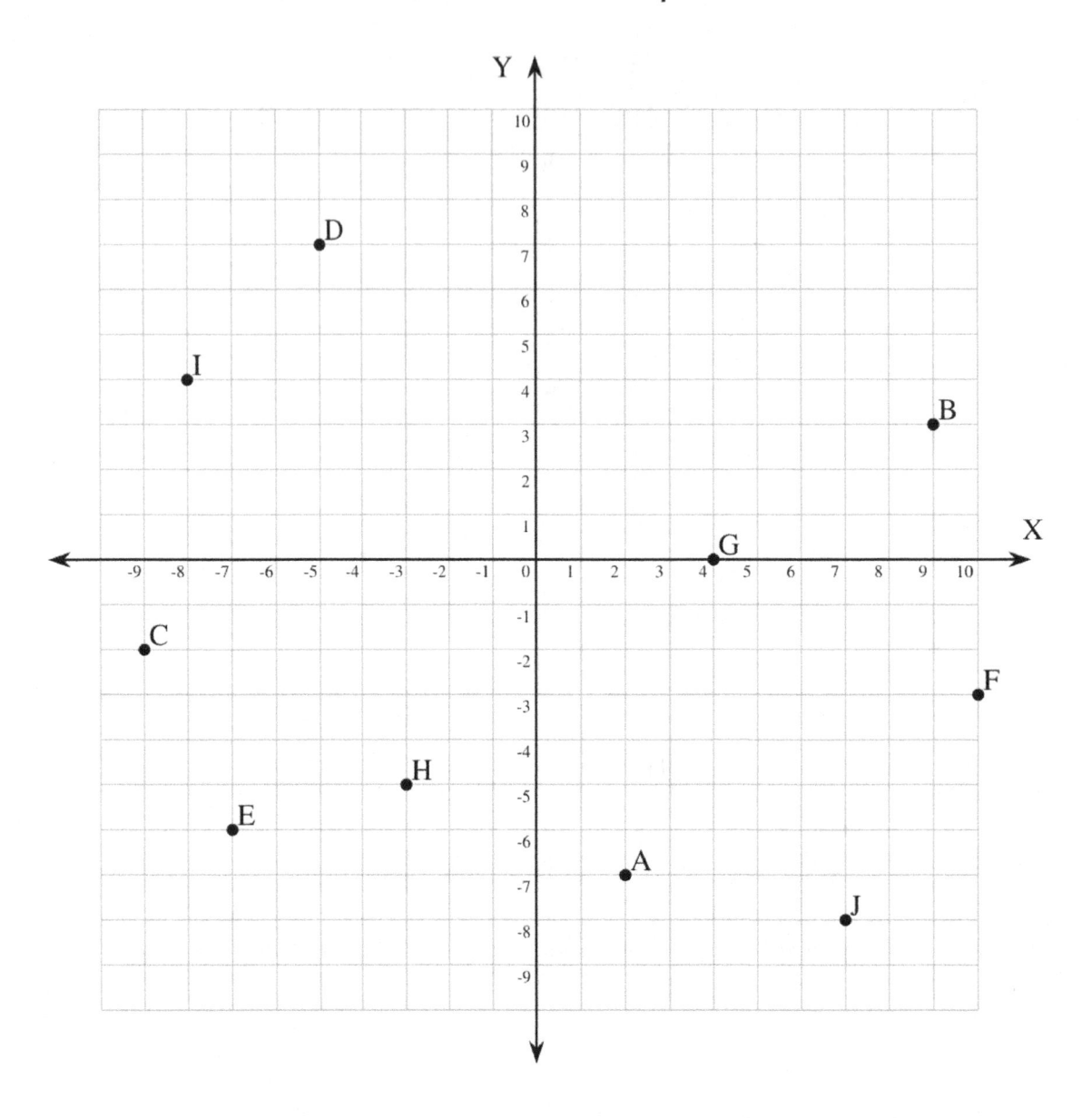

Write the coordinates of each labeled point.

A   (2, -7)   F   (10, -3)

B   (9, 3)   G   (4, 0)

C   (-9, -2)   H   (-3, -5)

D   (-5, 7)   I   (-8, 4)

E   (-7, -6)   J   (7, -8)

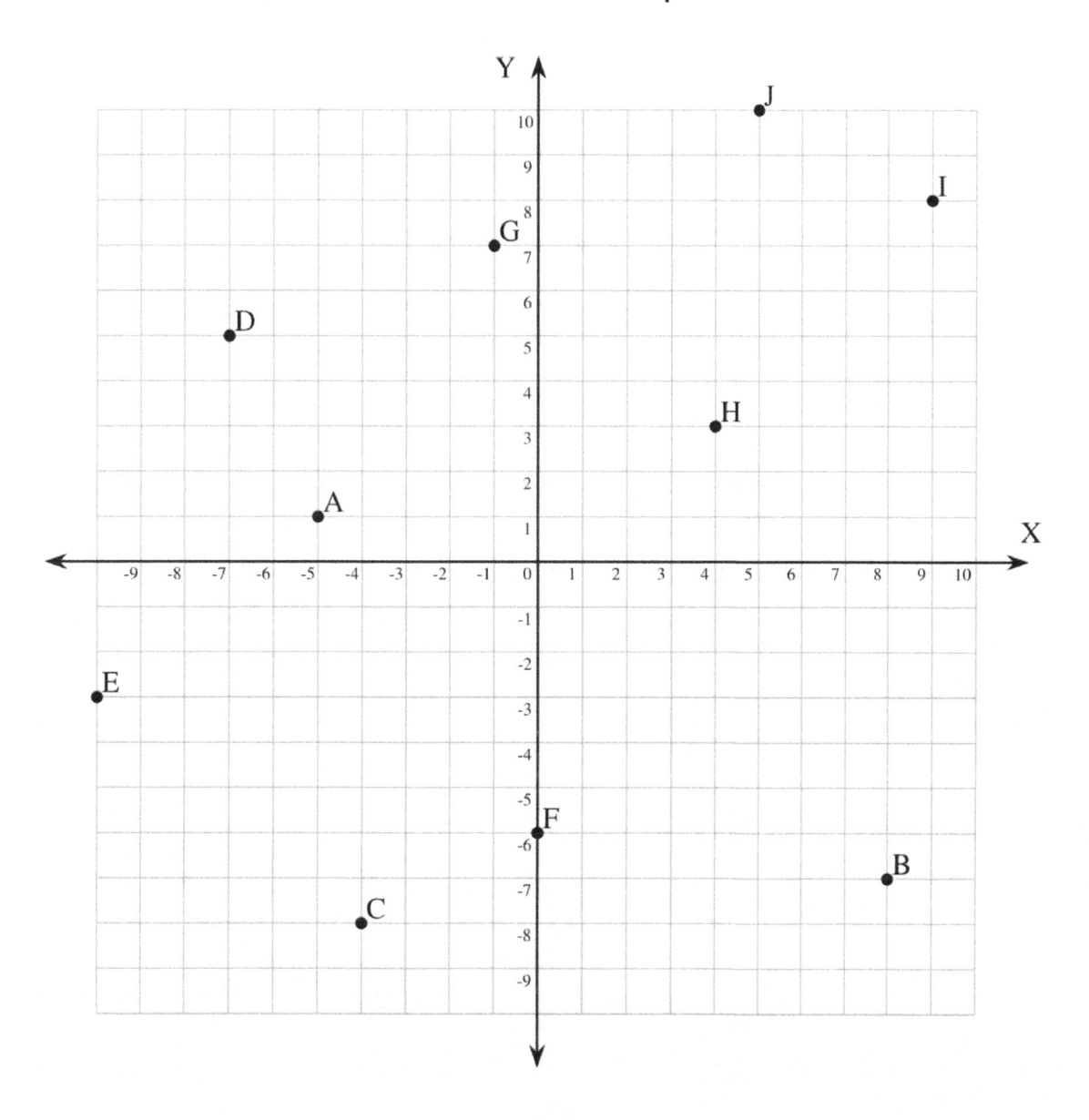

Write the coordinates of each labeled point.

A _____   F _____

B _____   G _____

C _____   H _____

D _____   I _____

E _____   J _____

Answer Key

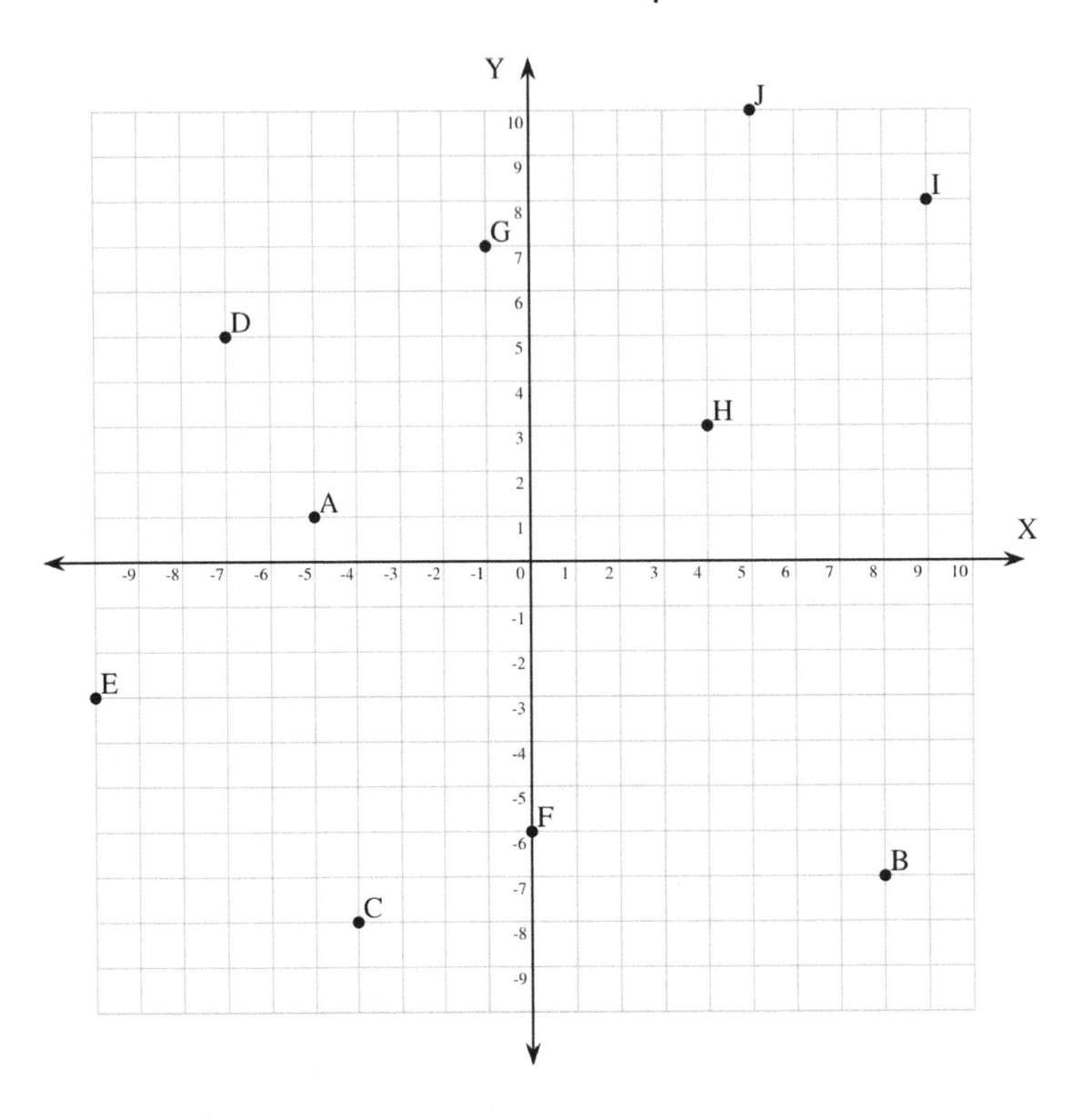

Write the coordinates of each labeled point.

A	(-5, 1)	F	(0, -6)
B	(8, -7)	G	(-1, 7)
C	(-4, -8)	H	(4, 3)
D	(-7, 5)	I	(9, 8)
E	(-10, -3)	J	(5, 10)

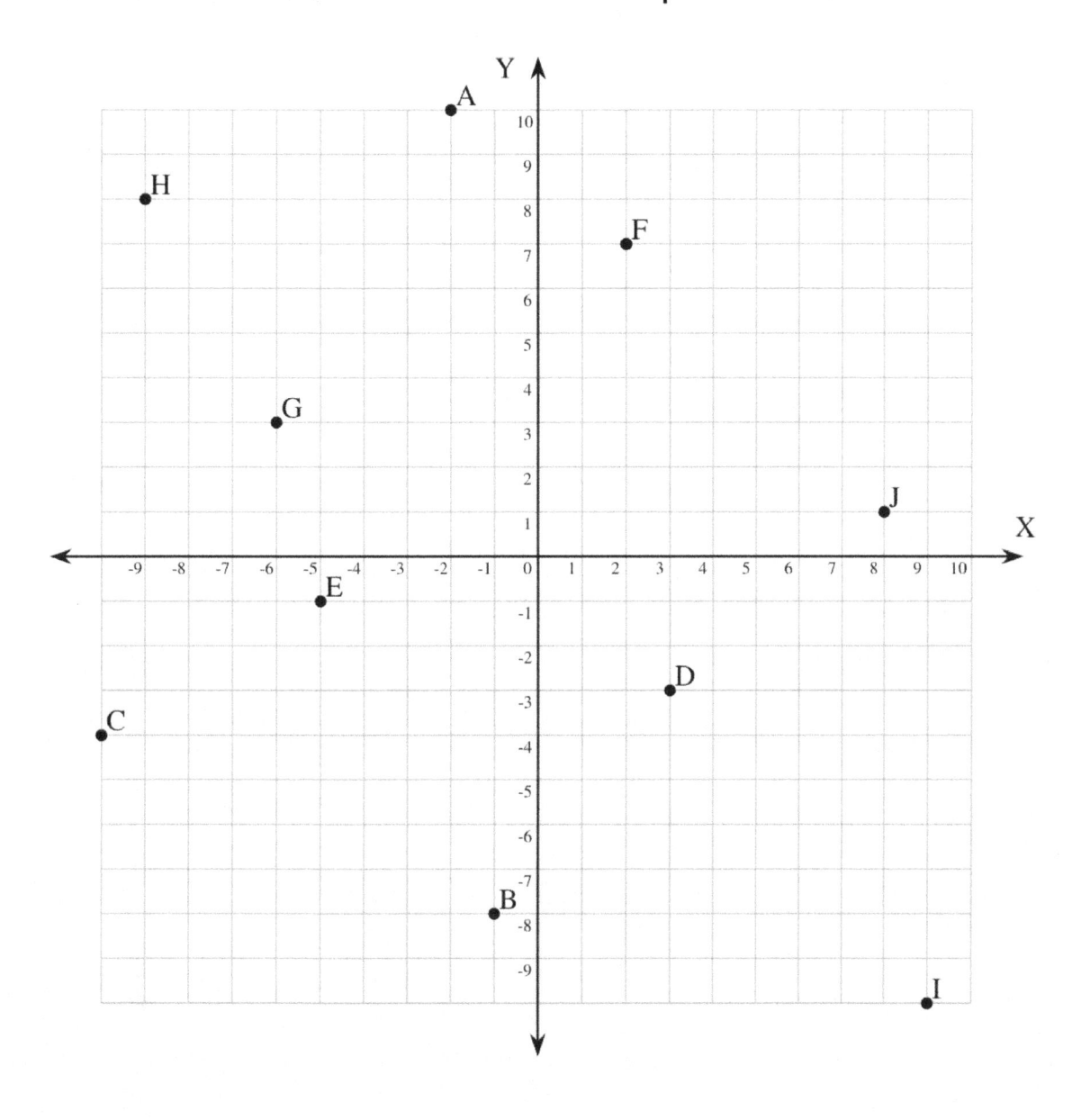

Write the coordinates of each labeled point.

A _____   F _____

B _____   G _____

C _____   H _____

D _____   I _____

E _____   J _____

Answer Key

Write the coordinates of each labeled point.

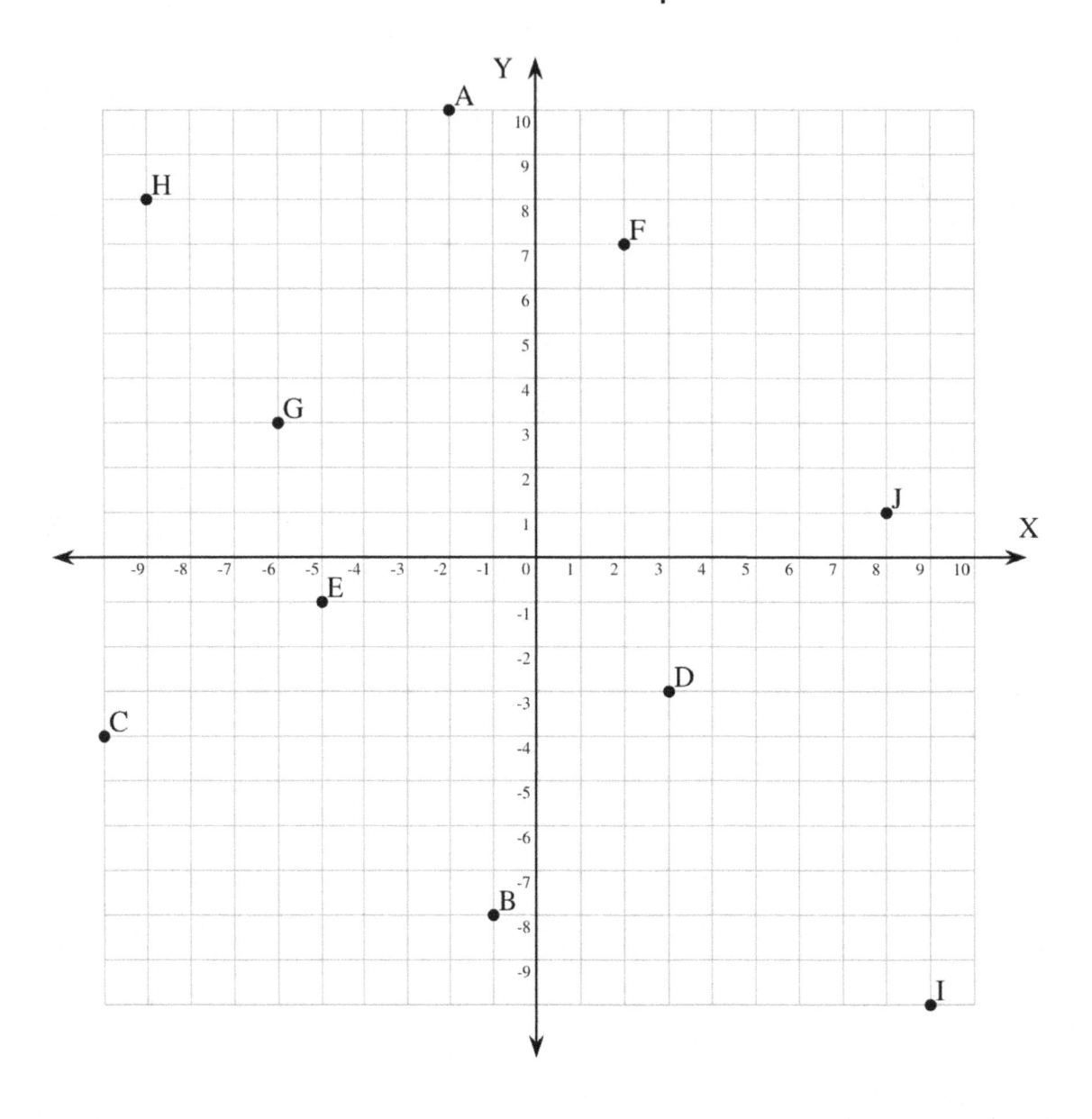

A	(-2, 10)	F	(2, 7)
B	(-1, -8)	G	(-6, 3)
C	(-10, -4)	H	(-9, 8)
D	(3, -3)	I	(9, -10)
E	(-5, -1)	J	(8, 1)

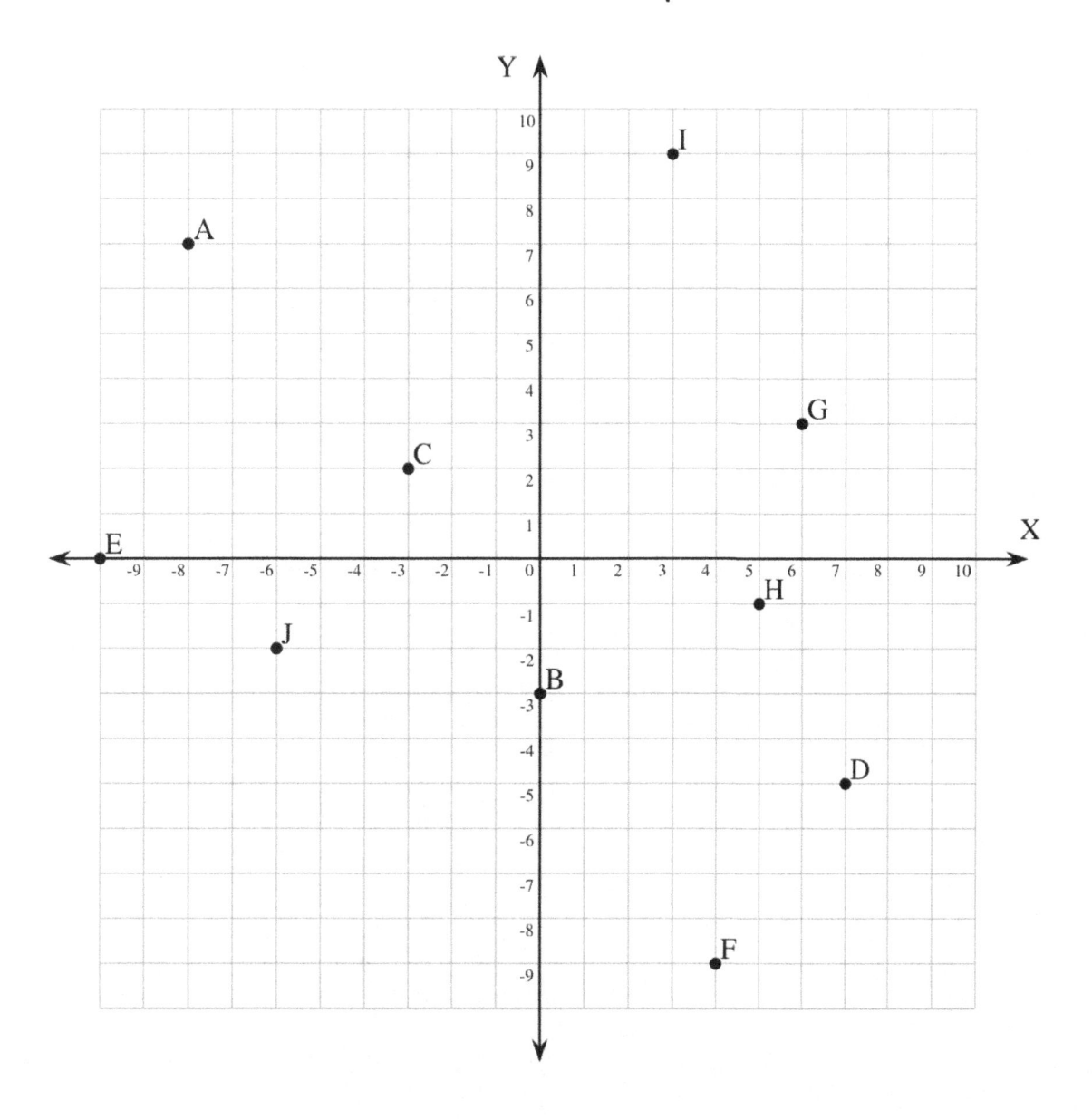

Write the coordinates of each labeled point.

A _____   F _____

B _____   G _____

C _____   H _____

D _____   I _____

E _____   J _____

Answer Key

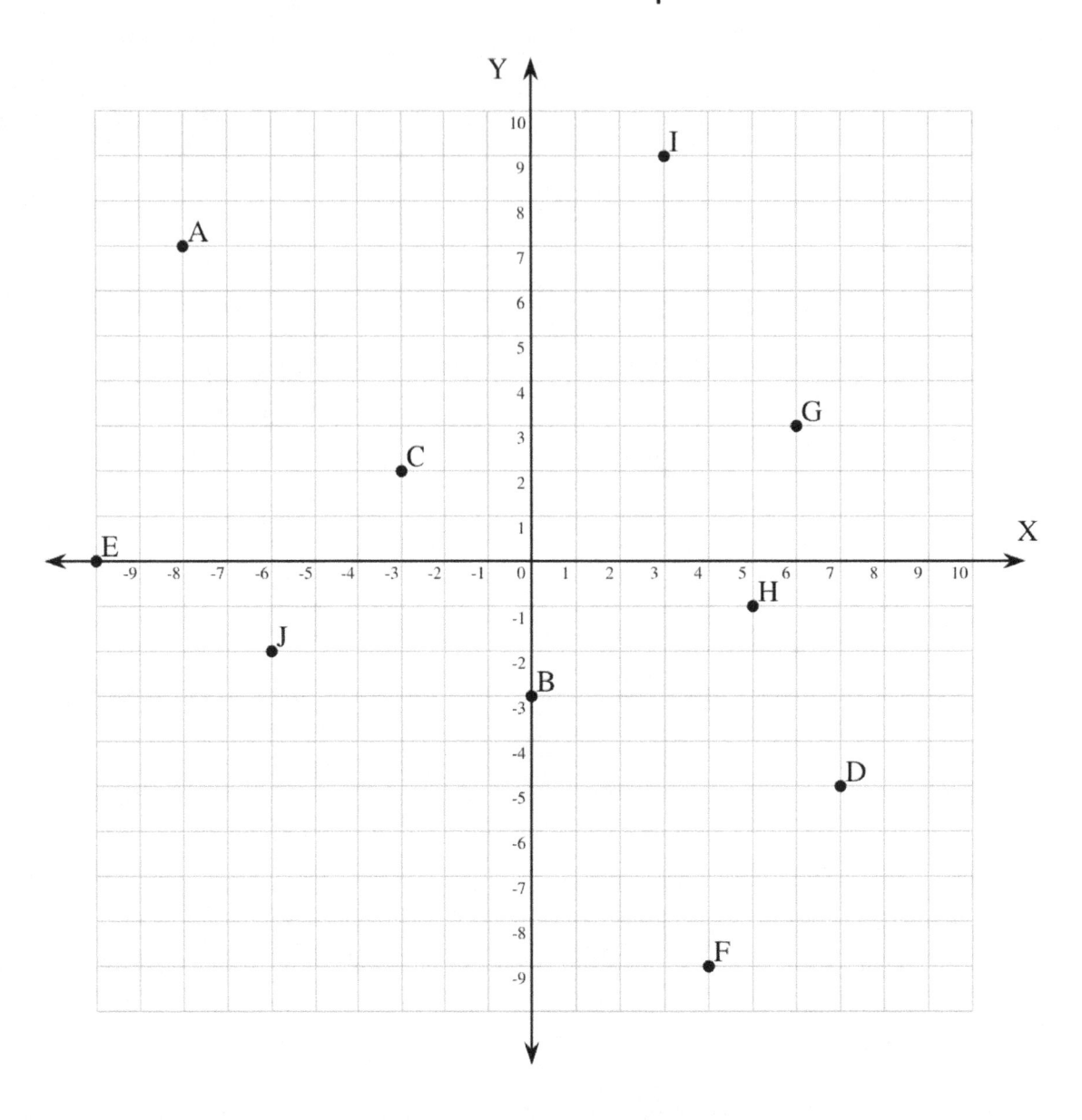

Write the coordinates of each labeled point.

A	(-8, 7)	F	(4, -9)
B	(0, -3)	G	(6, 3)
C	(-3, 2)	H	(5, -1)
D	(7, -5)	I	(3, 9)
E	(-10, 0)	J	(-6, -2)

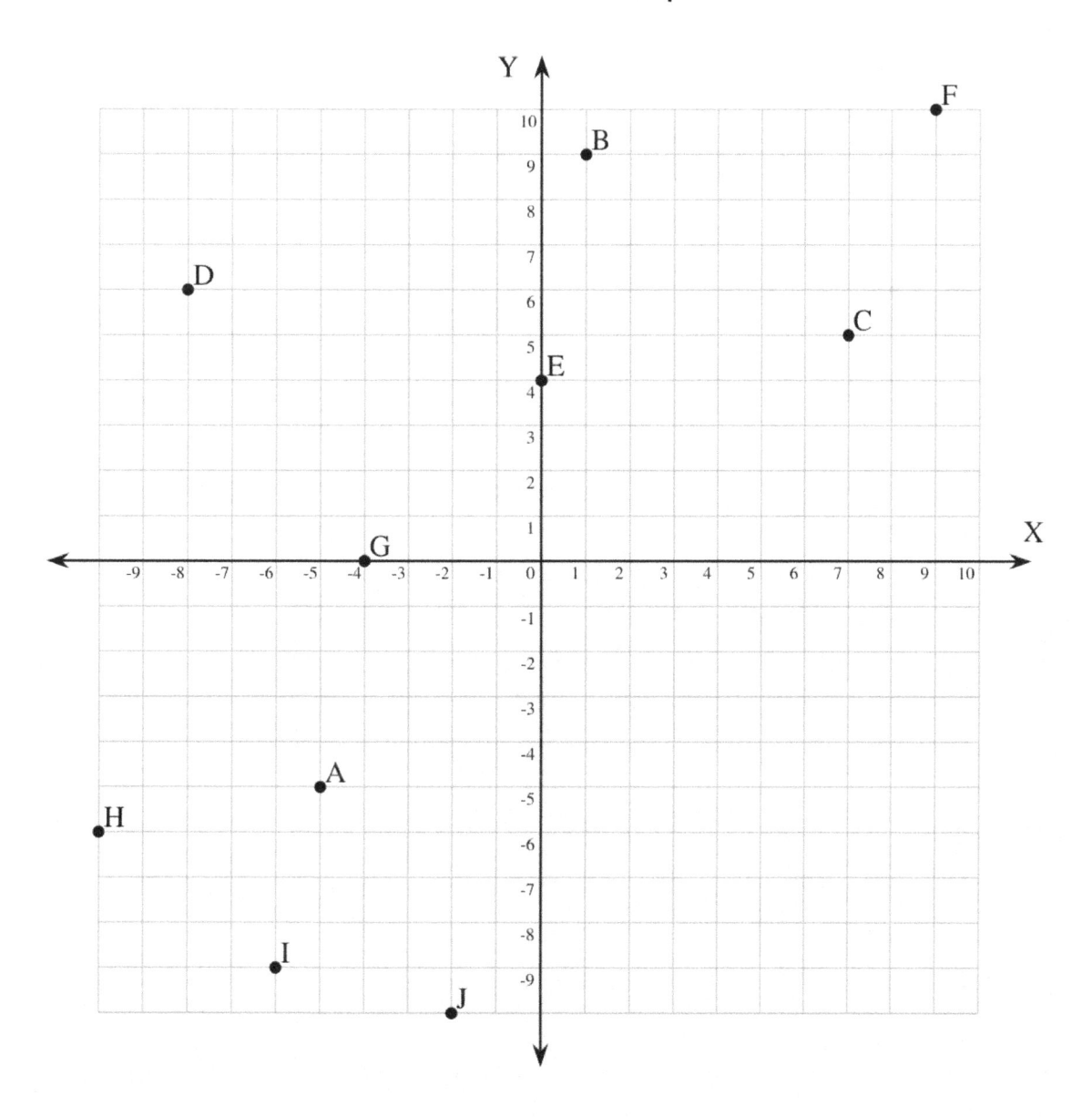

Write the coordinates of each labeled point.

A _____   F _____

B _____   G _____

C _____   H _____

D _____   I _____

E _____   J _____

Answer Key

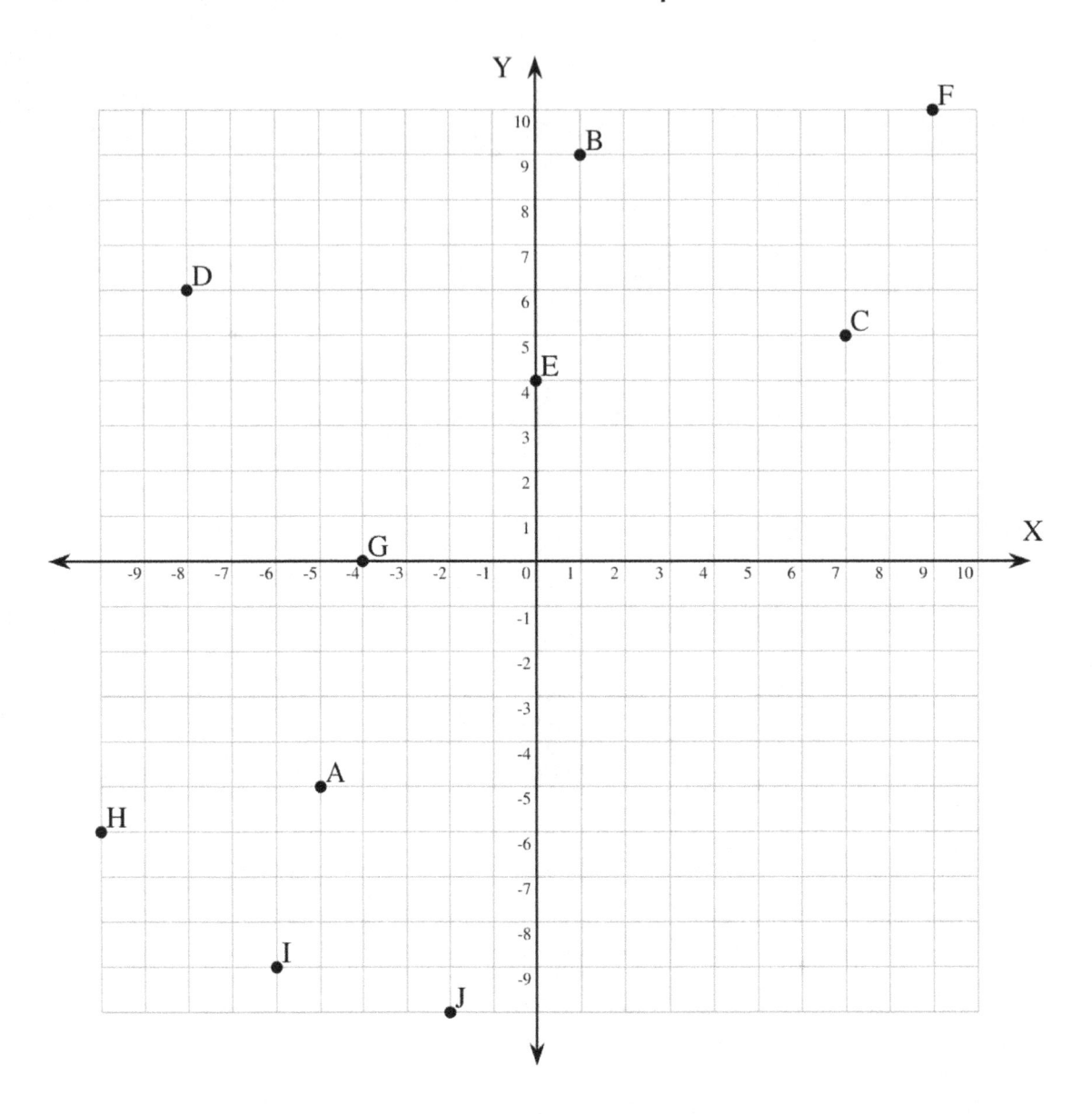

Write the coordinates of each labeled point.

A   (-5, -5)   F   (9, 10)

B   (1, 9)   G   (-4, 0)

C   (7, 5)   H   (-10, -6)

D   (-8, 6)   I   (-6, -9)

E   (0, 4)   J   (-2, -10)

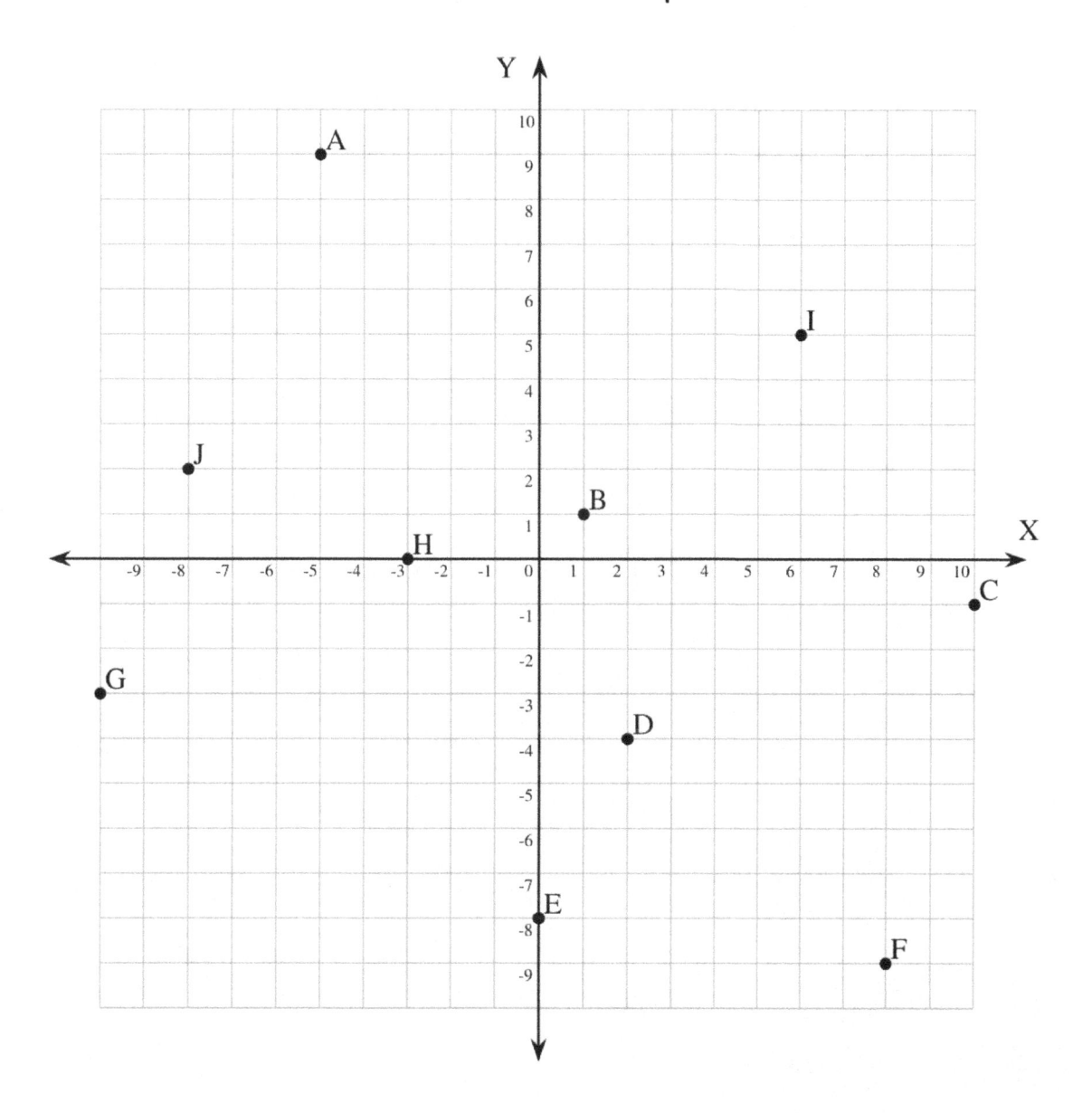

Write the coordinates of each labeled point.

A _____   F _____

B _____   G _____

C _____   H _____

D _____   I _____

E _____   J _____

Answer Key

Write the coordinates of each labeled point.

A   (-5, 9)

B   (1, 1)

C   (10, -1)

D   (2, -4)

E   (0, -8)

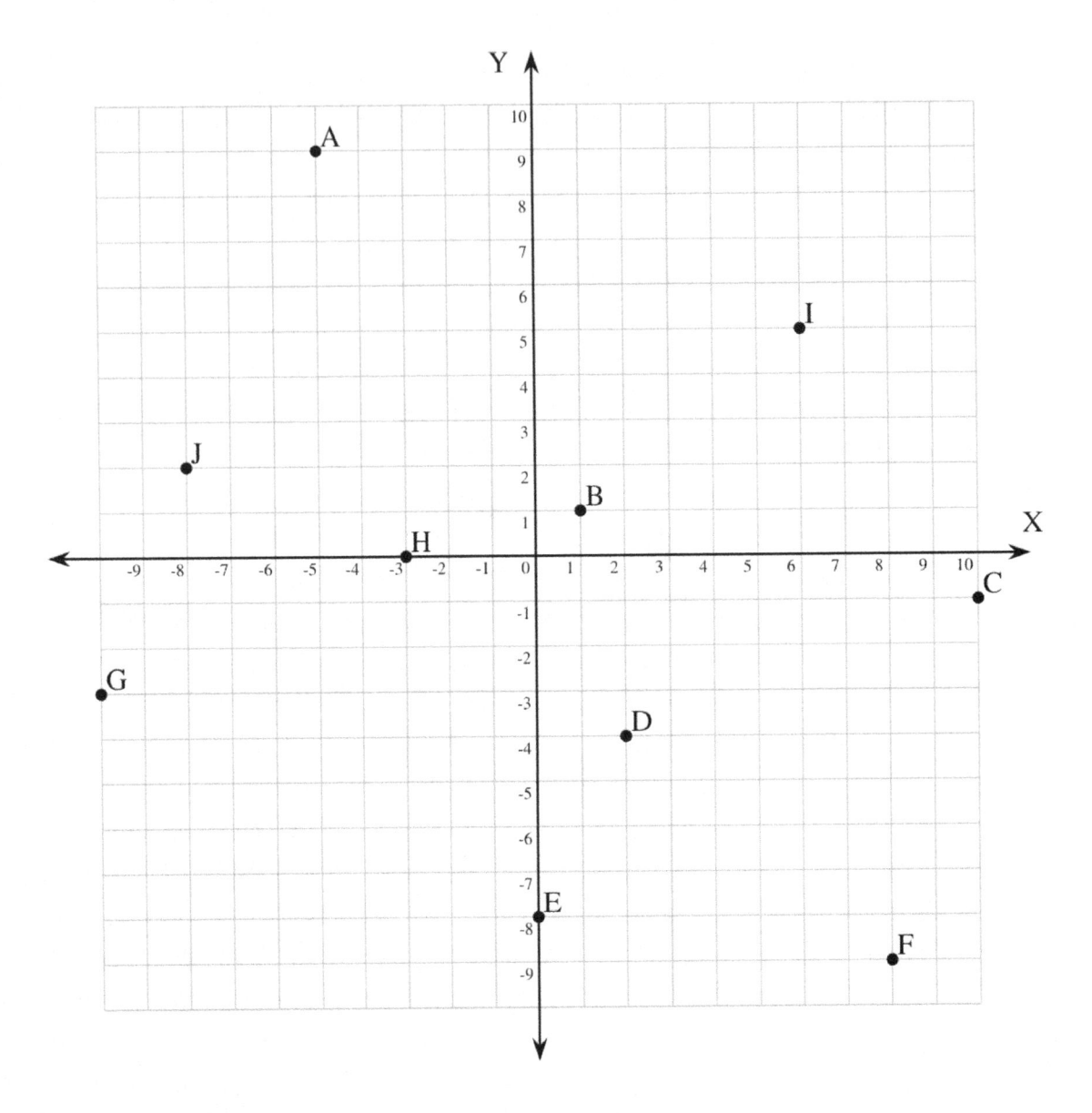

F   (8, -9)

G   (-10, -3)

H   (-3, 0)

I   (6, 5)

J   (-8, 2)

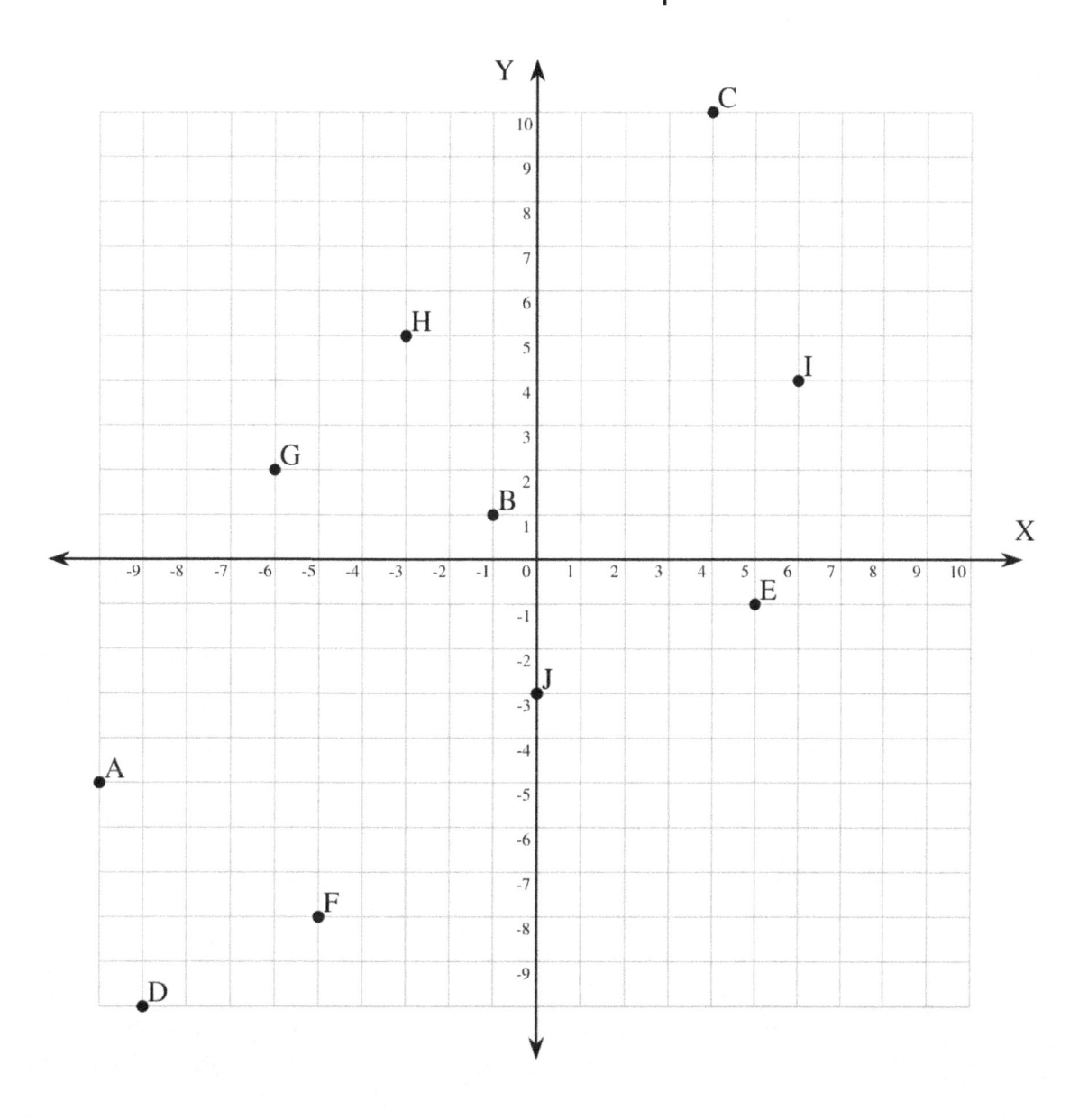

Write the coordinates of each labeled point.

A _____ F _____

B _____ G _____

C _____ H _____

D _____ I _____

E _____ J _____

Answer Key

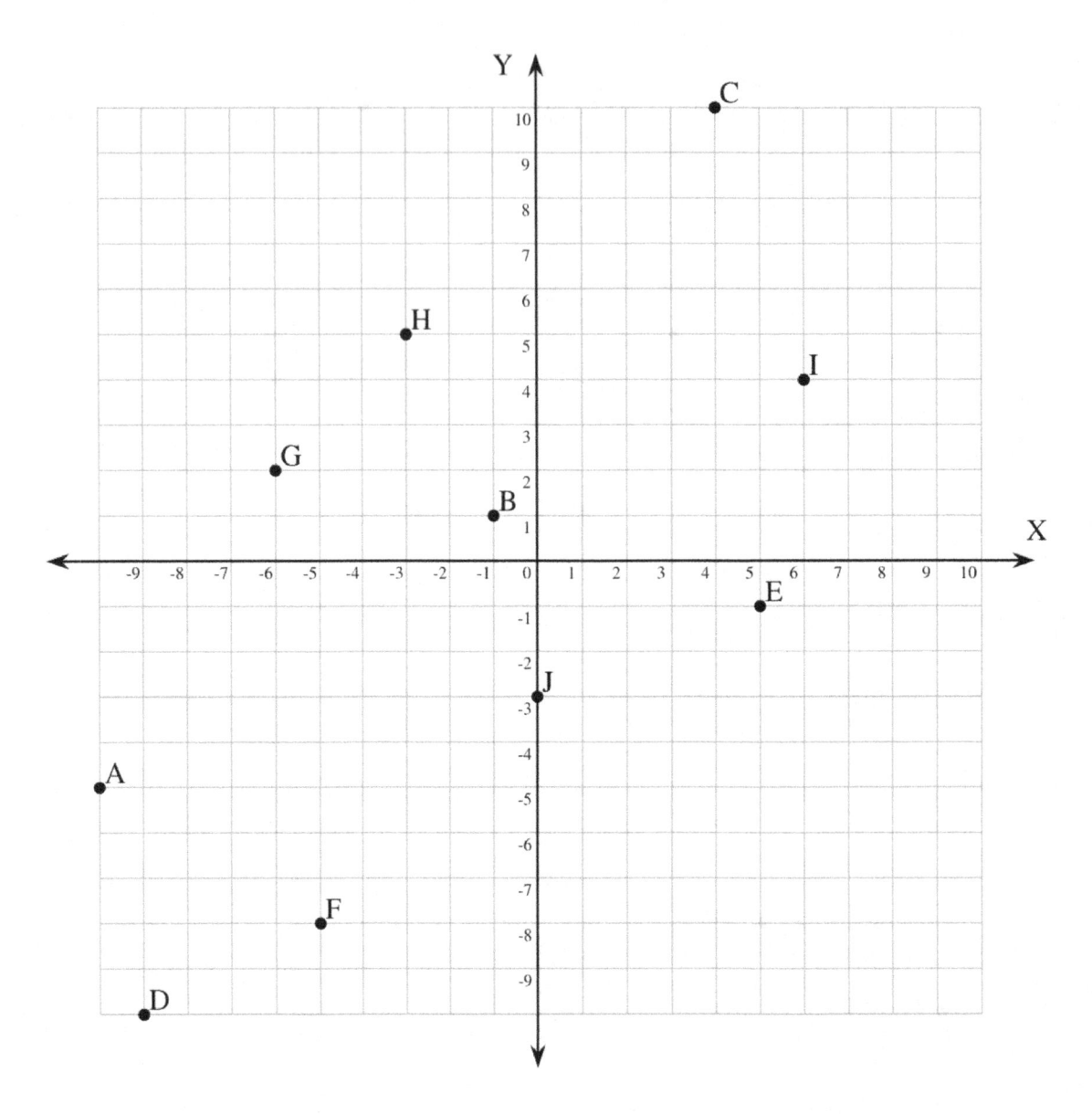

Write the coordinates of each labeled point.

A _____ (-10, -5) _____   F _____ (-5, -8) _____

B _____ (-1, 1) _____   G _____ (-6, 2) _____

C _____ (4, 10) _____   H _____ (-3, 5) _____

D _____ (-9, -10) _____   I _____ (6, 4) _____

E _____ (5, -1) _____   J _____ (0, -3) _____

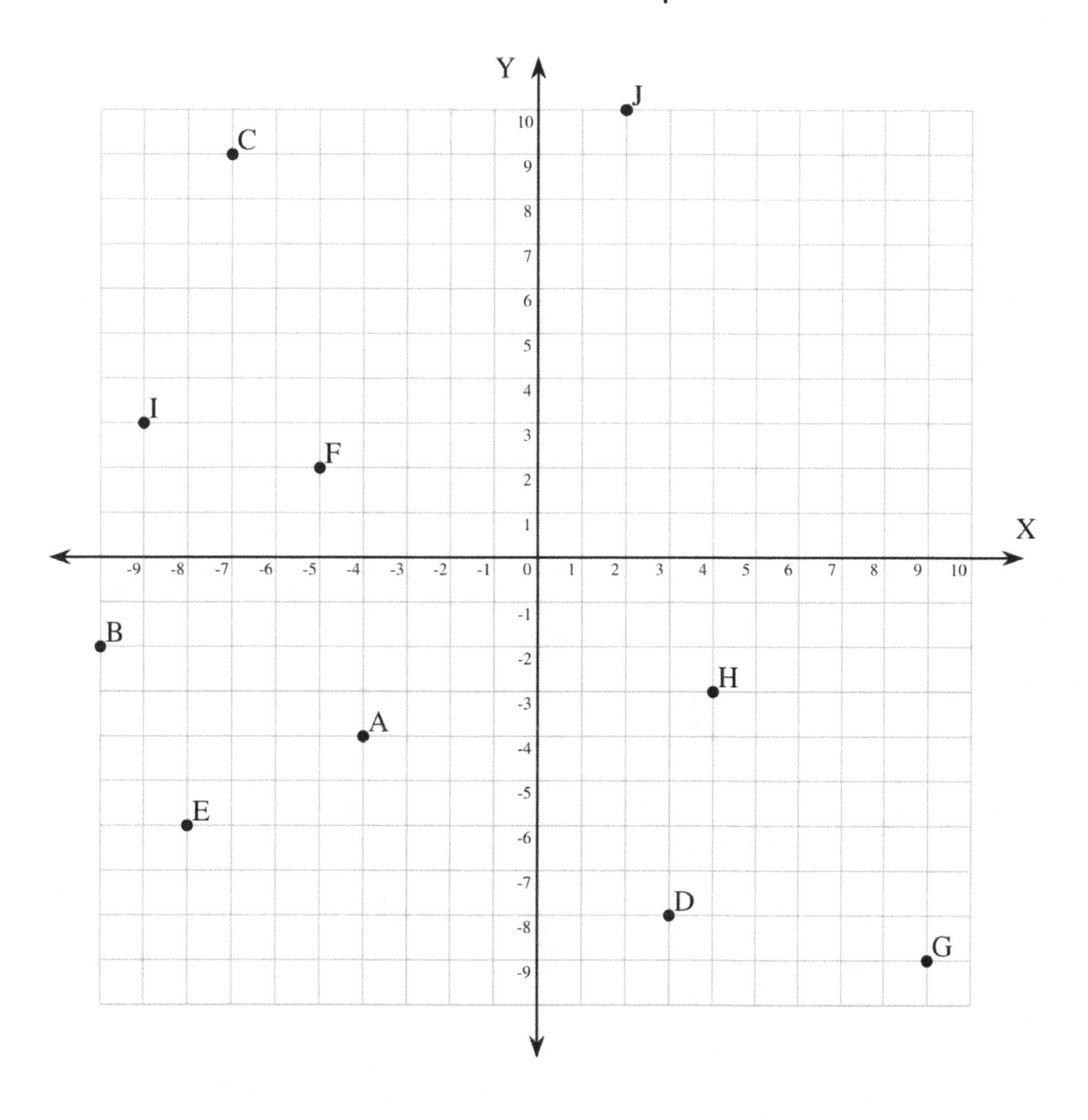

Write the coordinates of each labeled point.

A _____   F _____

B _____   G _____

C _____   H _____

D _____   I _____

E _____   J _____

Answer Key

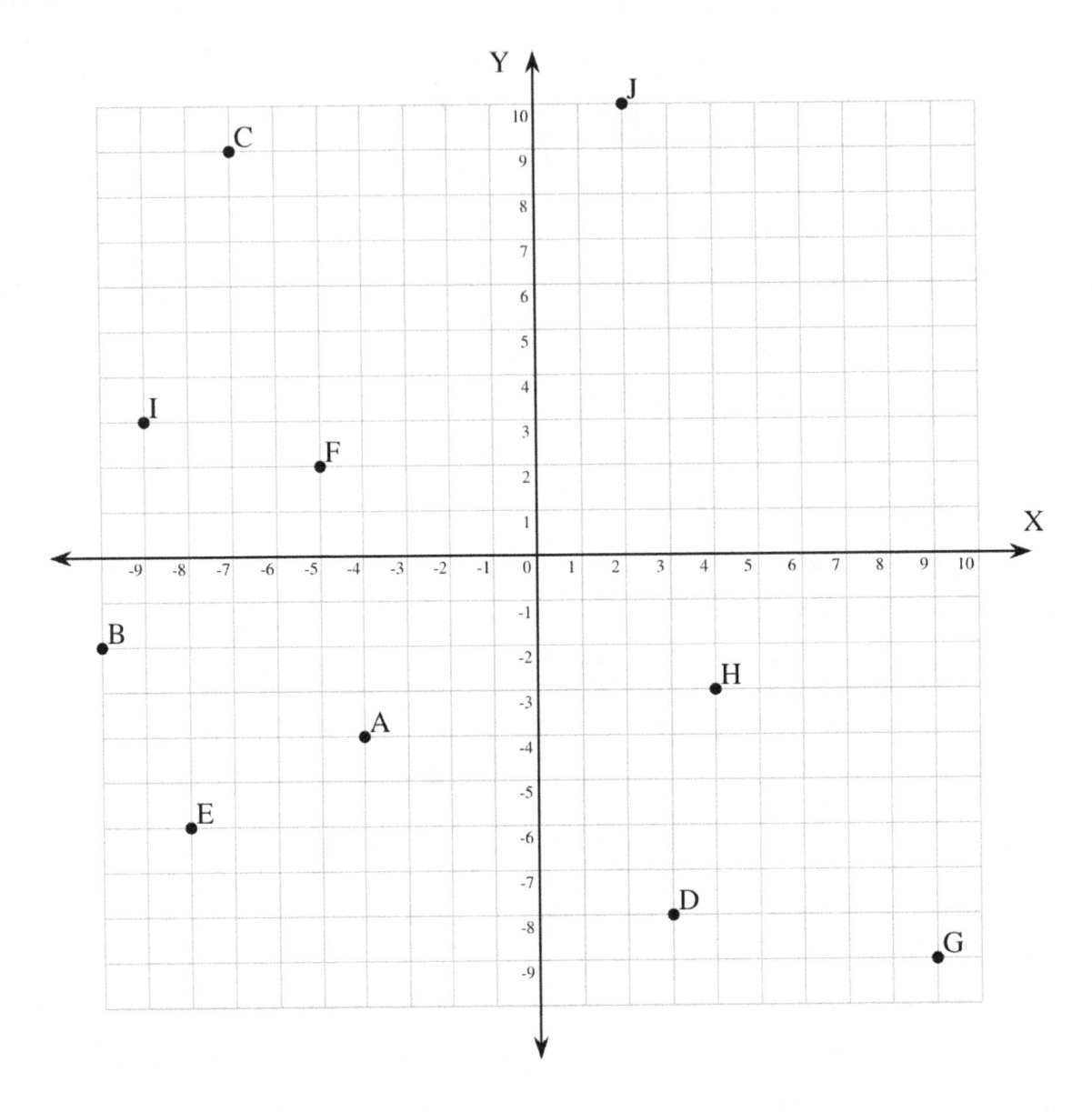

Write the coordinates of each labeled point.

A	(-4, -4)	F	(-5, 2)
B	(-10, -2)	G	(9, -9)
C	(-7, 9)	H	(4, -3)
D	(3, -8)	I	(-9, 3)
E	(-8, -6)	J	(2, 10)

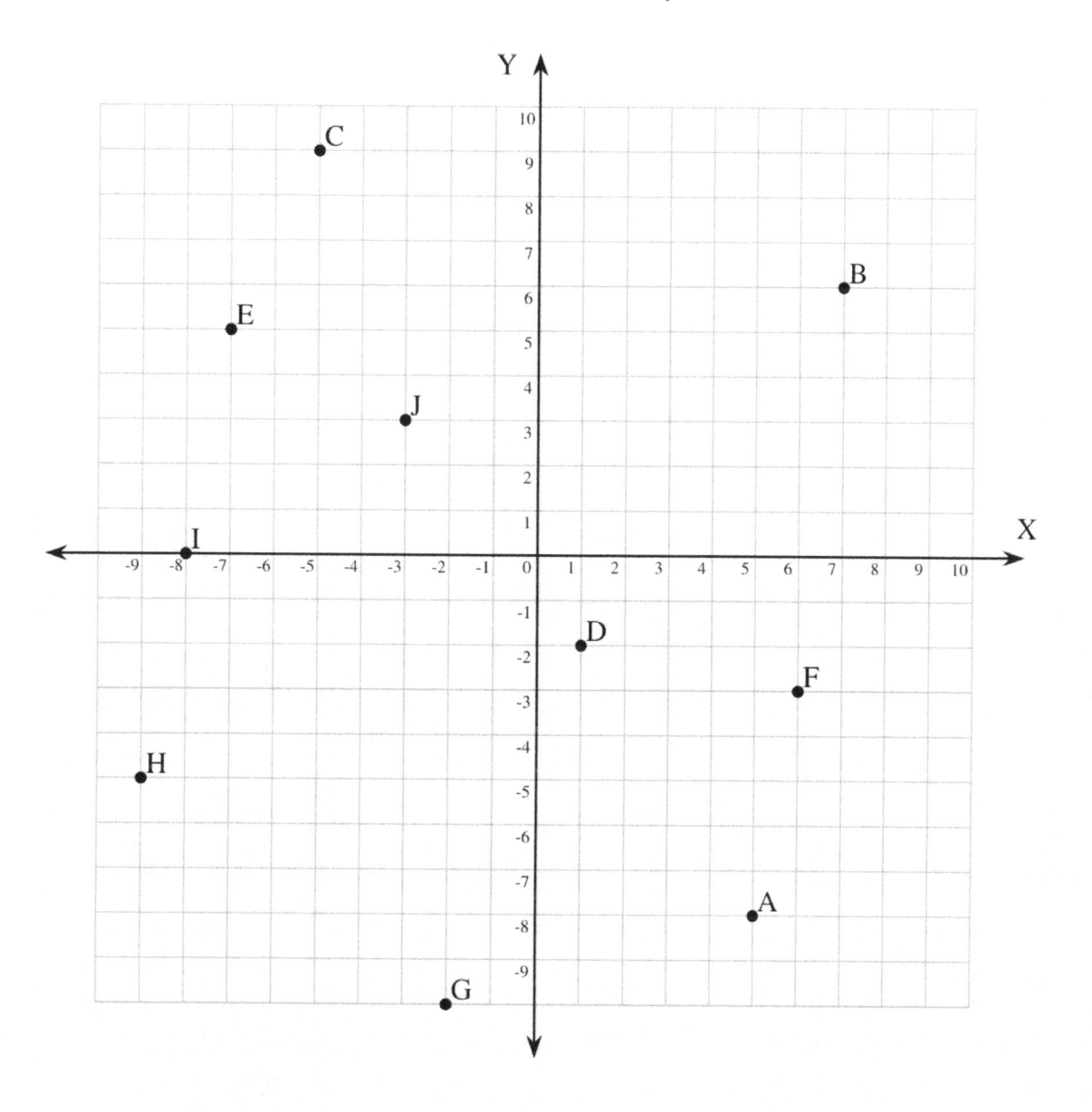

Write the coordinates of each labeled point.

A _____   F _____

B _____   G _____

C _____   H _____

D _____   I _____

E _____   J _____

Answer Key

Write the coordinates of each labeled point.

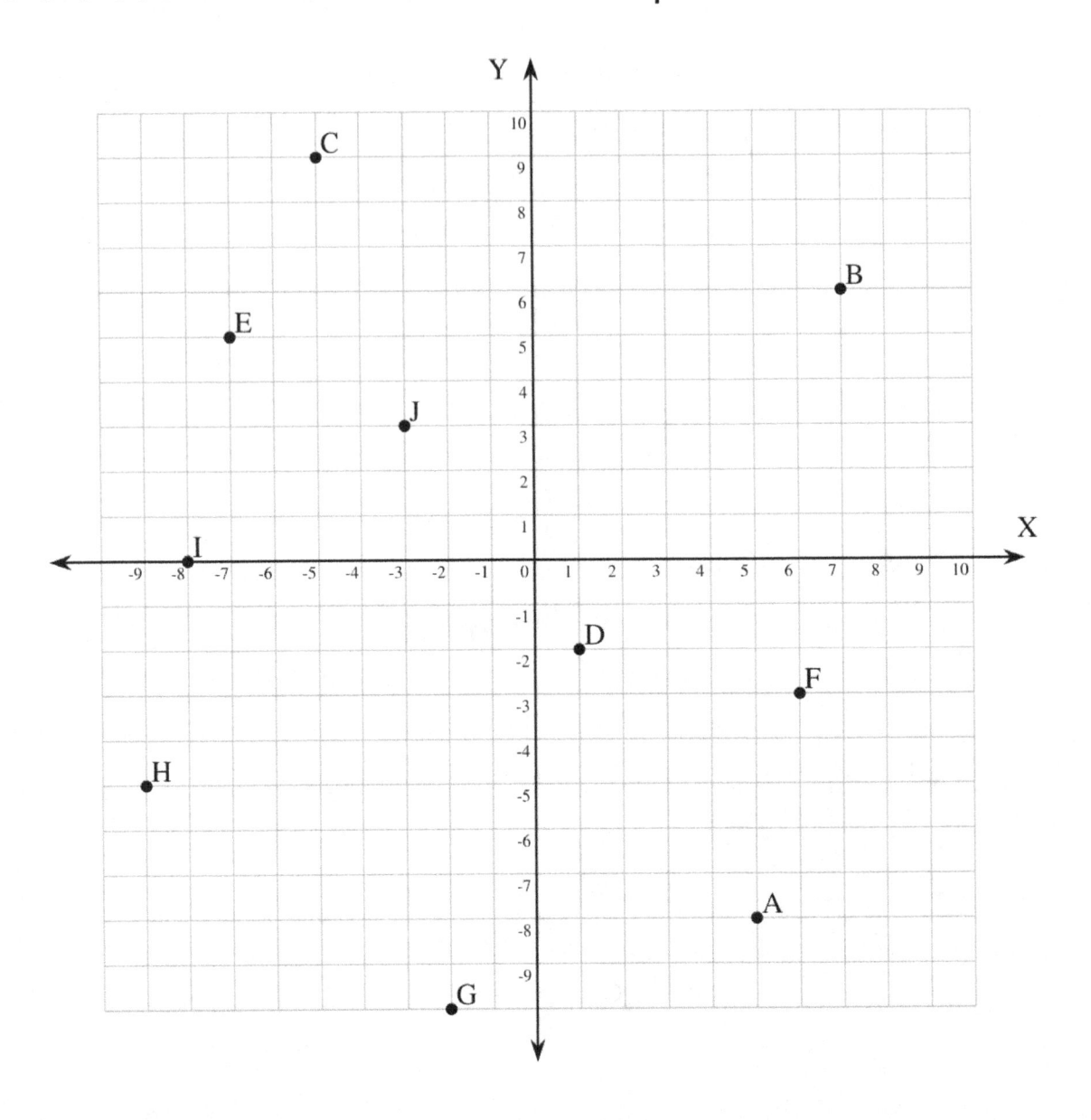

A   (5, -8)   F   (6, -3)

B   (7, 6)   G   (-2, -10)

C   (-5, 9)   H   (-9, -5)

D   (1, -2)   I   (-8, 0)

E   (-7, 5)   J   (-3, 3)

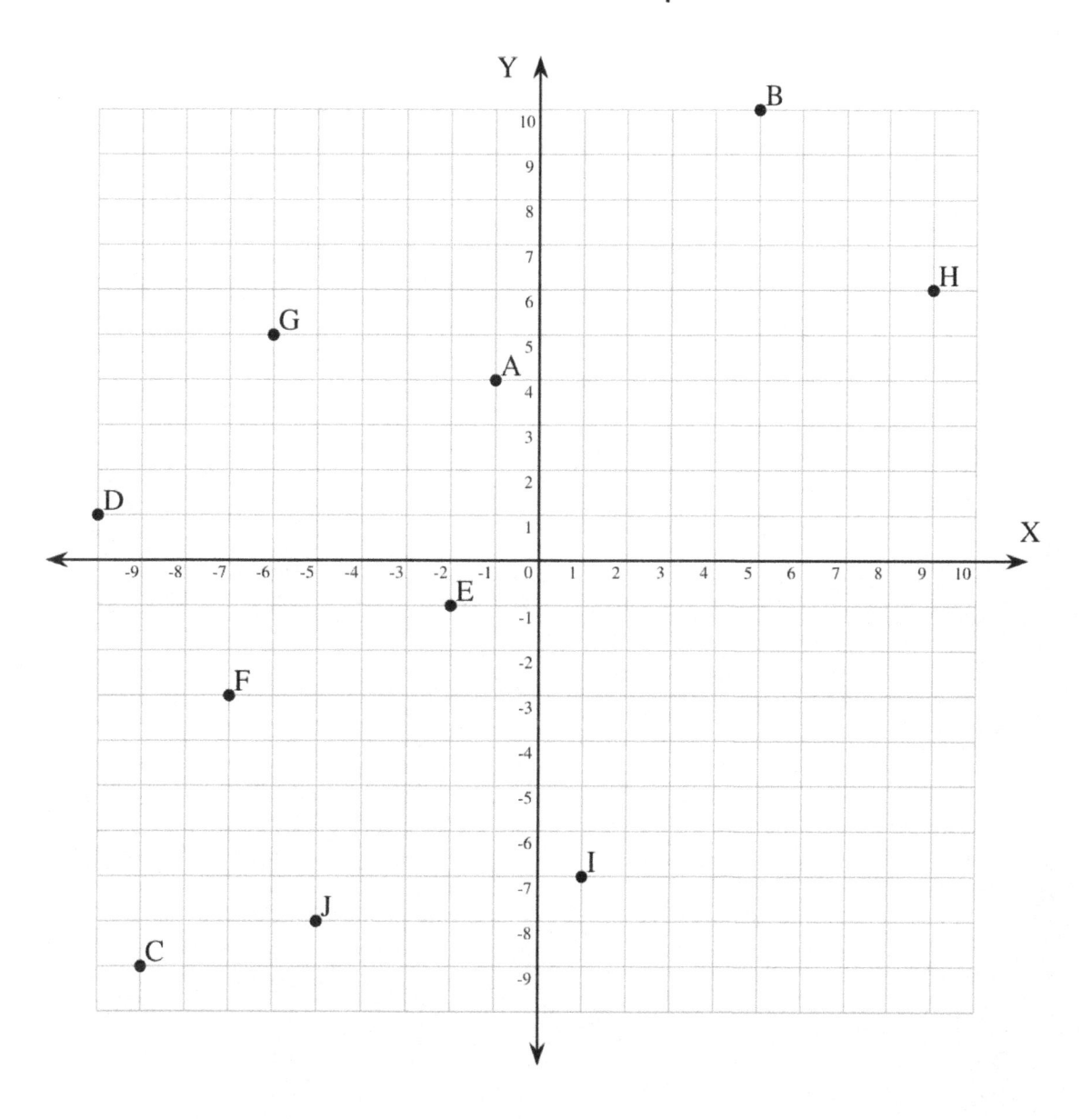

Write the coordinates of each labeled point.

A _____   F _____

B _____   G _____

C _____   H _____

D _____   I _____

E _____   J _____

Answer Key

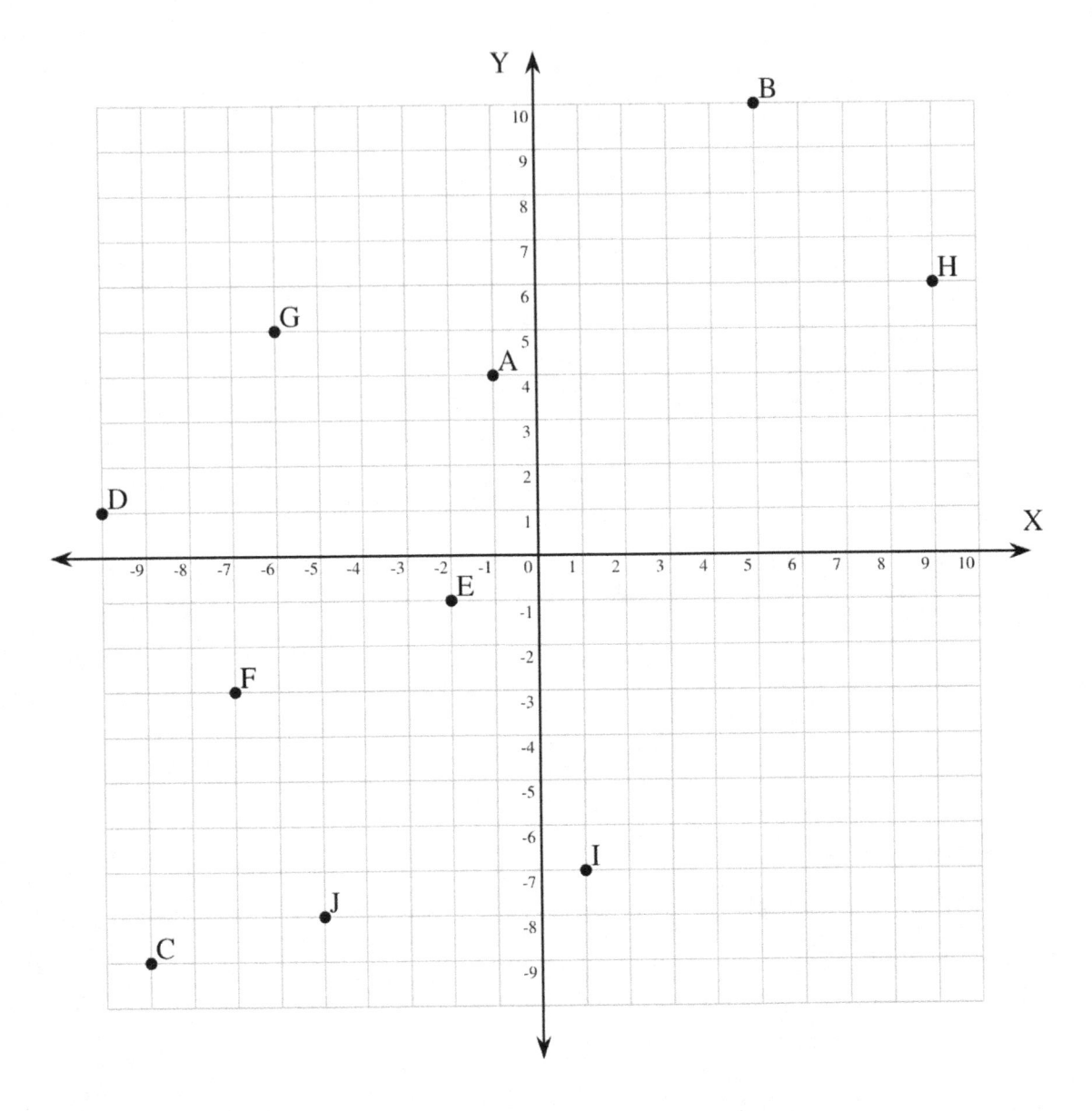

Write the coordinates of each labeled point.

A   (-1, 4)   F   (-7, -3)

B   (5, 10)   G   (-6, 5)

C   (-9, -9)   H   (9, 6)

D   (-10, 1)   I   (1, -7)

E   (-2, -1)   J   (-5, -8)

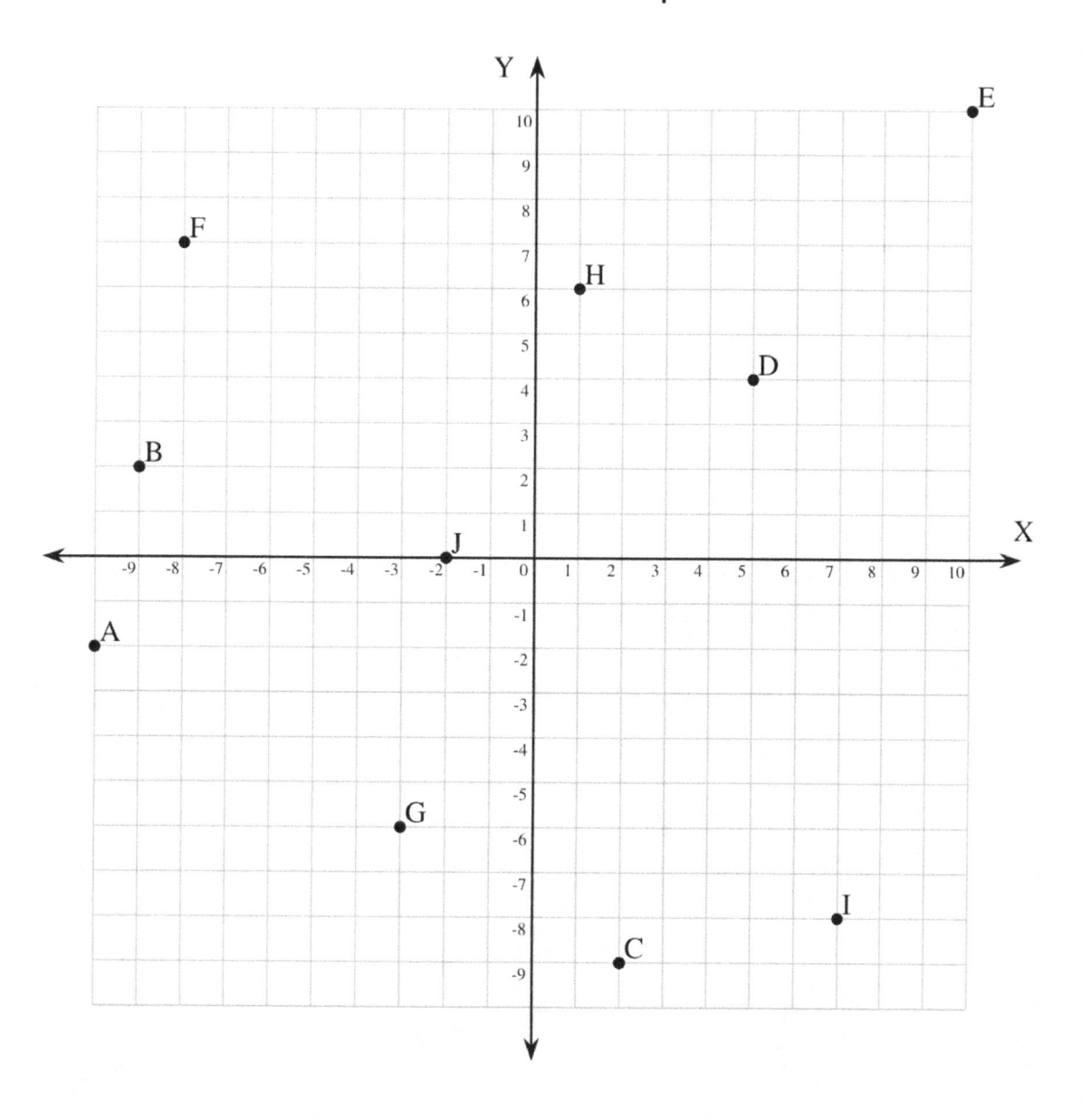

Write the coordinates of each labeled point.

A _____   F _____

B _____   G _____

C _____   H _____

D _____   I _____

E _____   J _____

Answer Key

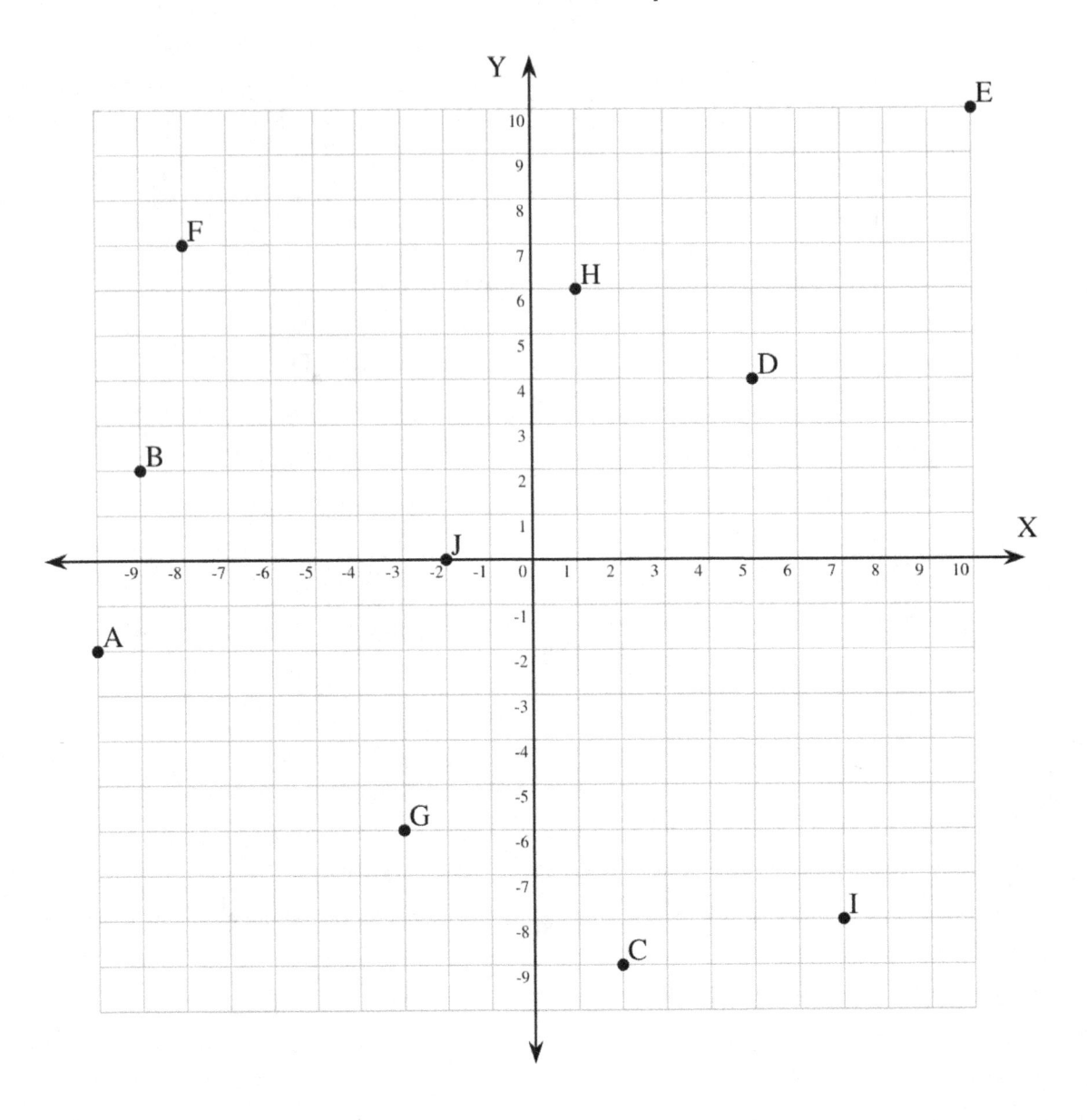

Write the coordinates of each labeled point.

A   (-10, -2)   F   (-8, 7)

B   (-9, 2)   G   (-3, -6)

C   (2, -9)   H   (1, 6)

D   (5, 4)   I   (7, -8)

E   (10, 10)   J   (-2, 0)

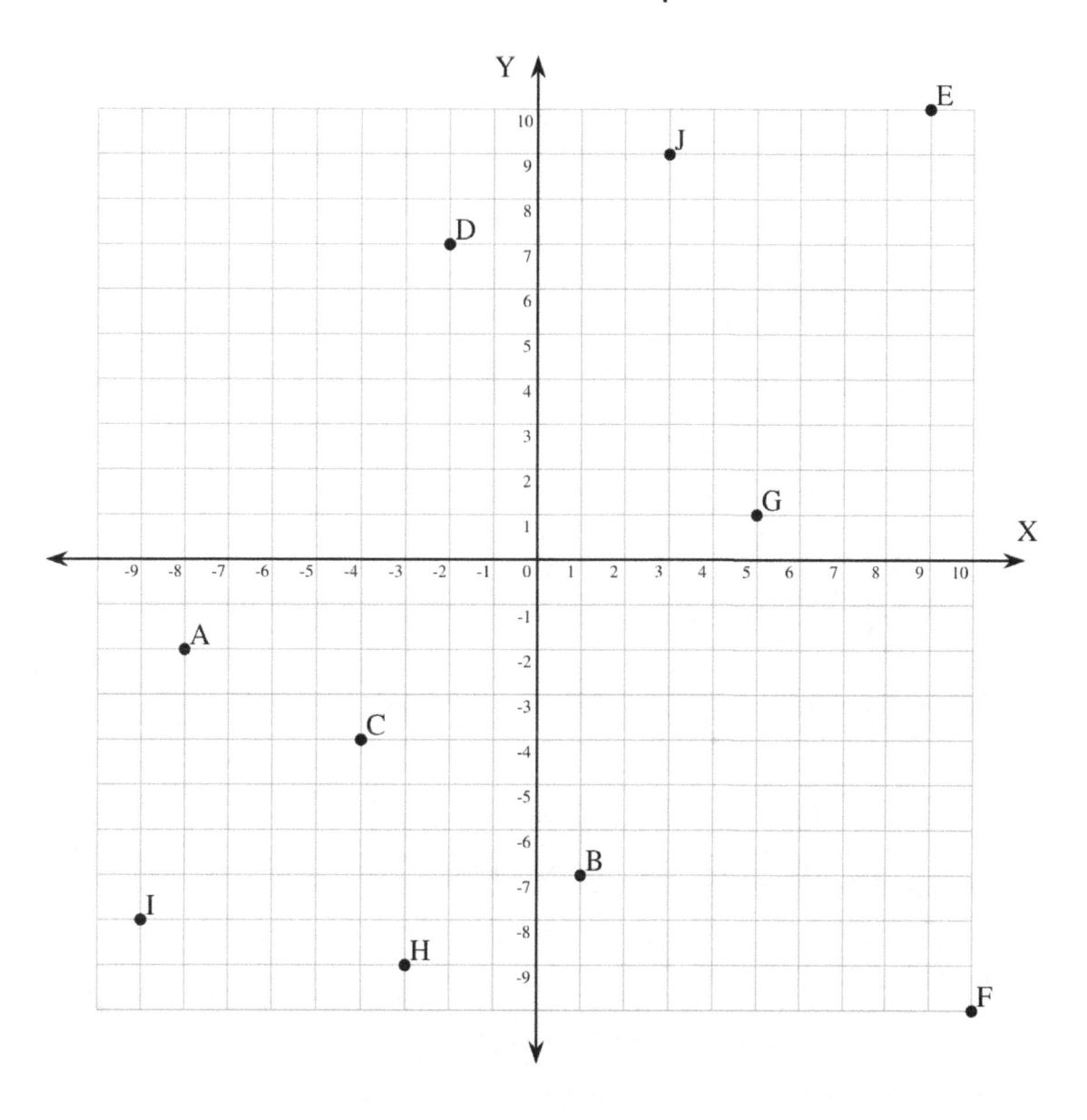

Write the coordinates of each labeled point.

A _____   F _____

B _____   G _____

C _____   H _____

D _____   I _____

E _____   J _____

Answer Key

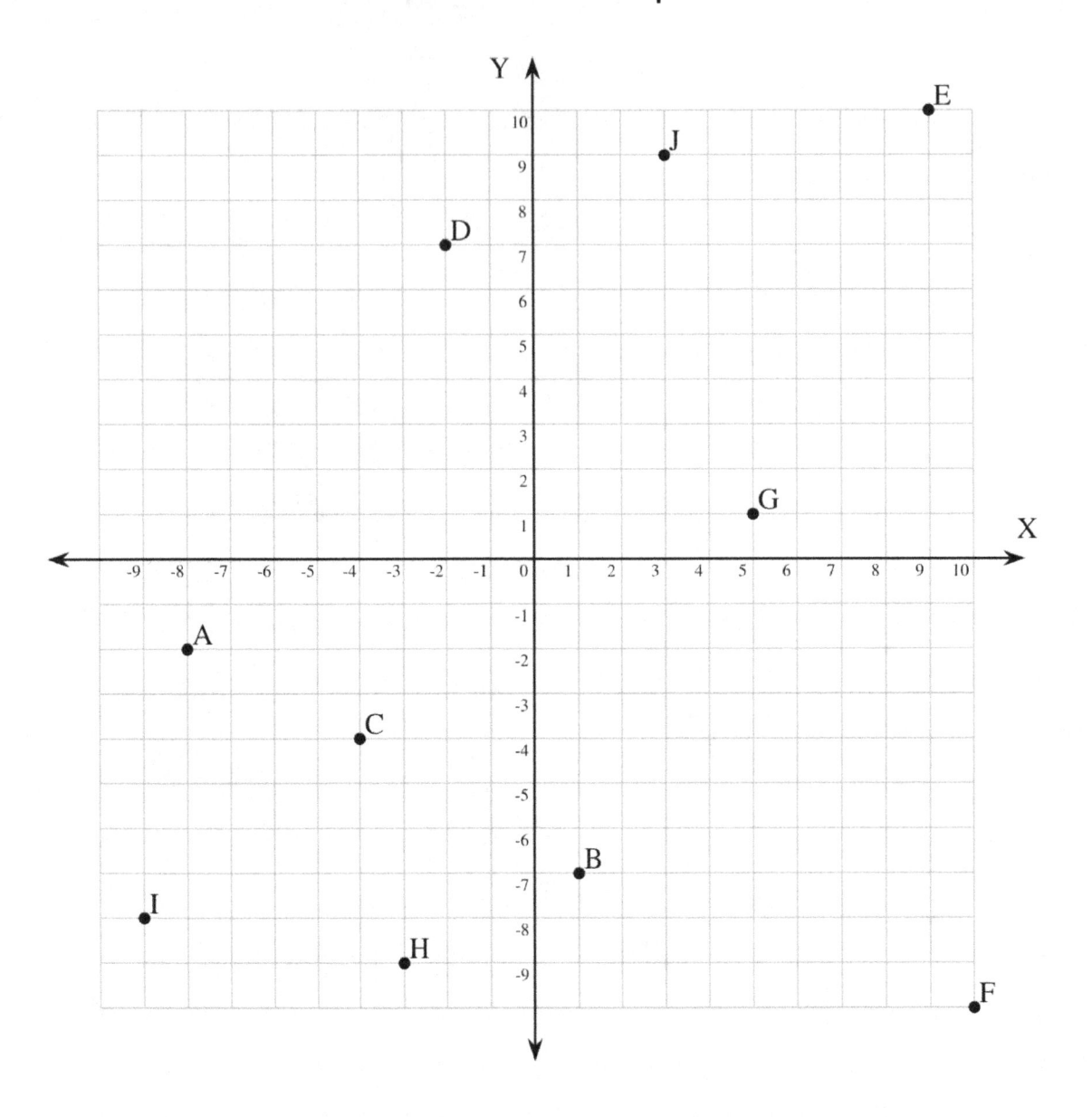

Write the coordinates of each labeled point.

A   (-8, -2)   F   (10, -10)

B   (1, -7)   G   (5, 1)

C   (-4, -4)   H   (-3, -9)

D   (-2, 7)   I   (-9, -8)

E   (9, 10)   J   (3, 9)

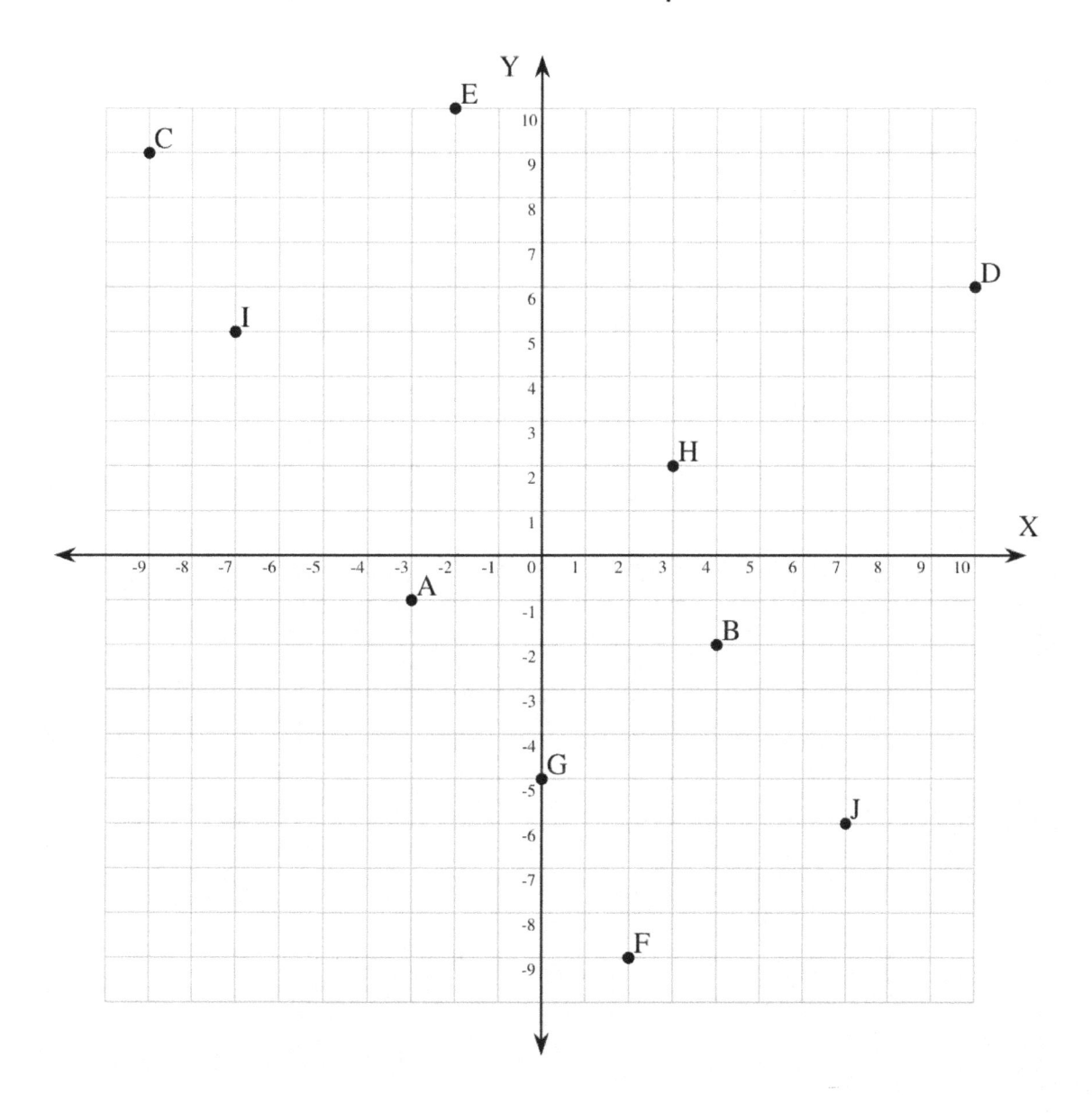

Write the coordinates of each labeled point.

A _____ F _____

B _____ G _____

C _____ H _____

D _____ I _____

E _____ J _____

Answer Key

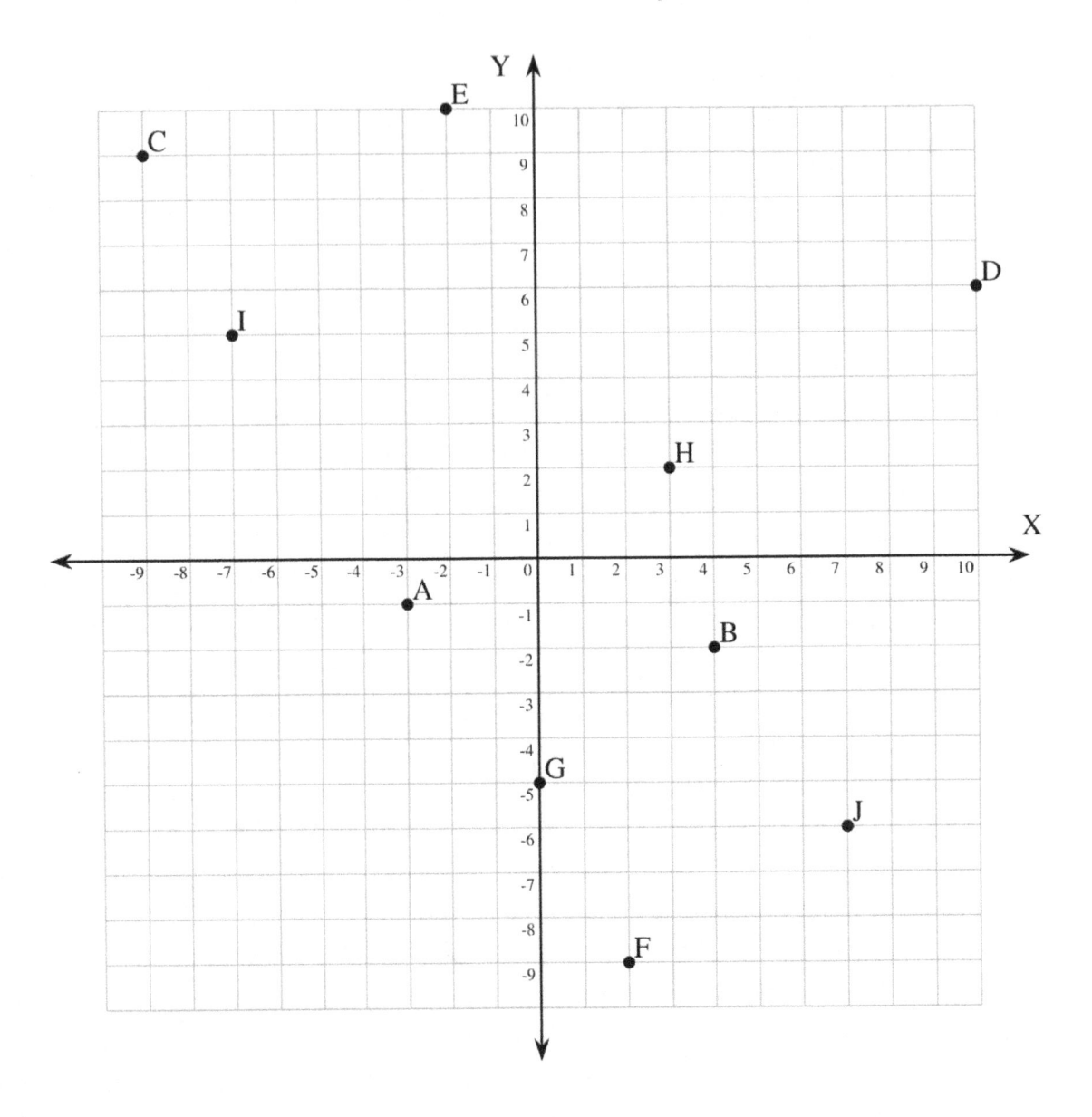

Write the coordinates of each labeled point.

A   (-3, -1)   F   (2, -9)

B   (4, -2)   G   (0, -5)

C   (-9, 9)   H   (3, 2)

D   (10, 6)   I   (-7, 5)

E   (-2, 10)   J   (7, -6)

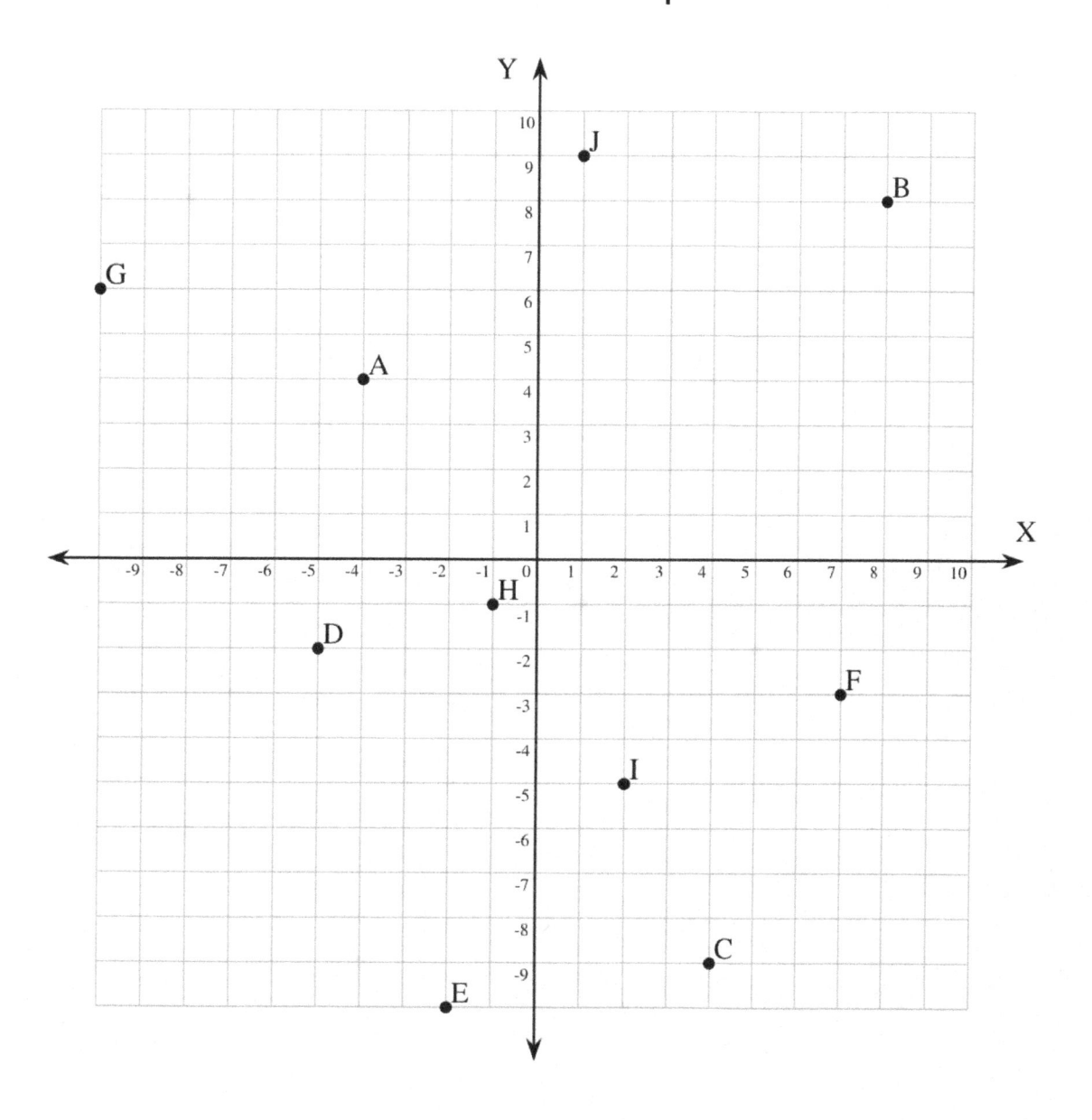

Write the coordinates of each labeled point.

A _____ F _____

B _____ G _____

C _____ H _____

D _____ I _____

E _____ J _____

Answer Key

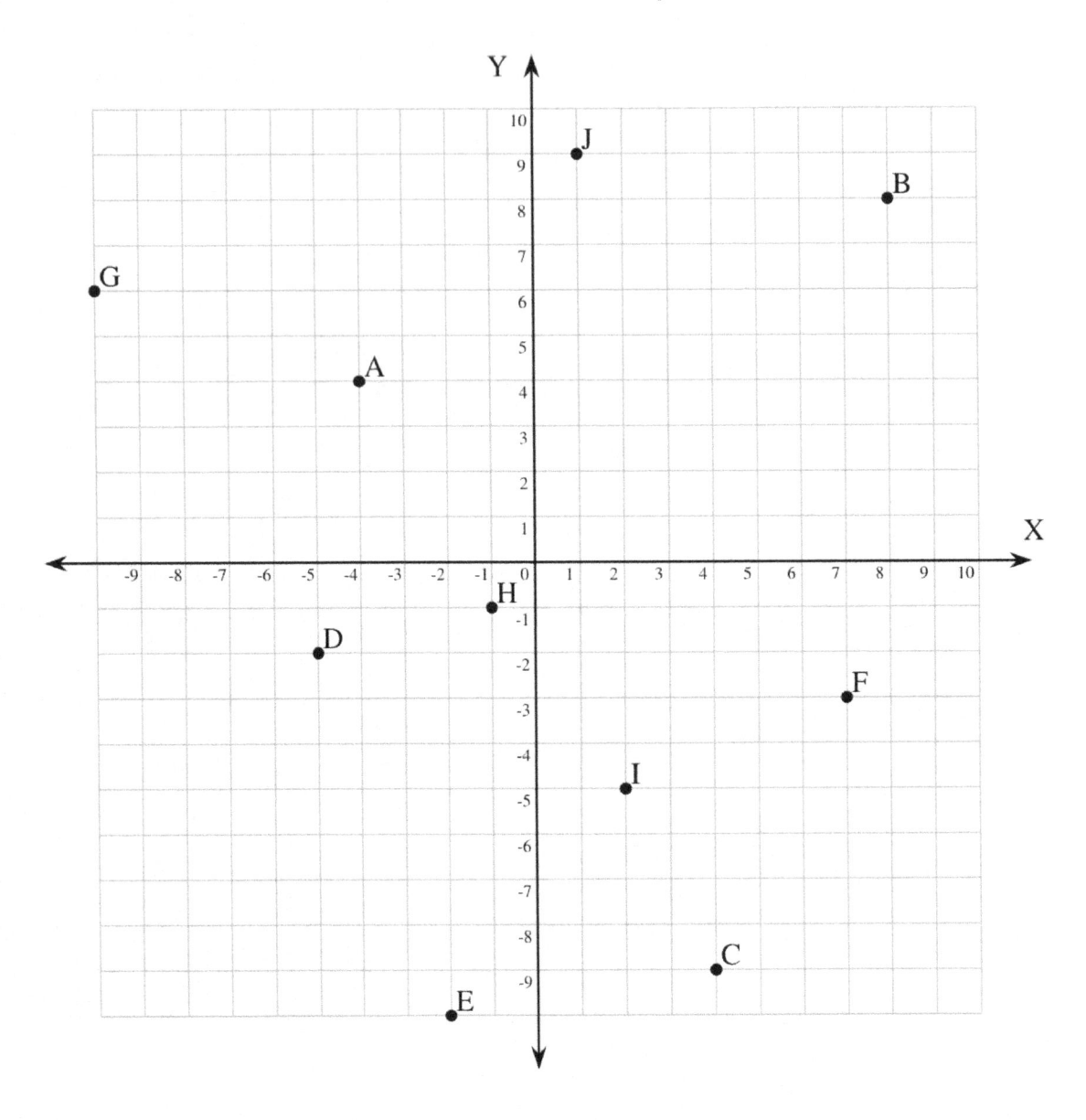

Write the coordinates of each labeled point.

A (-4, 4)   F (7, -3)

B (8, 8)   G (-10, 6)

C (4, -9)   H (-1, -1)

D (-5, -2)   I (2, -5)

E (-2, -10)   J (1, 9)

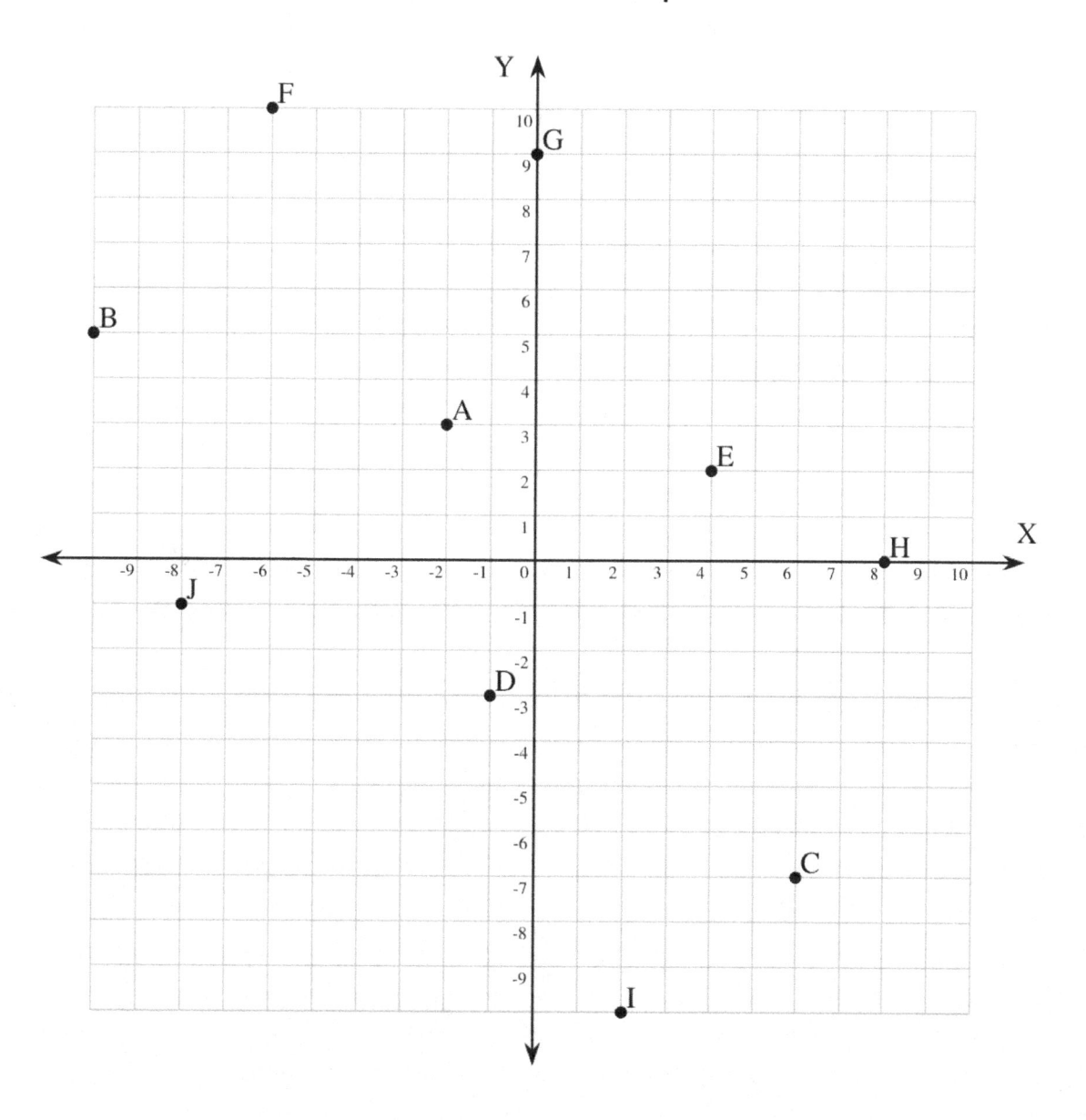

Write the coordinates of each labeled point.

A _____   F _____

B _____   G _____

C _____   H _____

D _____   I _____

E _____   J _____

Answer Key

Write the coordinates of each labeled point.

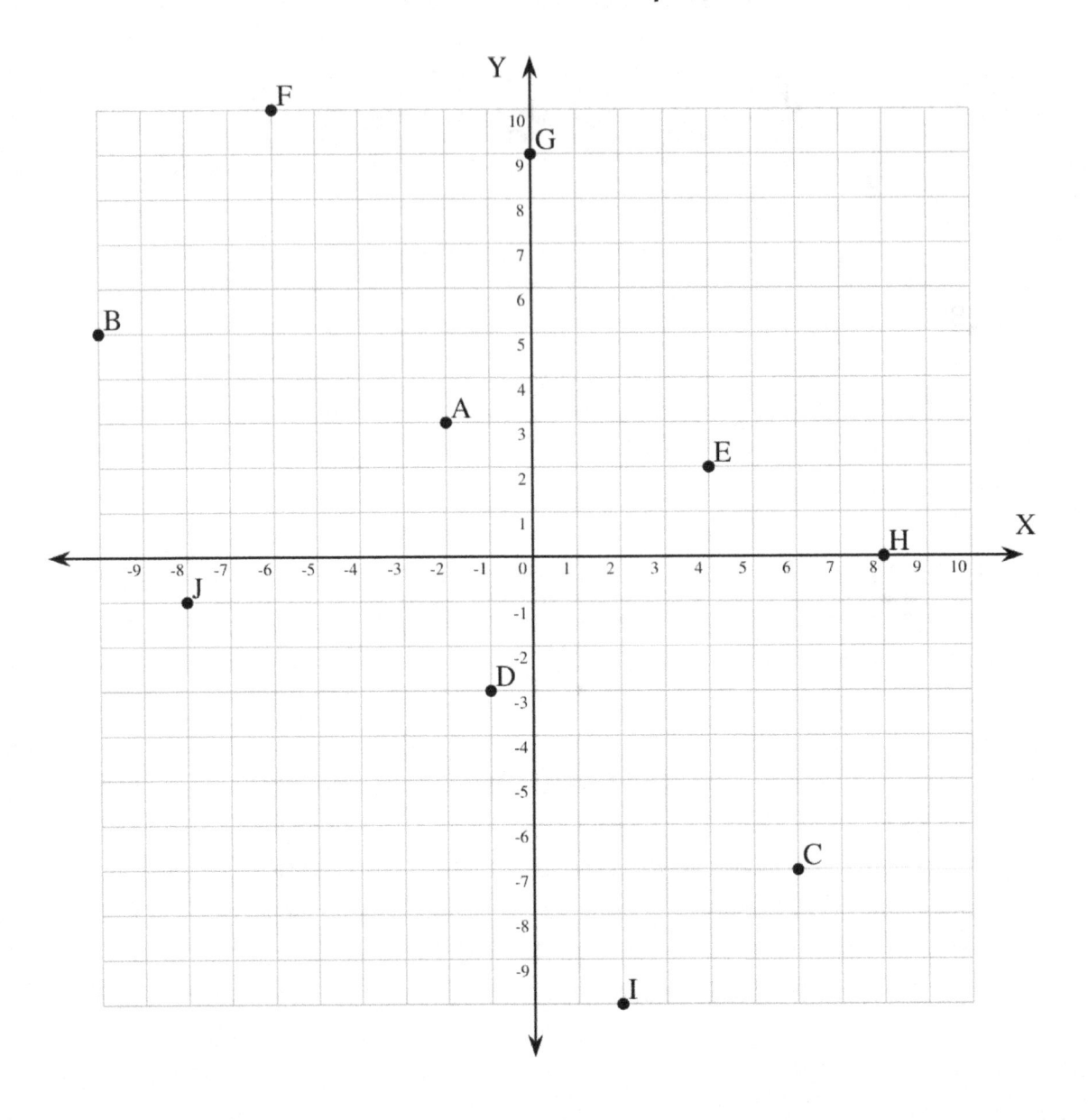

A _____ (-2, 3) _____   F _____ (-6, 10) _____

B _____ (-10, 5) _____   G _____ (0, 9) _____

C _____ (6, -7) _____   H _____ (8, 0) _____

D _____ (-1, -3) _____   I _____ (2, -10) _____

E _____ (4, 2) _____   J _____ (-8, -1) _____

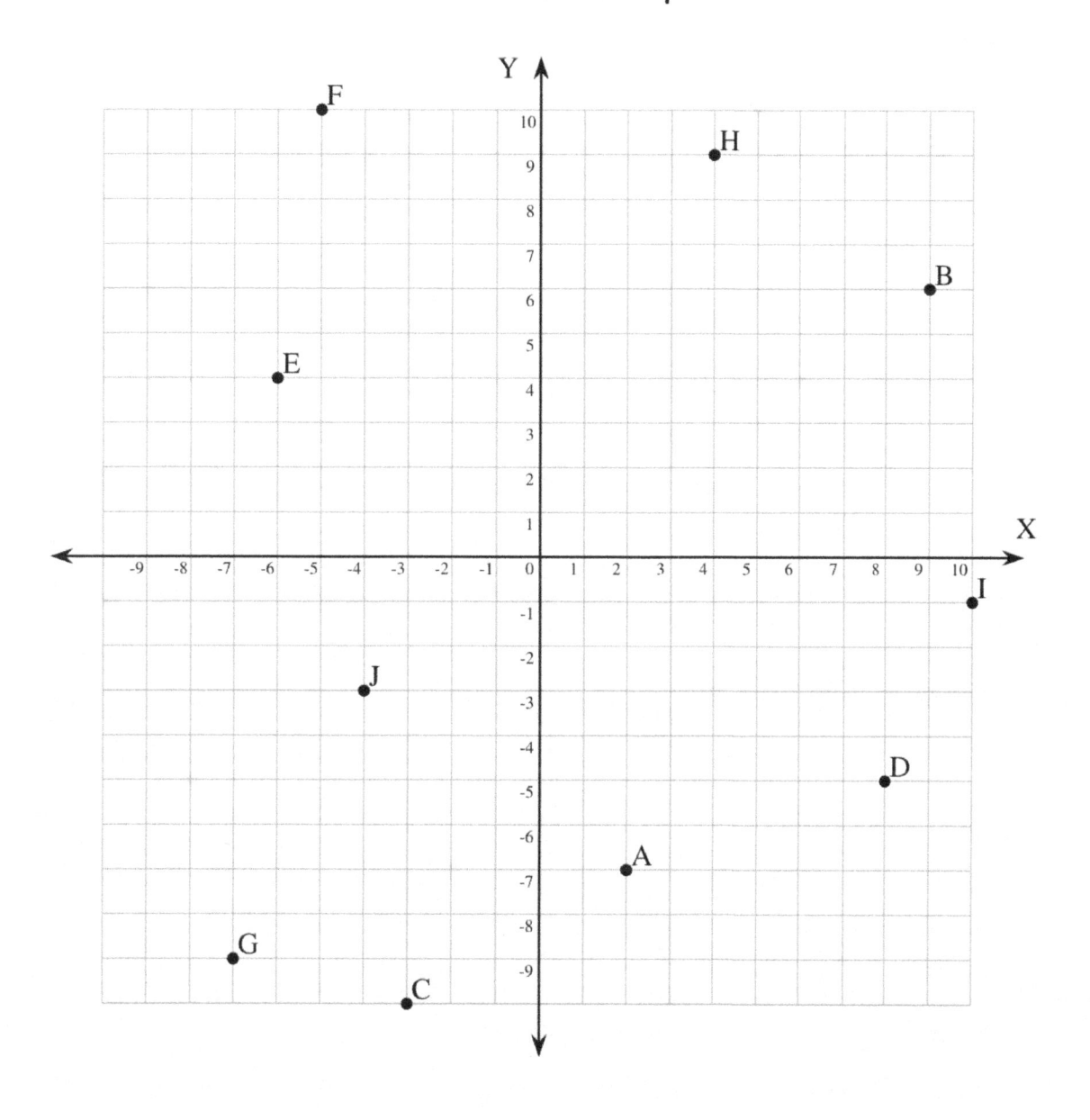

Write the coordinates of each labeled point.

A _____   F _____

B _____   G _____

C _____   H _____

D _____   I _____

E _____   J _____

Answer Key

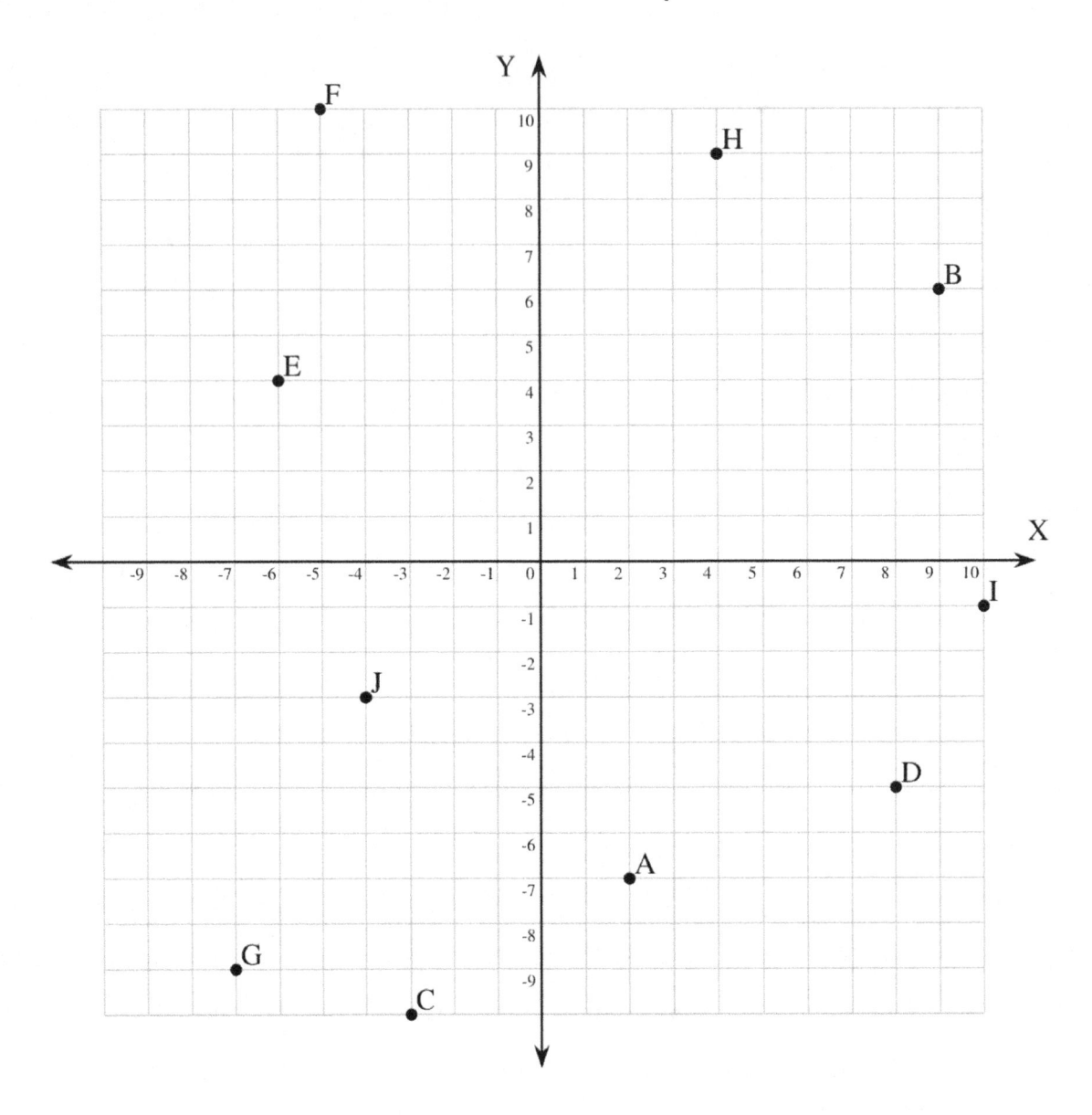

Write the coordinates of each labeled point.

A   (2, -7)   F   (-5, 10)

B   (9, 6)   G   (-7, -9)

C   (-3, -10)   H   (4, 9)

D   (8, -5)   I   (10, -1)

E   (-6, 4)   J   (-4, -3)

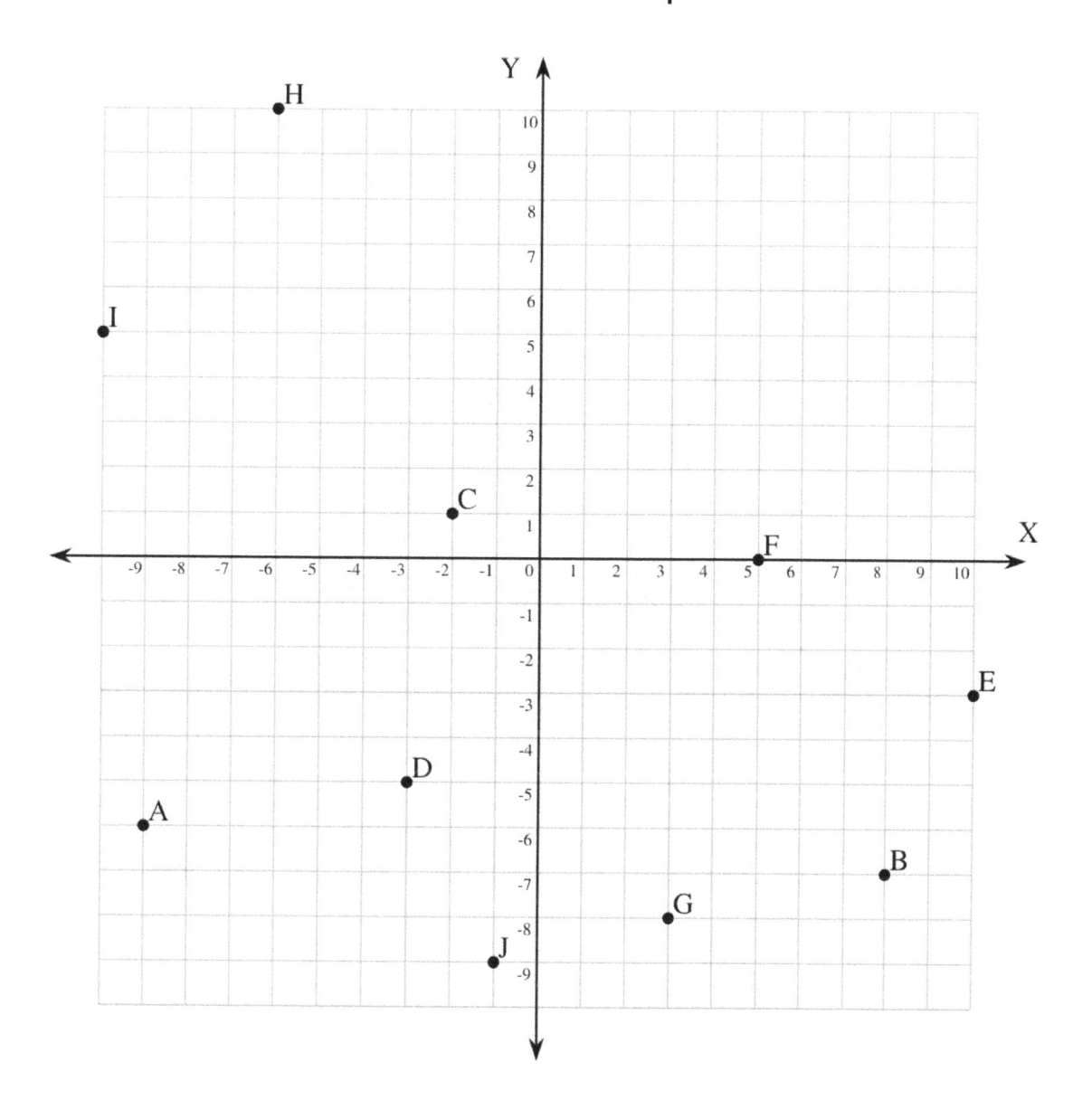

Write the coordinates of each labeled point.

A _____   F _____

B _____   G _____

C _____   H _____

D _____   I _____

E _____   J _____

Answer Key

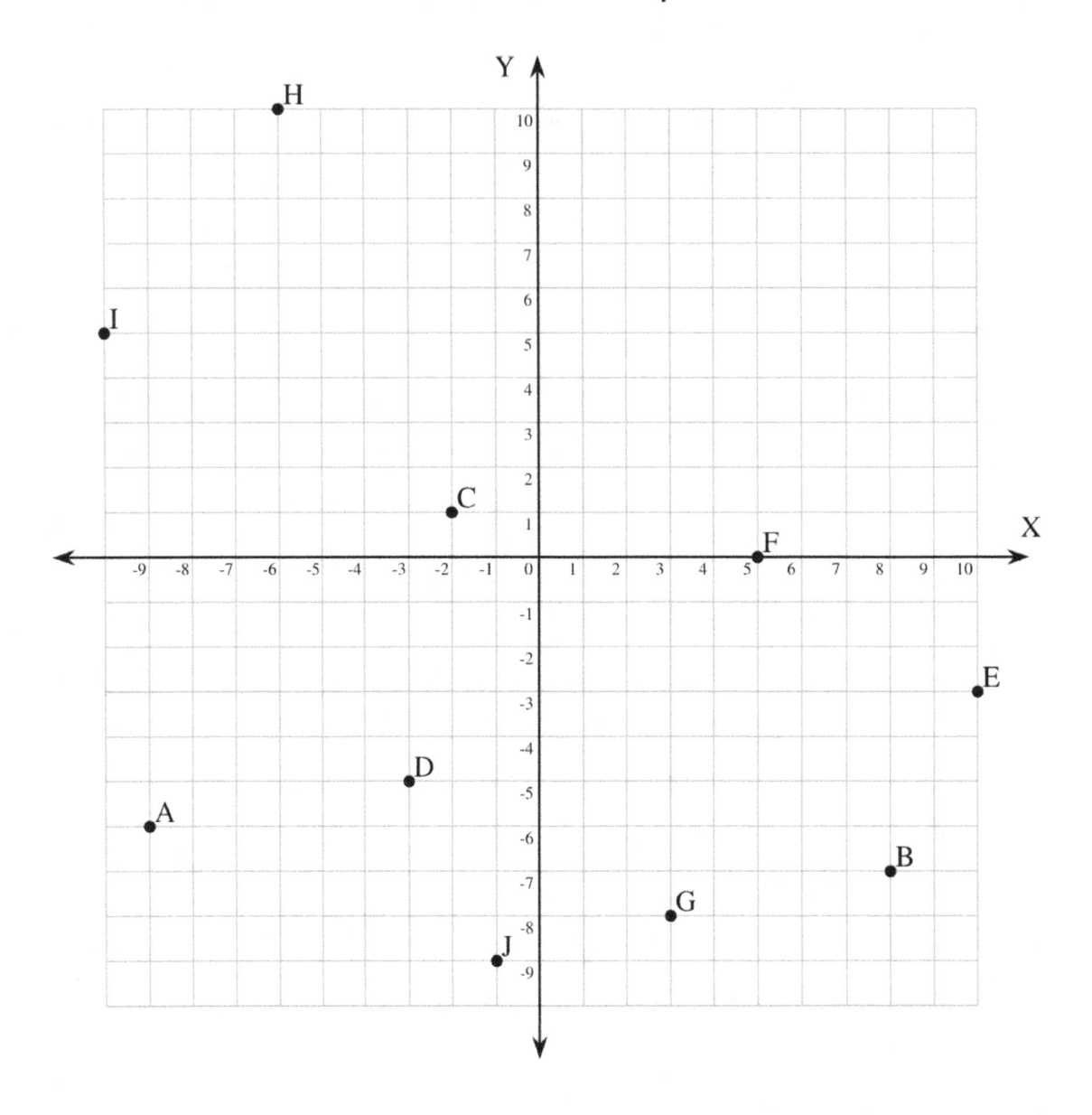

Write the coordinates of each labeled point.

A   (-9, -6)   F   (5, 0)

B   (8, -7)   G   (3, -8)

C   (-2, 1)   H   (-6, 10)

D   (-3, -5)   I   (-10, 5)

E   (10, -3)   J   (-1, -9)

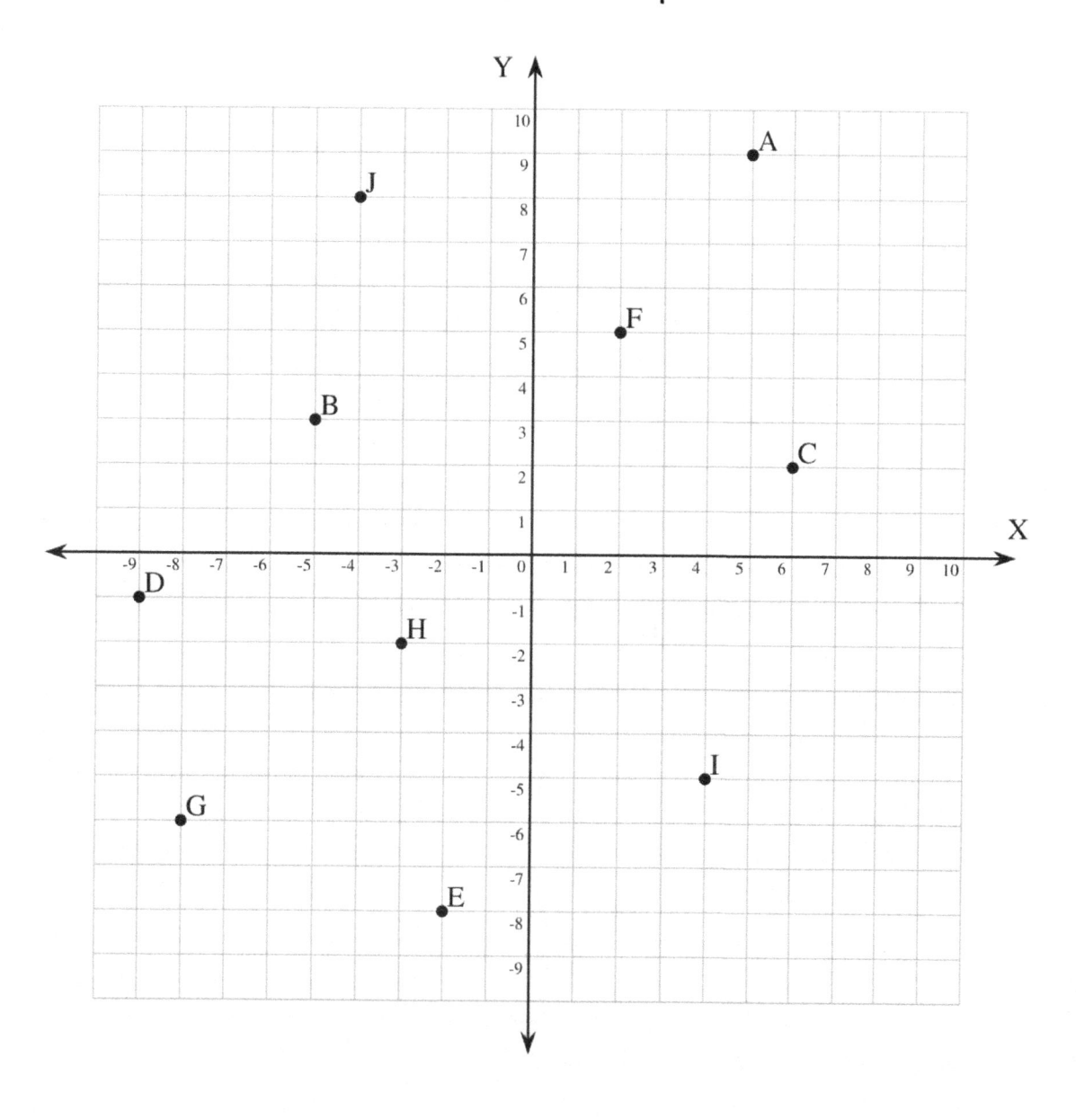

Write the coordinates of each labeled point.

A _____   F _____

B _____   G _____

C _____   H _____

D _____   I _____

E _____   J _____

Answer Key

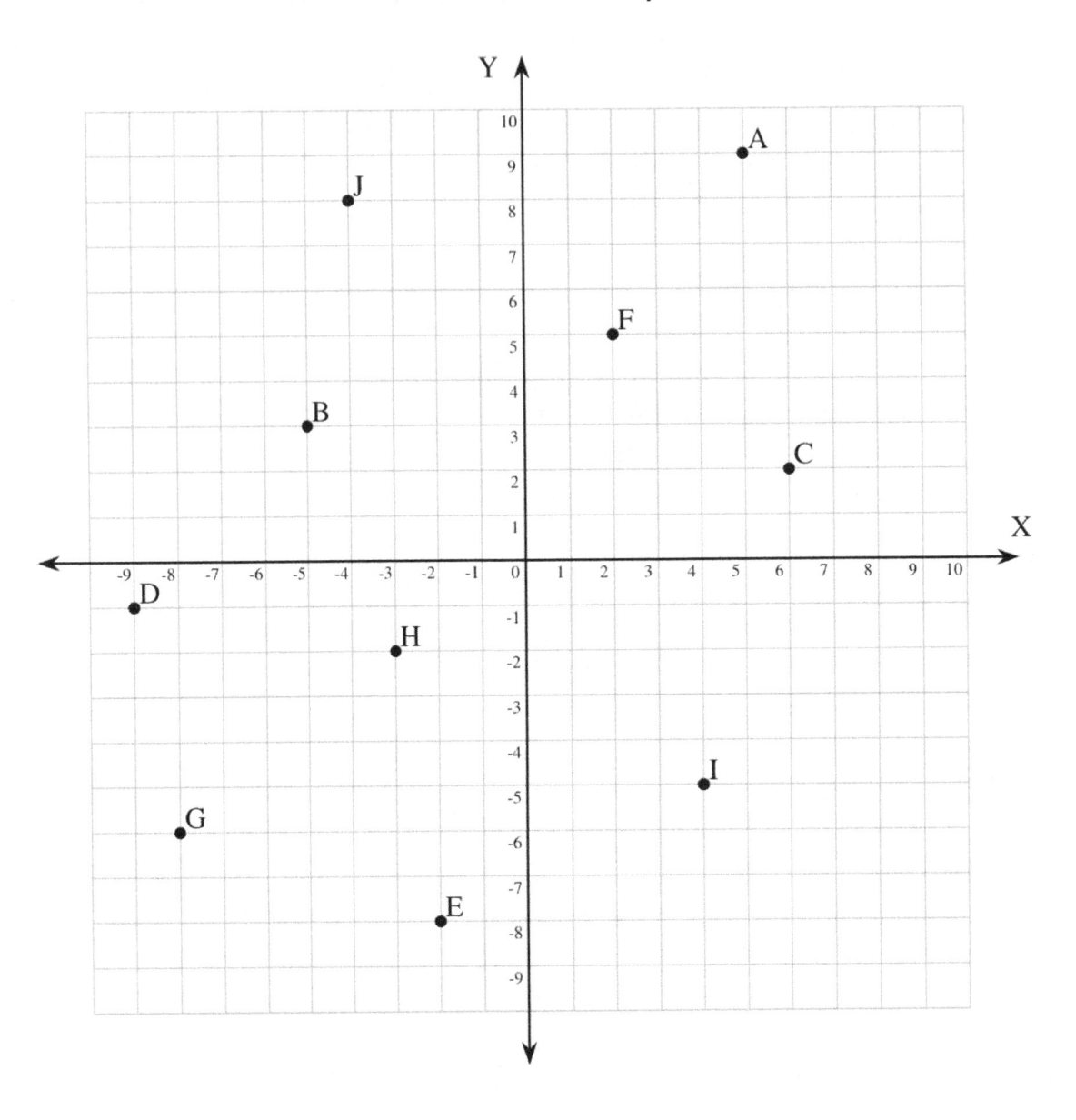

Write the coordinates of each labeled point.

A   (5, 9)   F   (2, 5)

B   (-5, 3)   G   (-8, -6)

C   (6, 2)   H   (-3, -2)

D   (-9, -1)   I   (4, -5)

E   (-2, -8)   J   (-4, 8)

Write the coordinates of each labeled point.

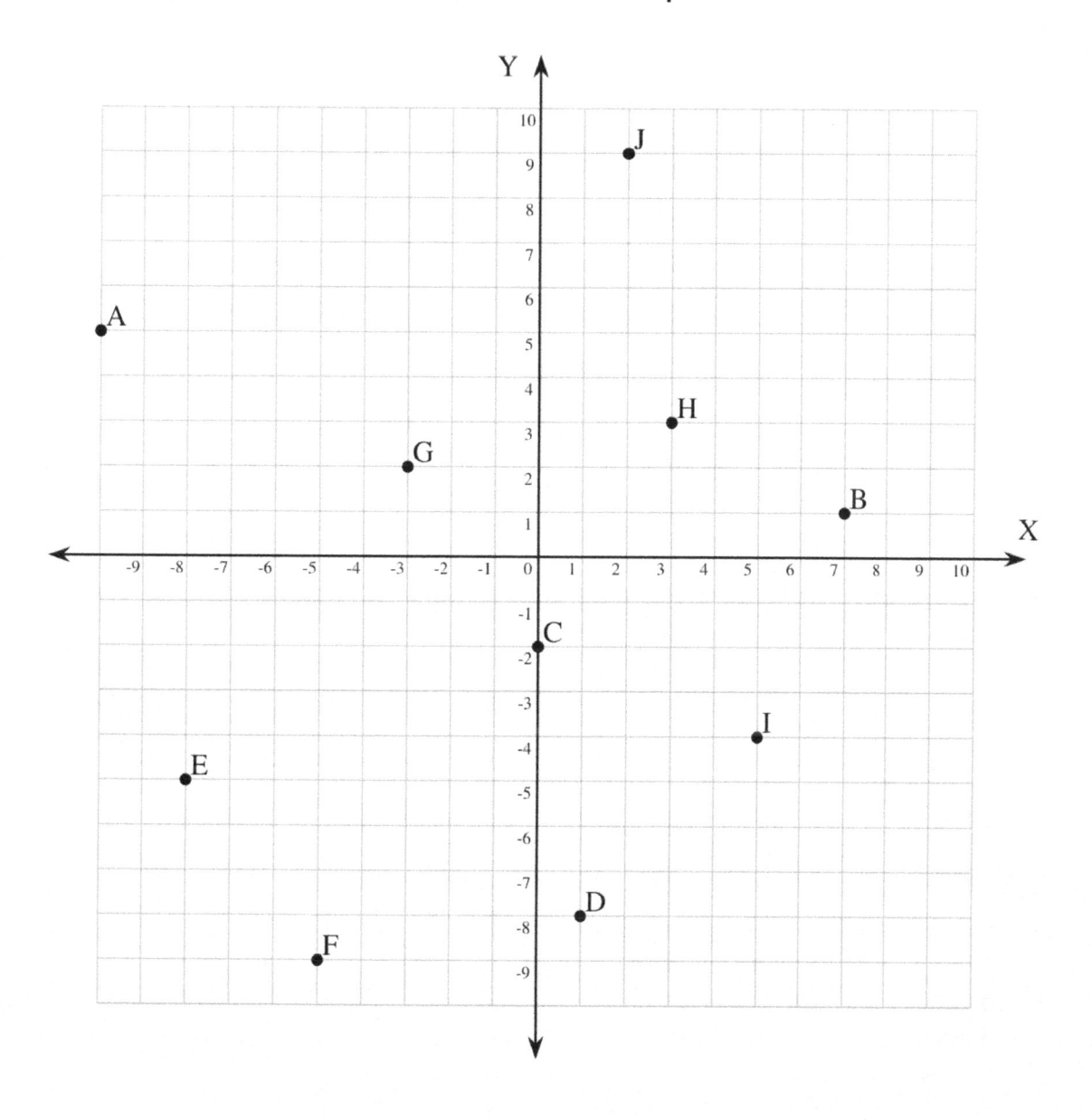

A _____   F _____

B _____   G _____

C _____   H _____

D _____   I _____

E _____   J _____

Answer Key

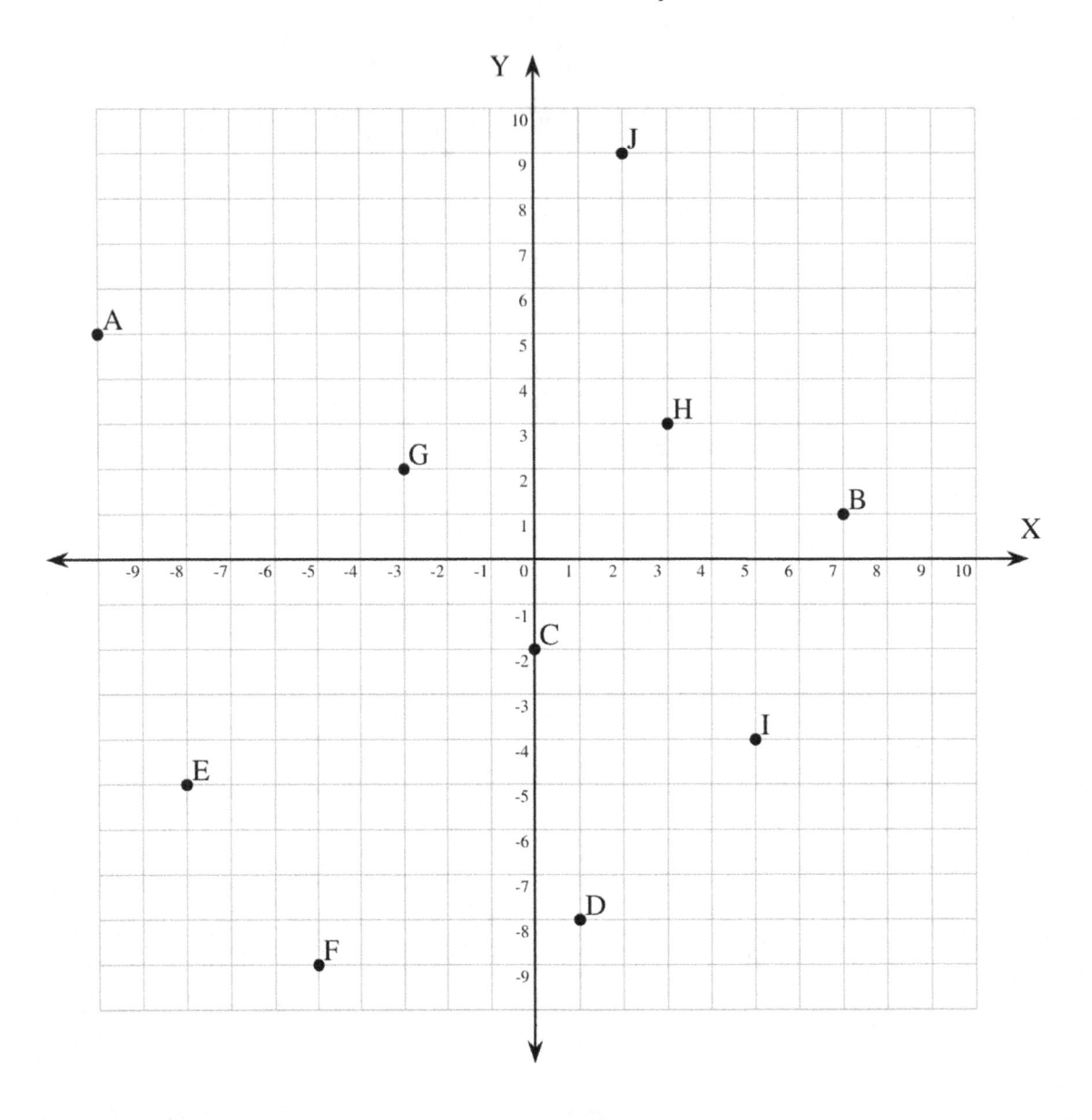

Write the coordinates of each labeled point.

A   (-10, 5)   F   (-5, -9)

B   (7, 1)   G   (-3, 2)

C   (0, -2)   H   (3, 3)

D   (1, -8)   I   (5, -4)

E   (-8, -5)   J   (2, 9)

Write the coordinates of each labeled point.

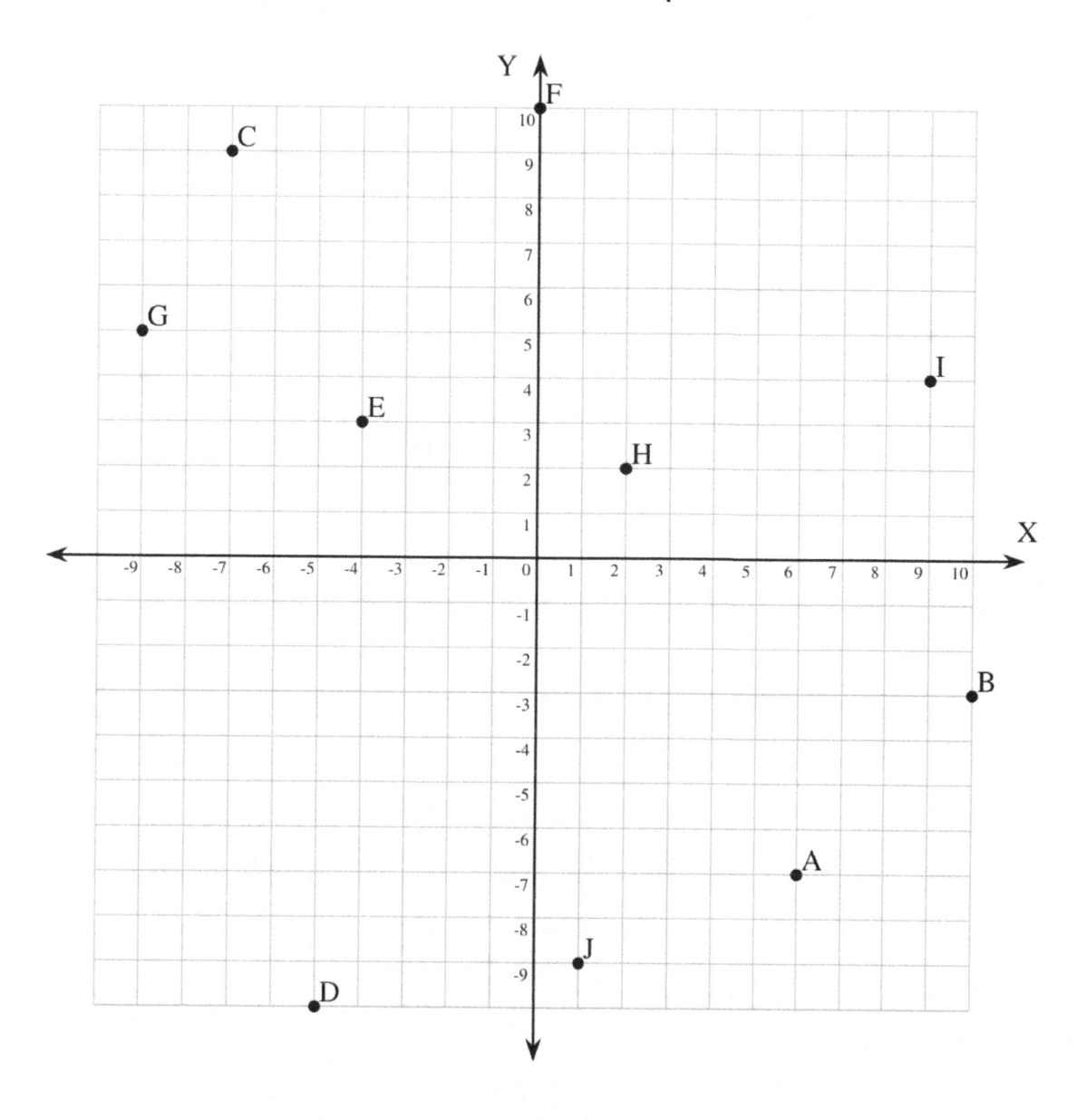

A _____   F _____

B _____   G _____

C _____   H _____

D _____   I _____

E _____   J _____

Answer Key

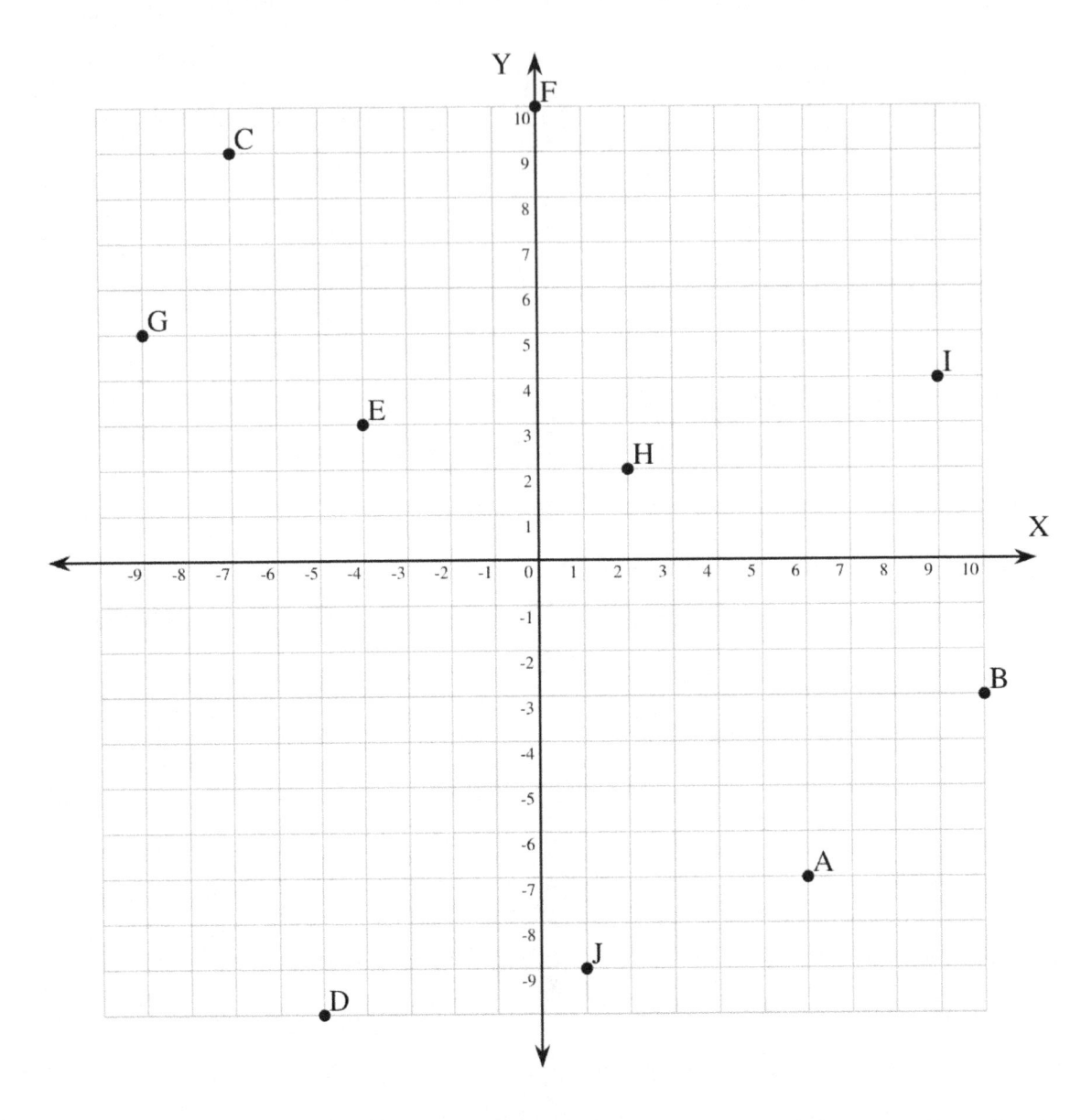

Write the coordinates of each labeled point.

A   (6, -7)   F   (0, 10)

B   (10, -3)   G   (-9, 5)

C   (-7, 9)   H   (2, 2)

D   (-5, -10)   I   (9, 4)

E   (-4, 3)   J   (1, -9)

Graph and label each point on the coordinate plane.

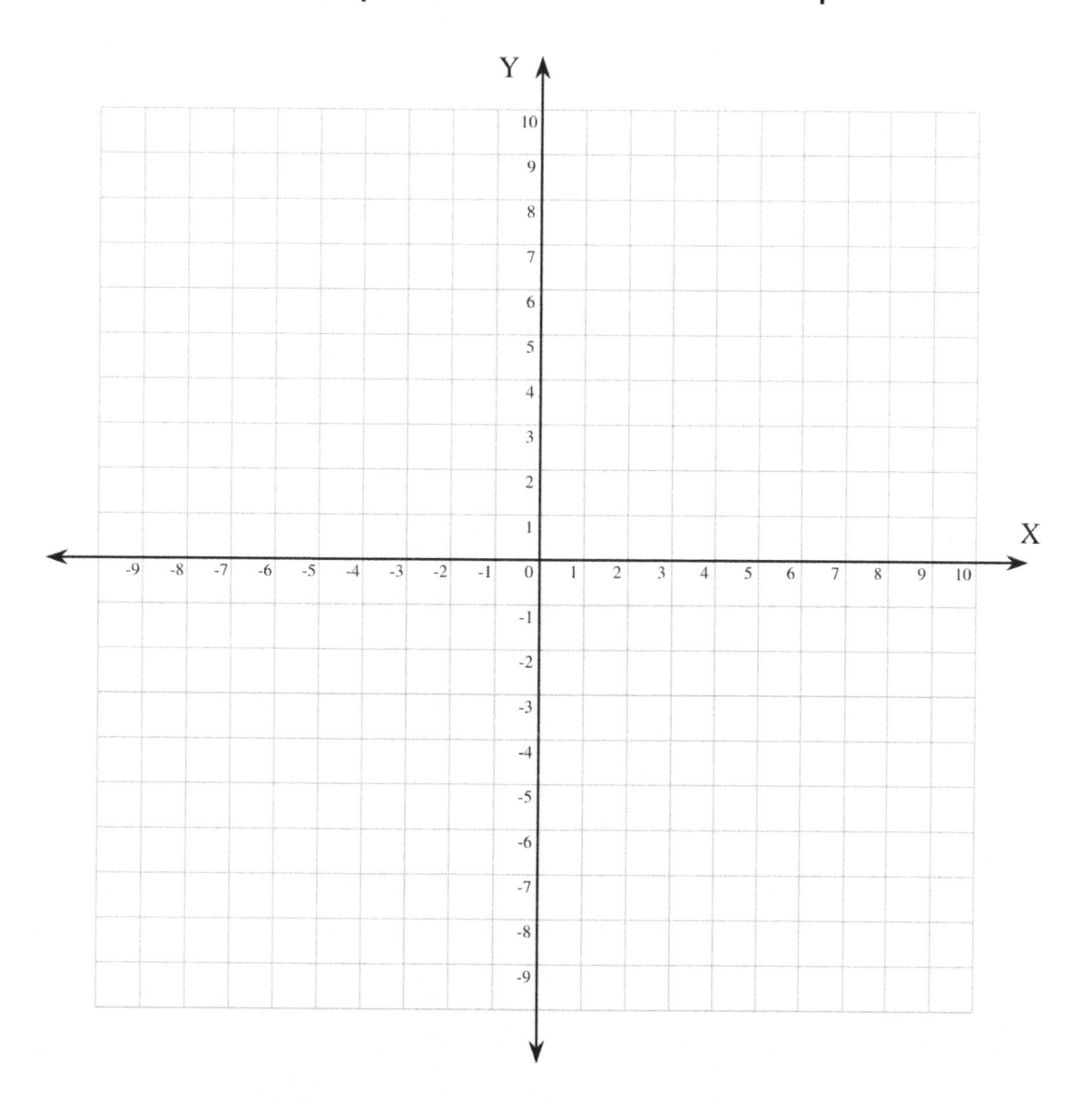

A	(-6, 9)		F	(2, 0)
B	(8, -3)		G	(9, 4)
C	(-1, 7)		H	(-7, -1)
D	(4, -9)		I	(-9, 3)
E	(6, 1)		J	(0, -4)

Answer Key

Graph and label each point on the coordinate plane.

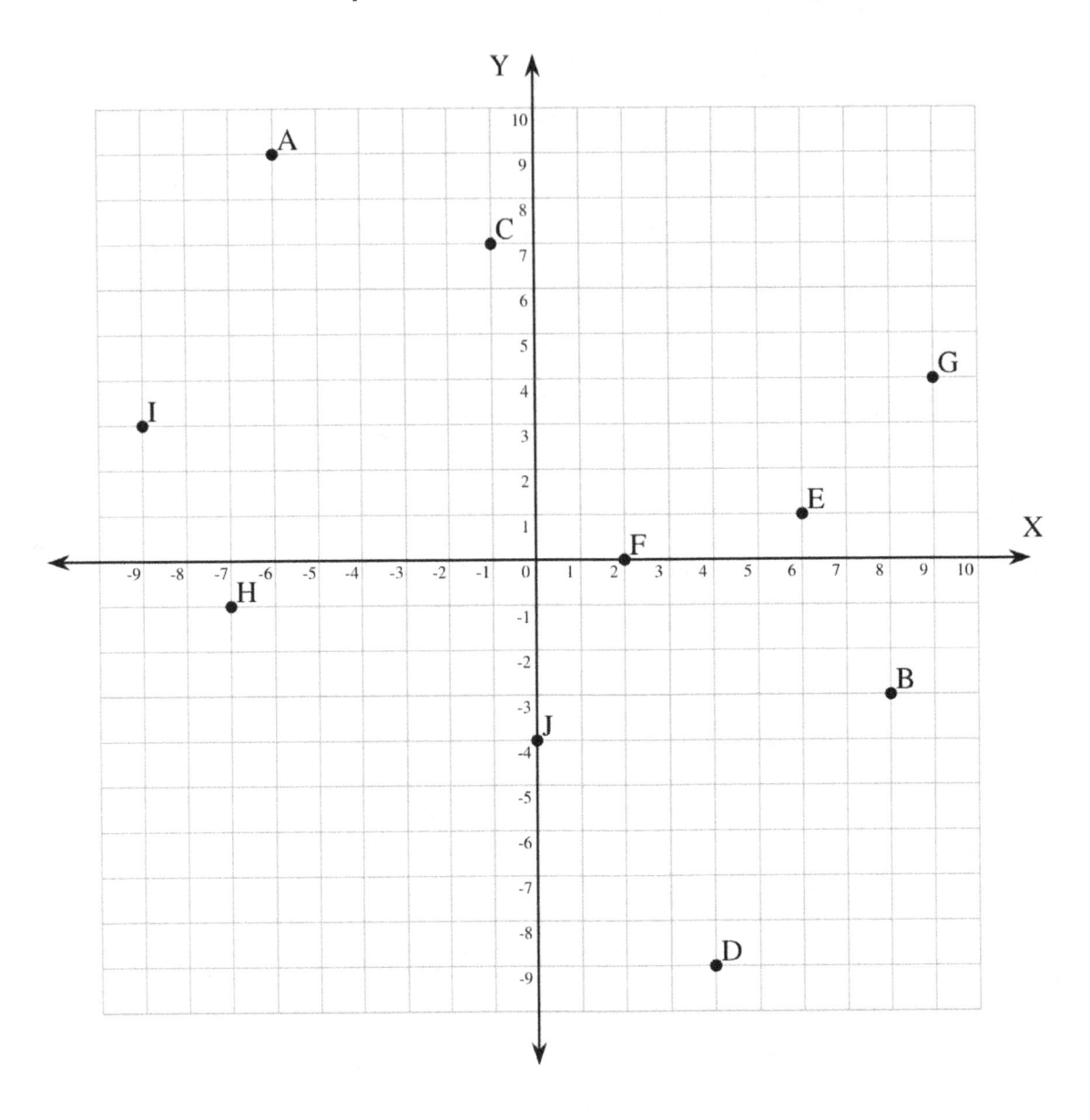

A	(-6, 9)		F	(2, 0)
B	(8, -3)		G	(9, 4)
C	(-1, 7)		H	(-7, -1)
D	(4, -9)		I	(-9, 3)
E	(6, 1)		J	(0, -4)

Graph and label each point on the coordinate plane.

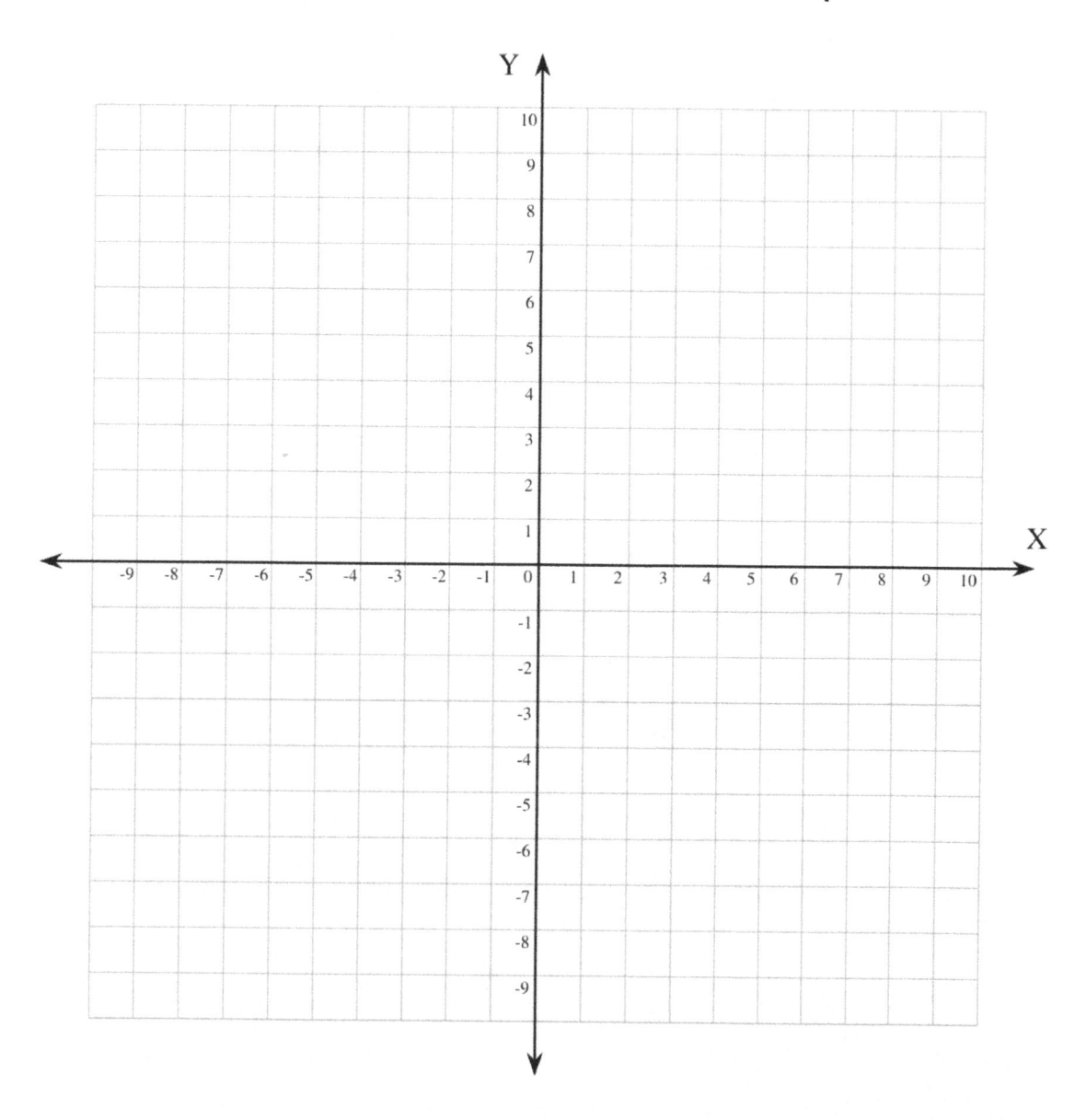

A	(-4, 5)	F	(1, -9)
B	(-3, -4)	G	(-7, 0)
C	(-10, 4)	H	(7, -2)
D	(8, 3)	I	(0, 2)
E	(5, 9)	J	(10, -8)

Answer Key

Graph and label each point on the coordinate plane.

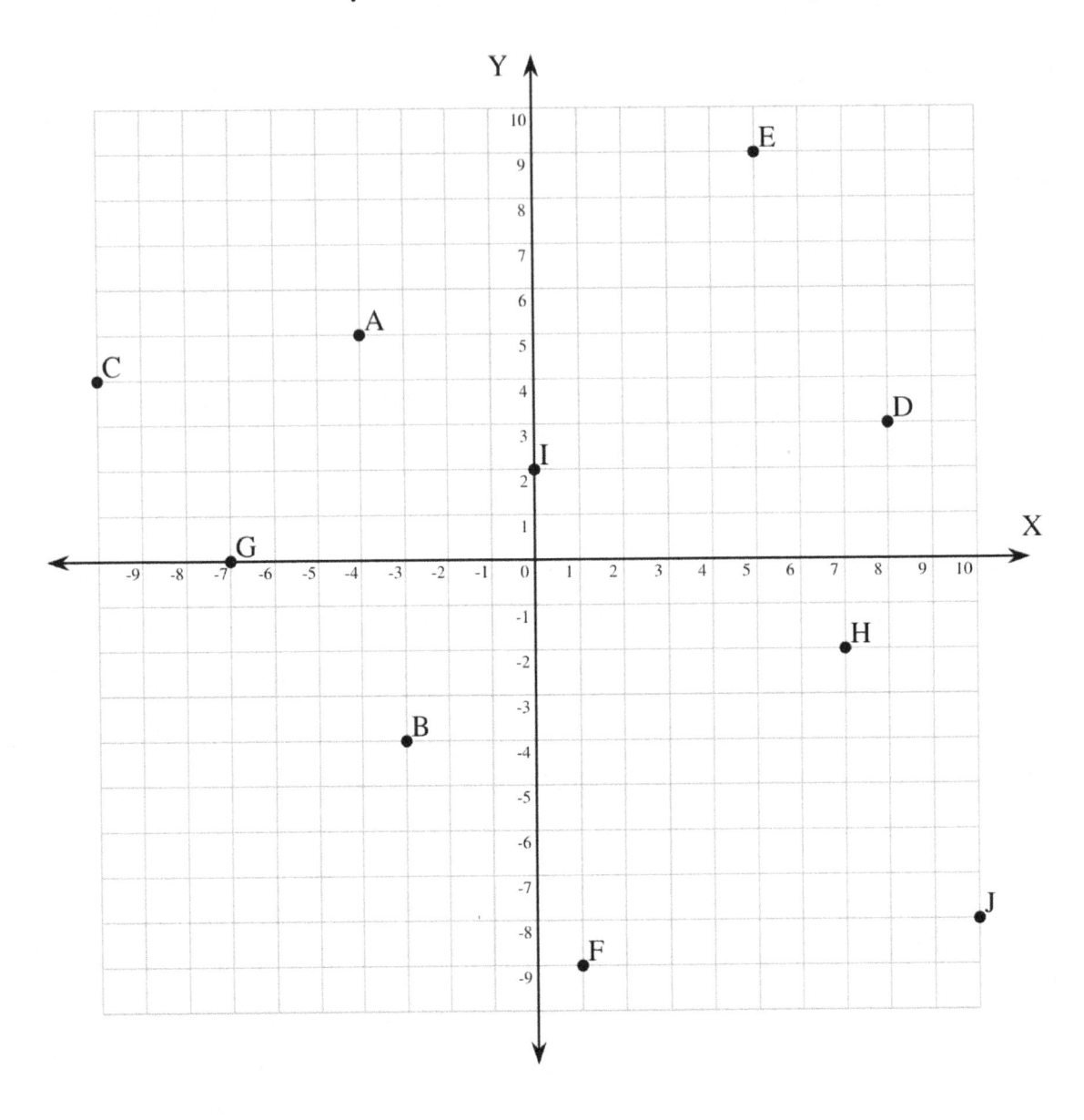

A	(-4, 5)		F	(1, -9)
B	(-3, -4)		G	(-7, 0)
C	(-10, 4)		H	(7, -2)
D	(8, 3)		I	(0, 2)
E	(5, 9)		J	(10, -8)

Graph and label each point on the coordinate plane.

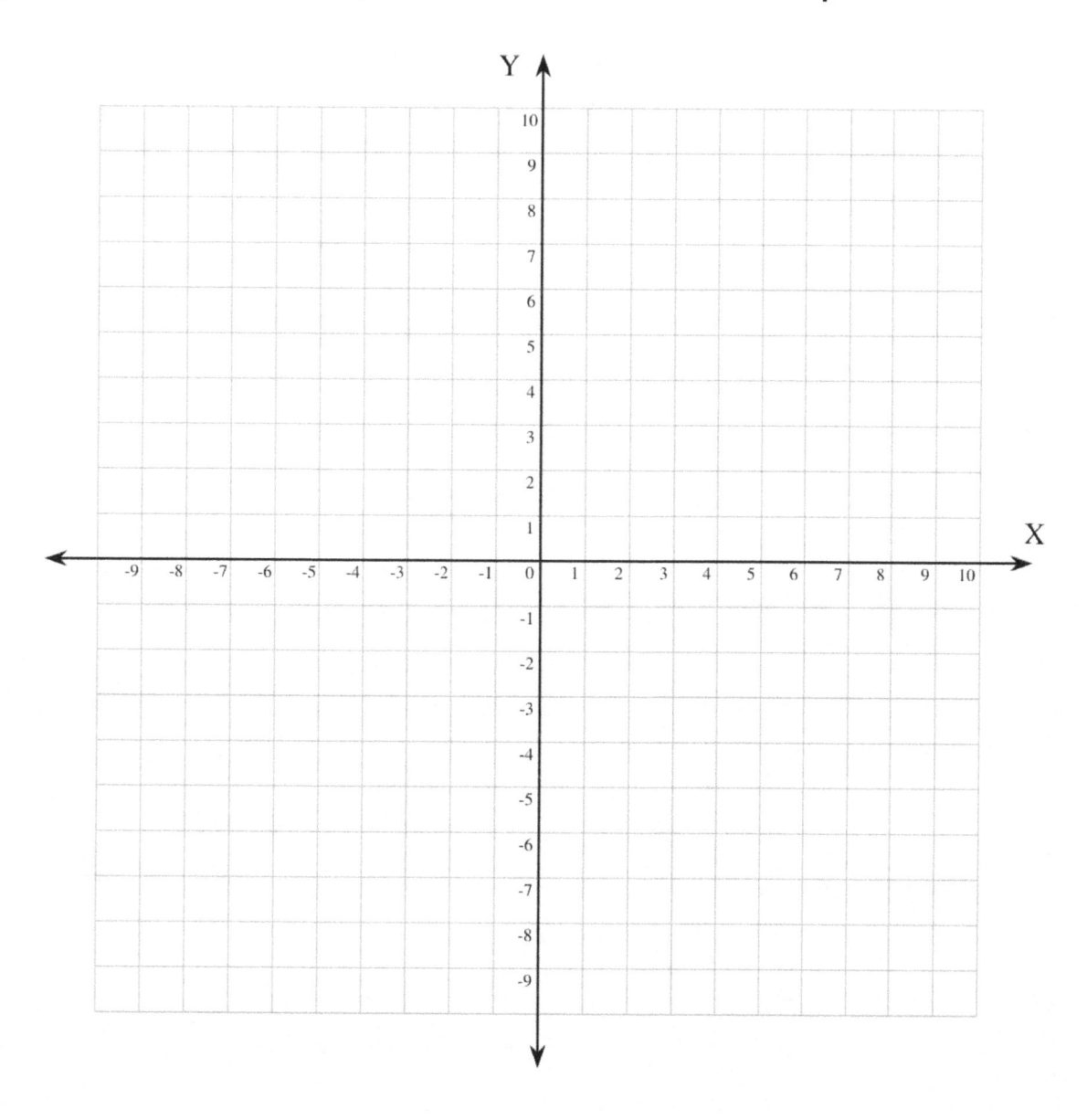

A	(10, -7)		F	(9, 9)
B	(2, 1)		G	(-9, -8)
C	(-10, 2)		H	(-5, -1)
D	(6, -6)		I	(-3, -9)
E	(-1, 10)		J	(5, 7)

Answer Key

Graph and label each point on the coordinate plane.

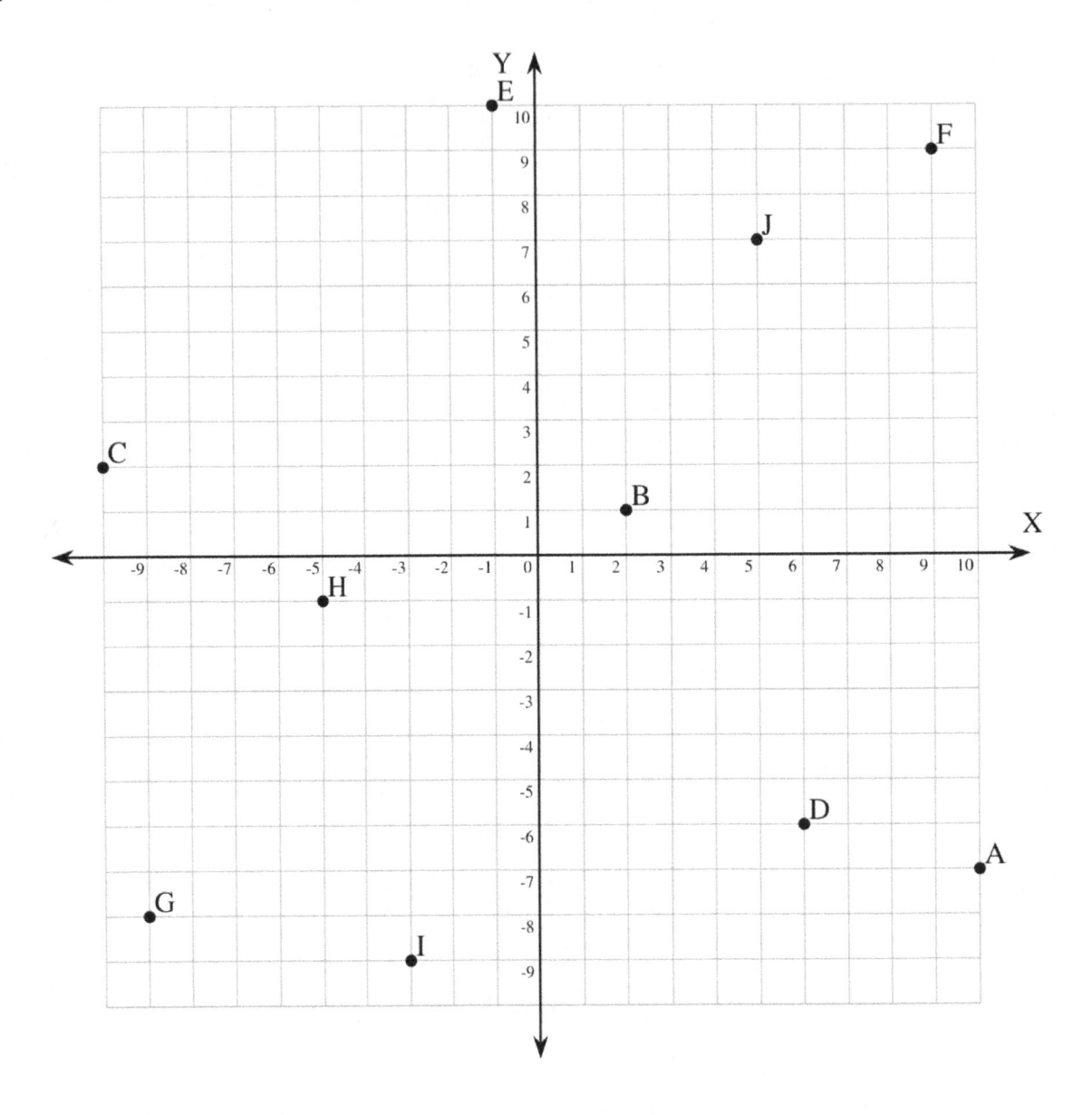

A	(10, -7)	F	(9, 9)
B	(2, 1)	G	(-9, -8)
C	(-10, 2)	H	(-5, -1)
D	(6, -6)	I	(-3, -9)
E	(-1, 10)	J	(5, 7)

Graph and label each point on the coordinate plane.

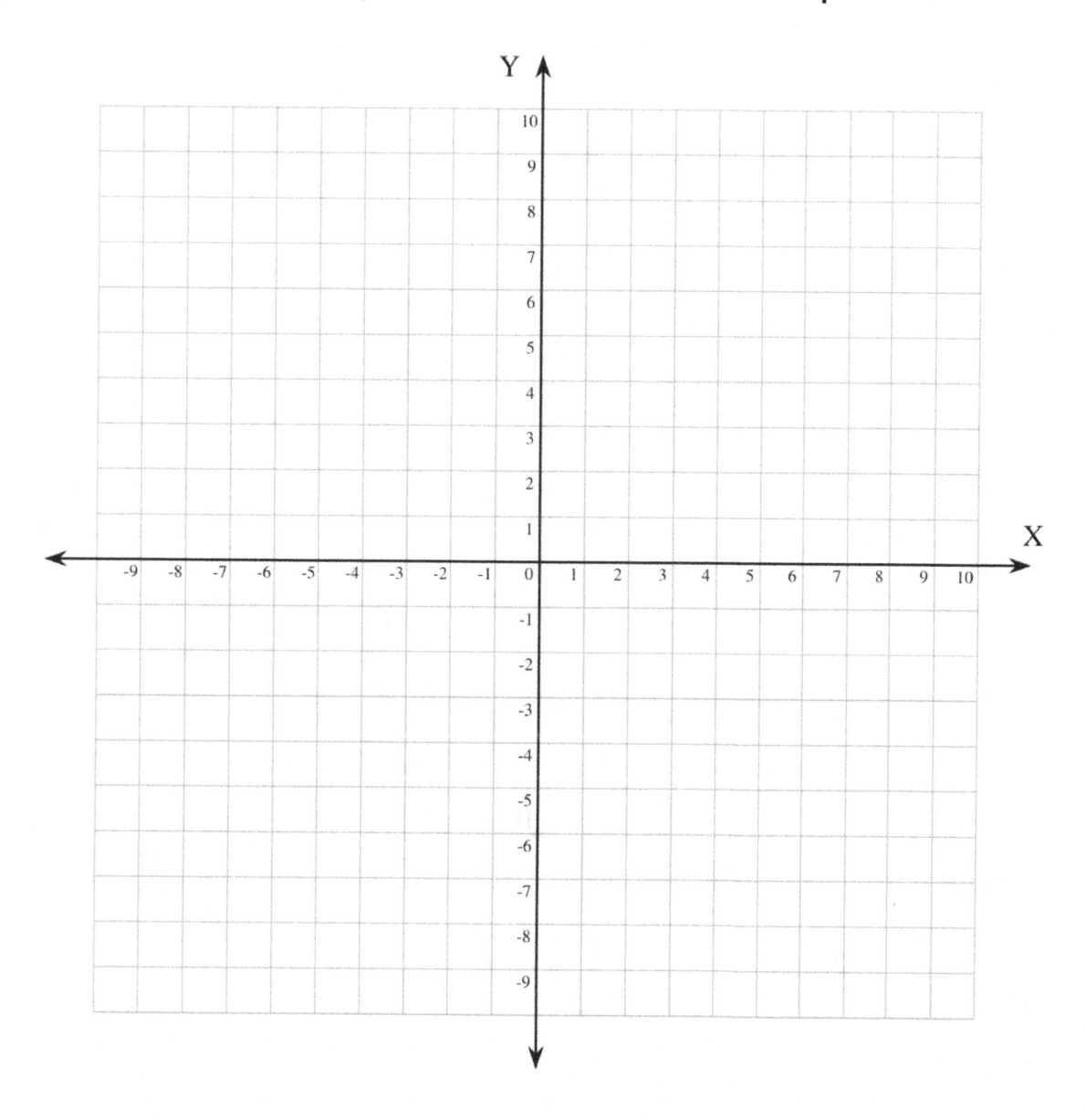

A	(8, -2)		F	(-10, 9)
B	(0, -6)		G	(-6, 0)
C	(-2, 5)		H	(-7, -9)
D	(-1, -10)		I	(-5, 8)
E	(6, 3)		J	(2, 6)

Answer Key

Graph and label each point on the coordinate plane.

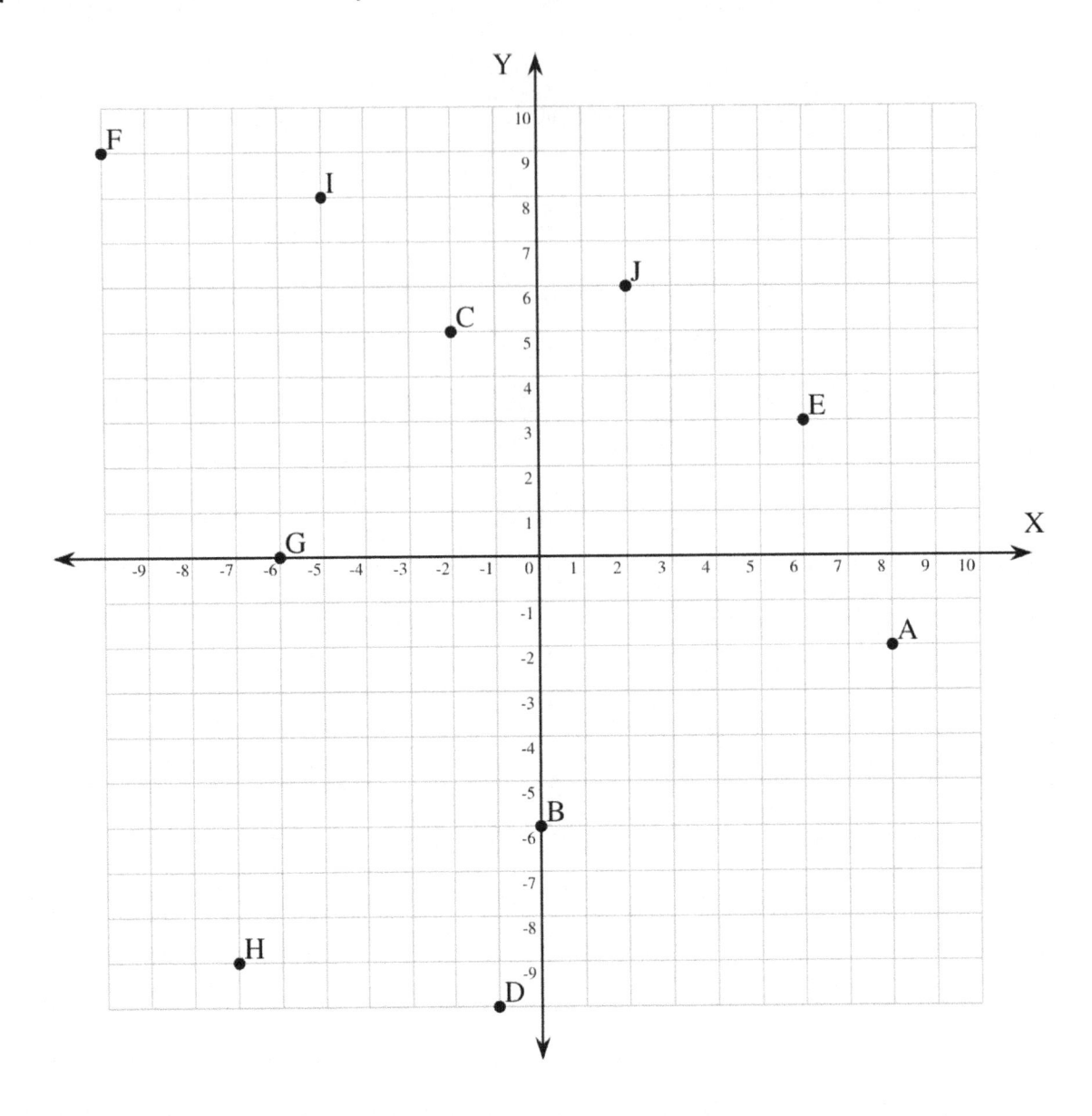

A	(8, -2)	F	(-10, 9)
B	(0, -6)	G	(-6, 0)
C	(-2, 5)	H	(-7, -9)
D	(-1, -10)	I	(-5, 8)
E	(6, 3)	J	(2, 6)

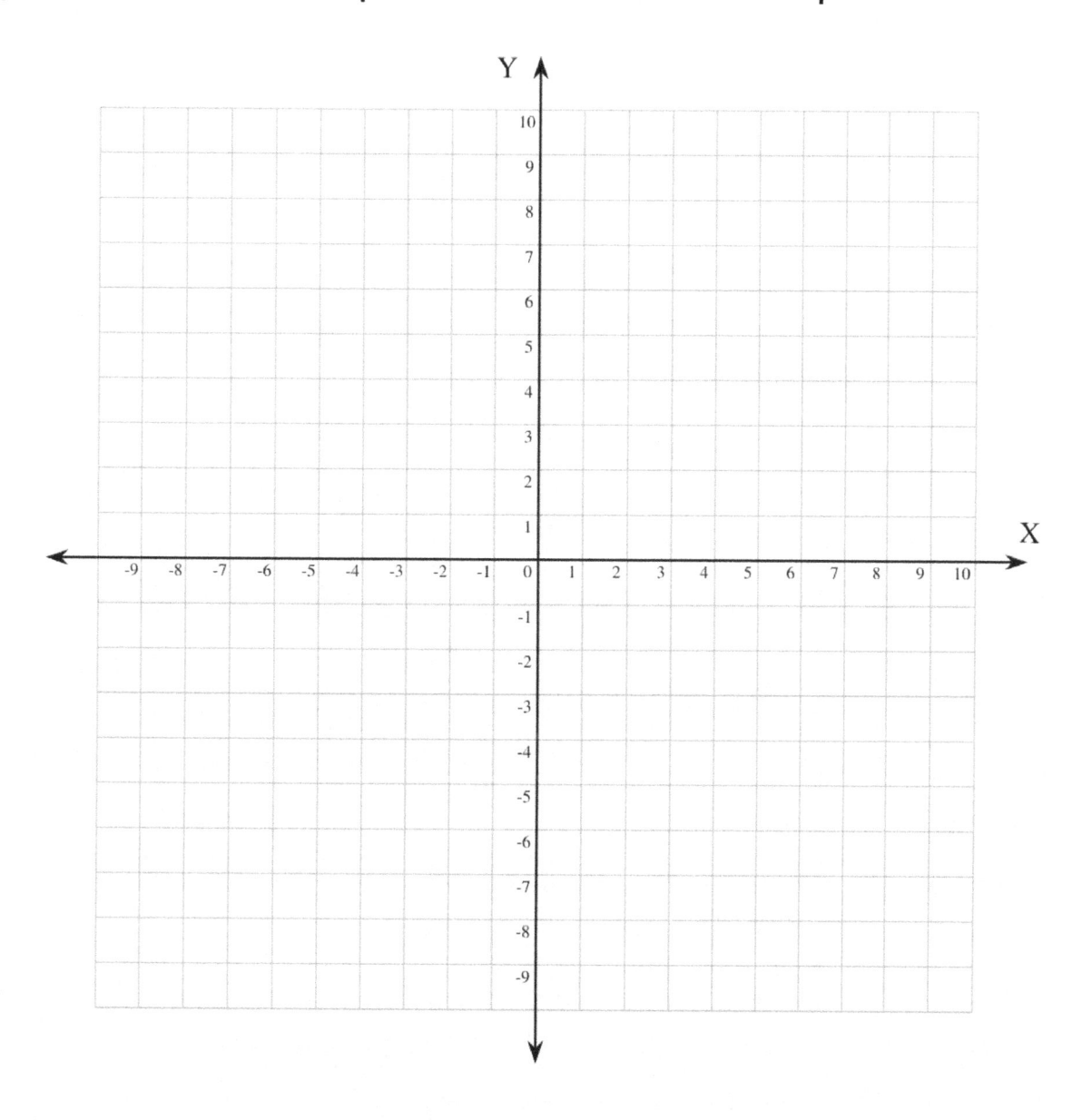

Graph and label each point on the coordinate plane.

A	(4, 7)		F	(-2, -9)
B	(-8, 2)		G	(6, -6)
C	(-9, -4)		H	(7, 4)
D	(-5, 9)		I	(2, -2)
E	(-6, -8)		J	(-10, 10)

Answer Key

Graph and label each point on the coordinate plane.

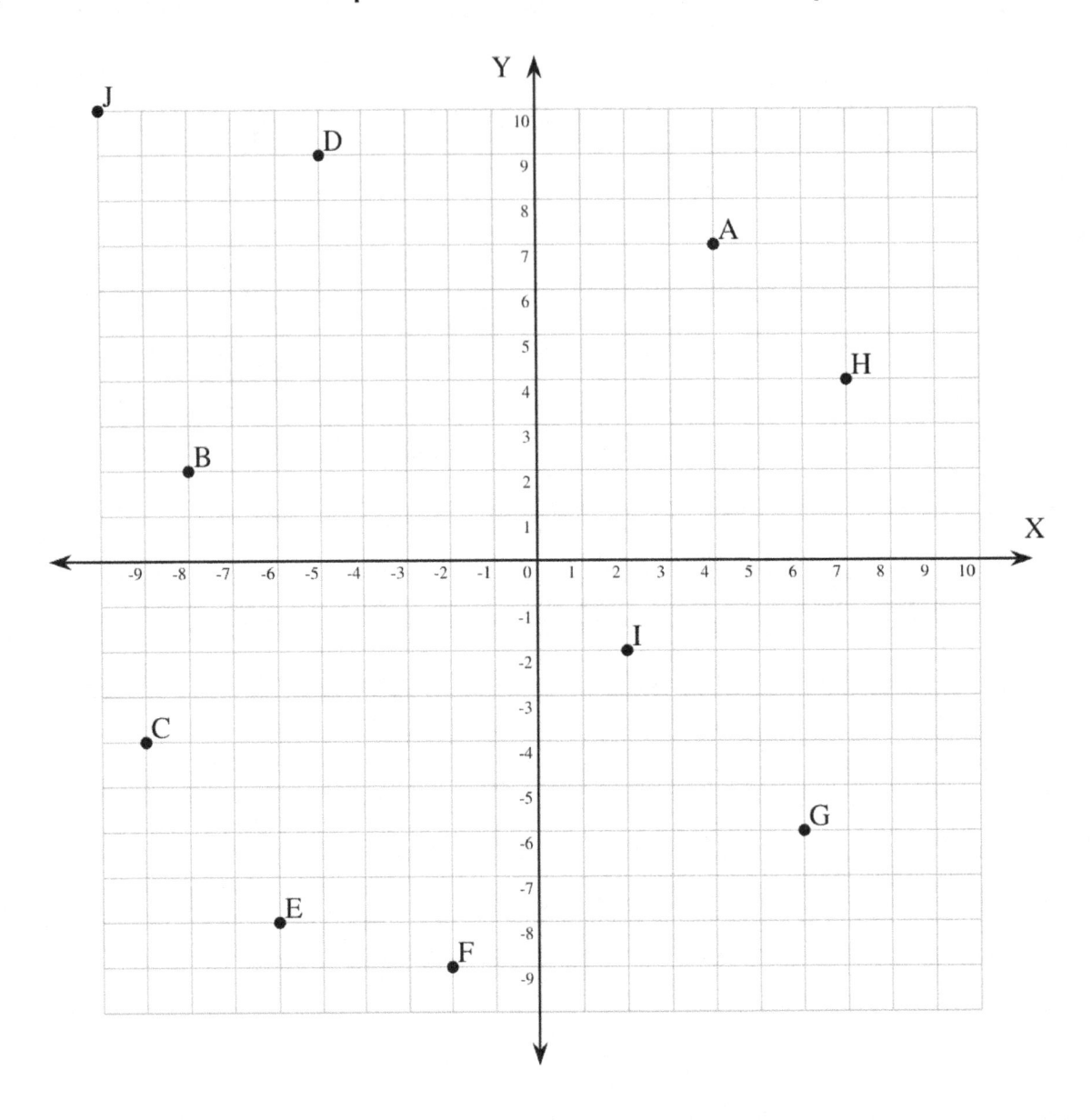

A	(4, 7)	F	(-2, -9)
B	(-8, 2)	G	(6, -6)
C	(-9, -4)	H	(7, 4)
D	(-5, 9)	I	(2, -2)
E	(-6, -8)	J	(-10, 10)

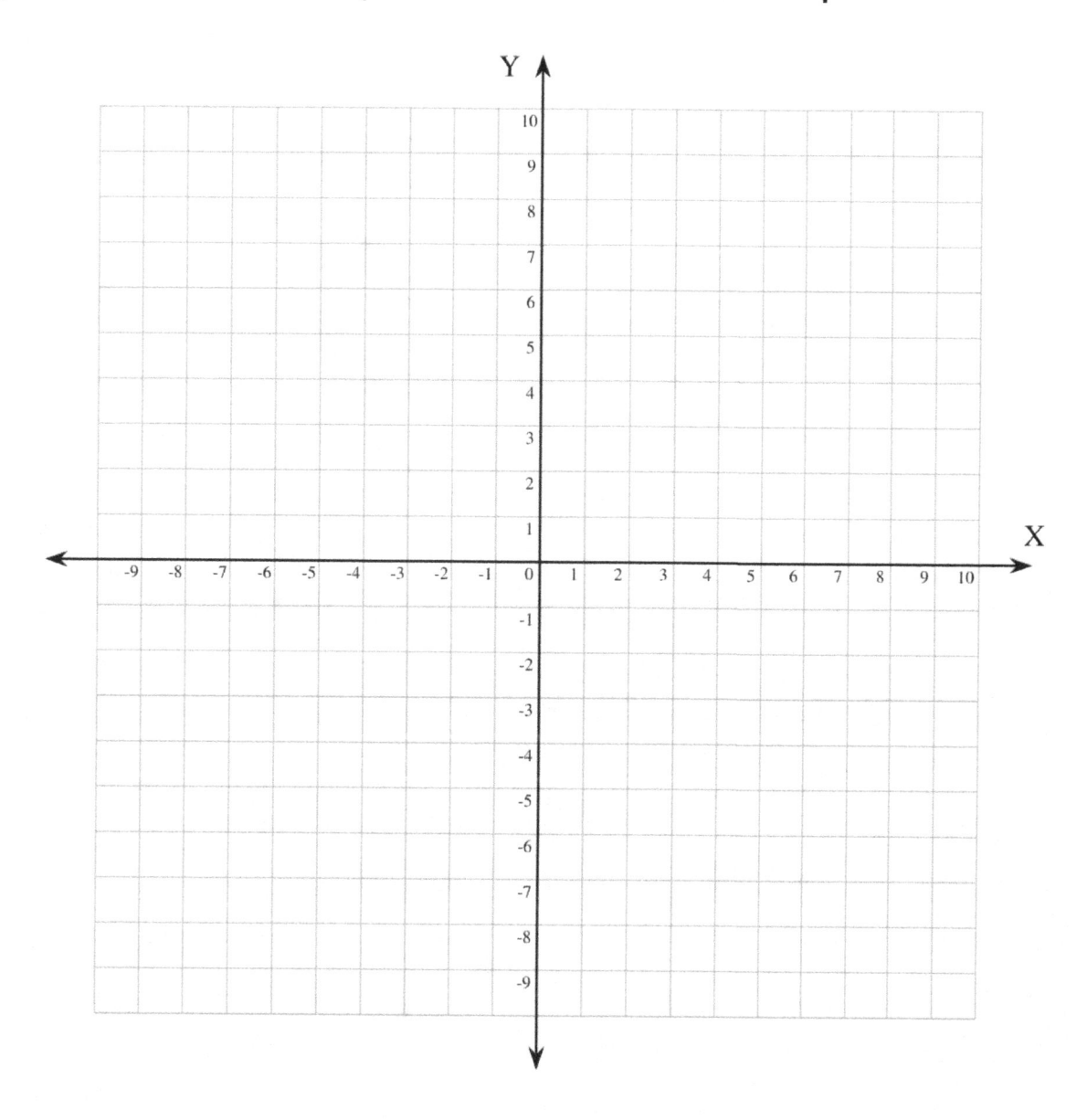

Graph and label each point on the coordinate plane.

A	(10, 10)		F	(9, -5)
B	(3, -10)		G	(-3, 4)
C	(6, -1)		H	(4, 7)
D	(-5, 0)		I	(-7, 9)
E	(-2, -3)		J	(-6, -7)

Answer Key

Graph and label each point on the coordinate plane.

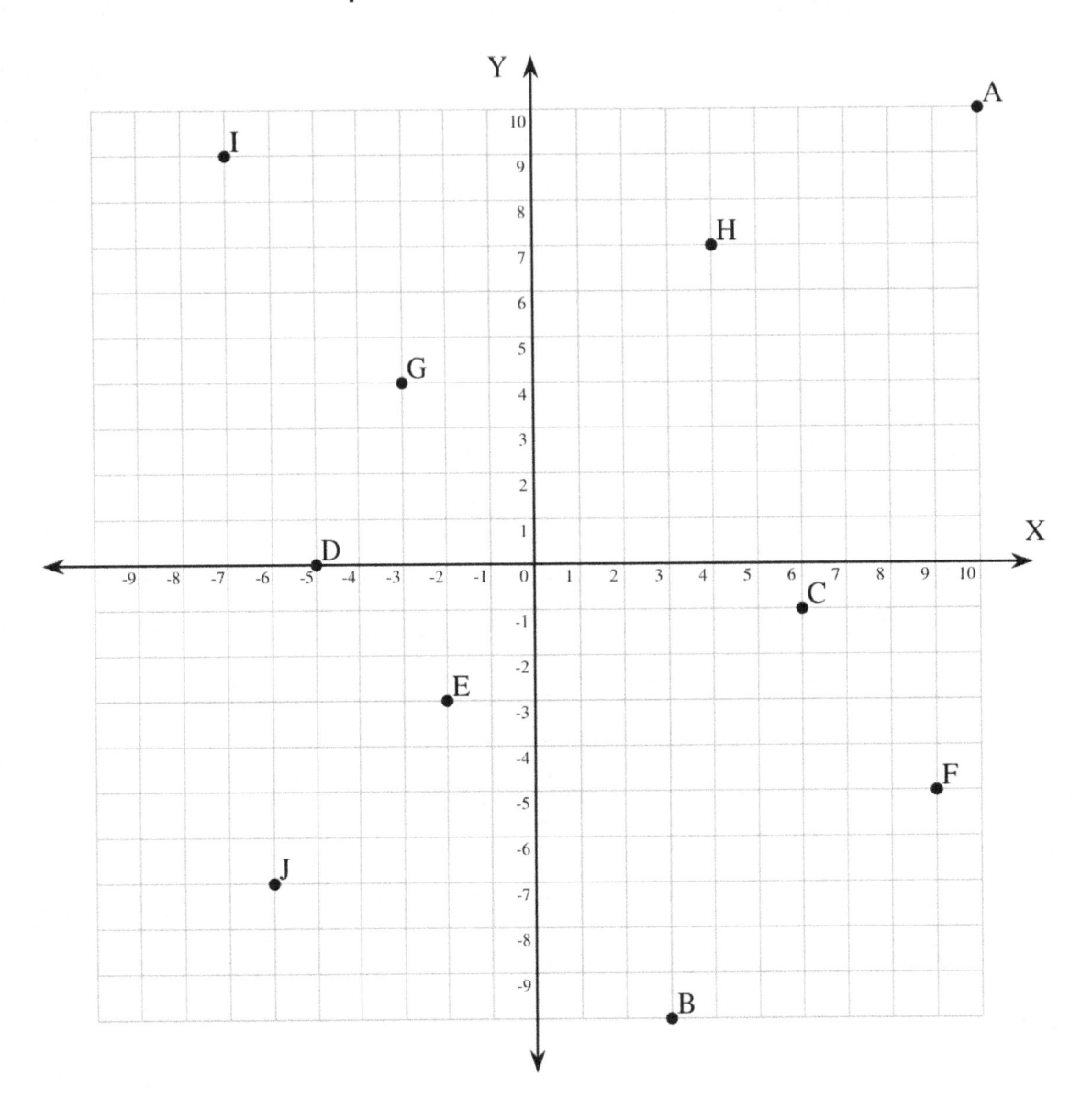

A	(10, 10)		F	(9, -5)
B	(3, -10)		G	(-3, 4)
C	(6, -1)		H	(4, 7)
D	(-5, 0)		I	(-7, 9)
E	(-2, -3)		J	(-6, -7)

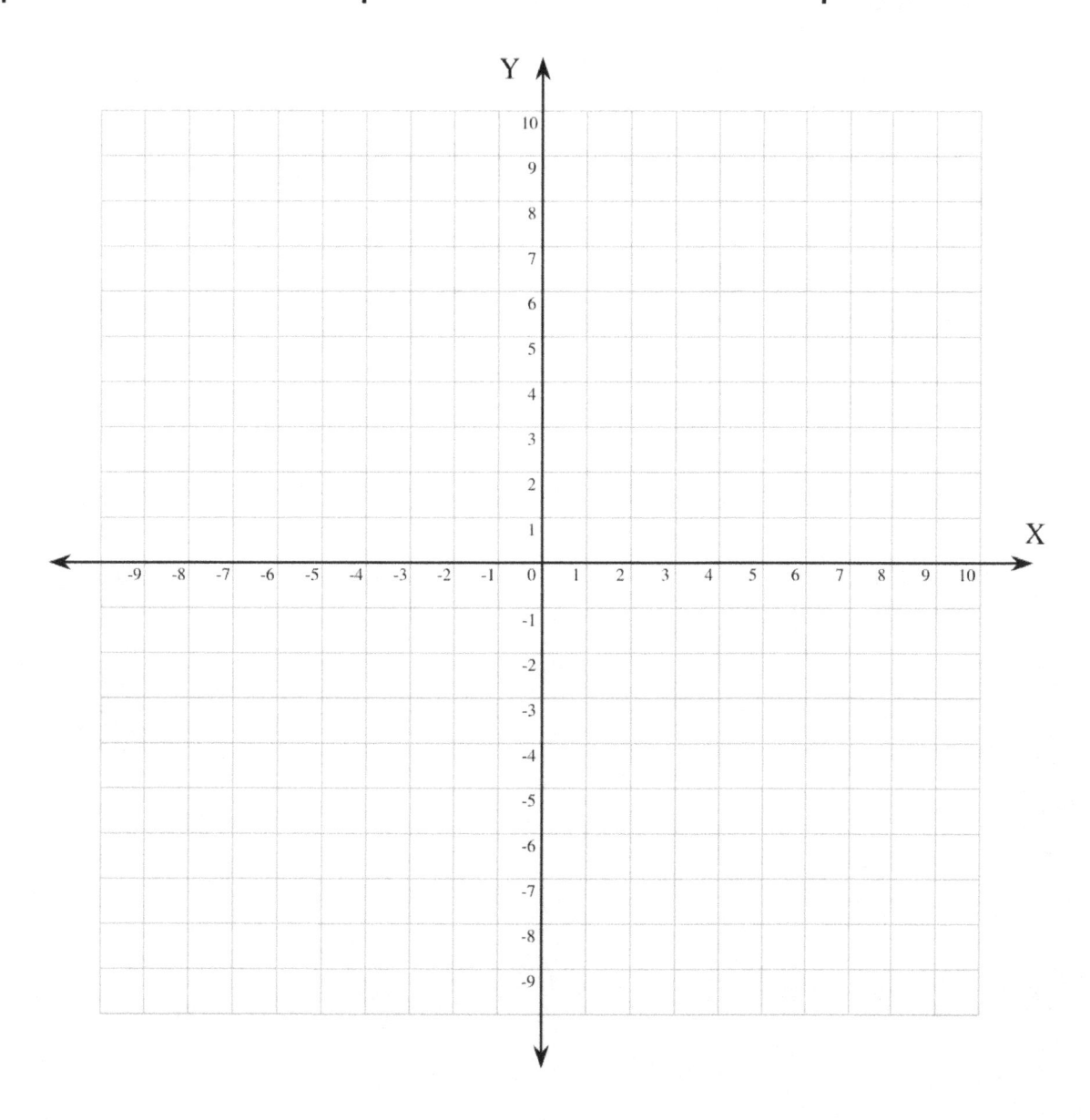

Graph and label each point on the coordinate plane.

A	(-3, -3)		F	(-10, 8)
B	(6, -7)		G	(1, -2)
C	(-8, 0)		H	(10, -4)
D	(-5, -9)		I	(-1, -8)
E	(-9, -10)		J	(2, 6)

Answer Key

Graph and label each point on the coordinate plane.

A	(-3, -3)	F	(-10, 8)
B	(6, -7)	G	(1, -2)
C	(-8, 0)	H	(10, -4)
D	(-5, -9)	I	(-1, -8)
E	(-9, -10)	J	(2, 6)

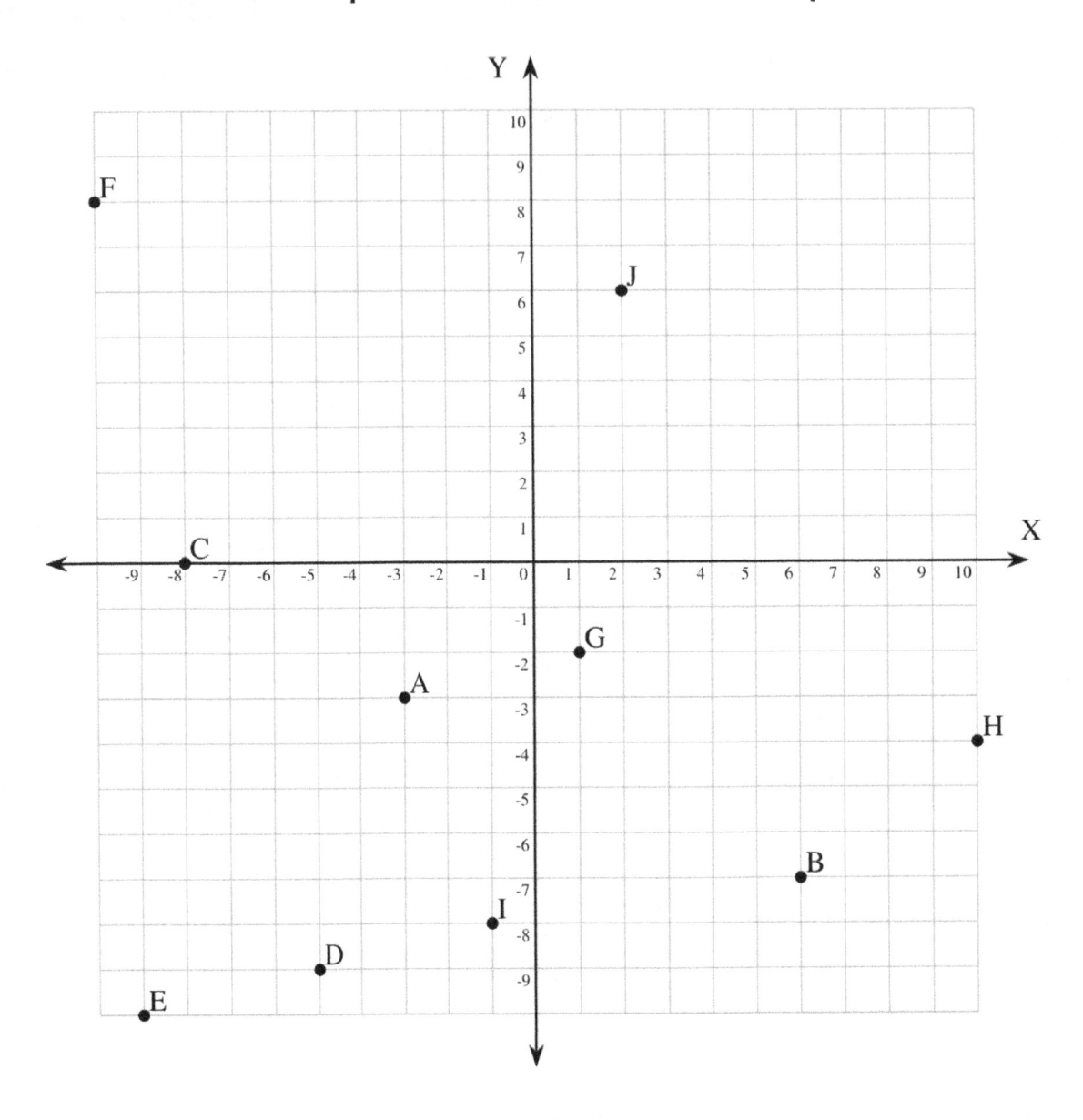

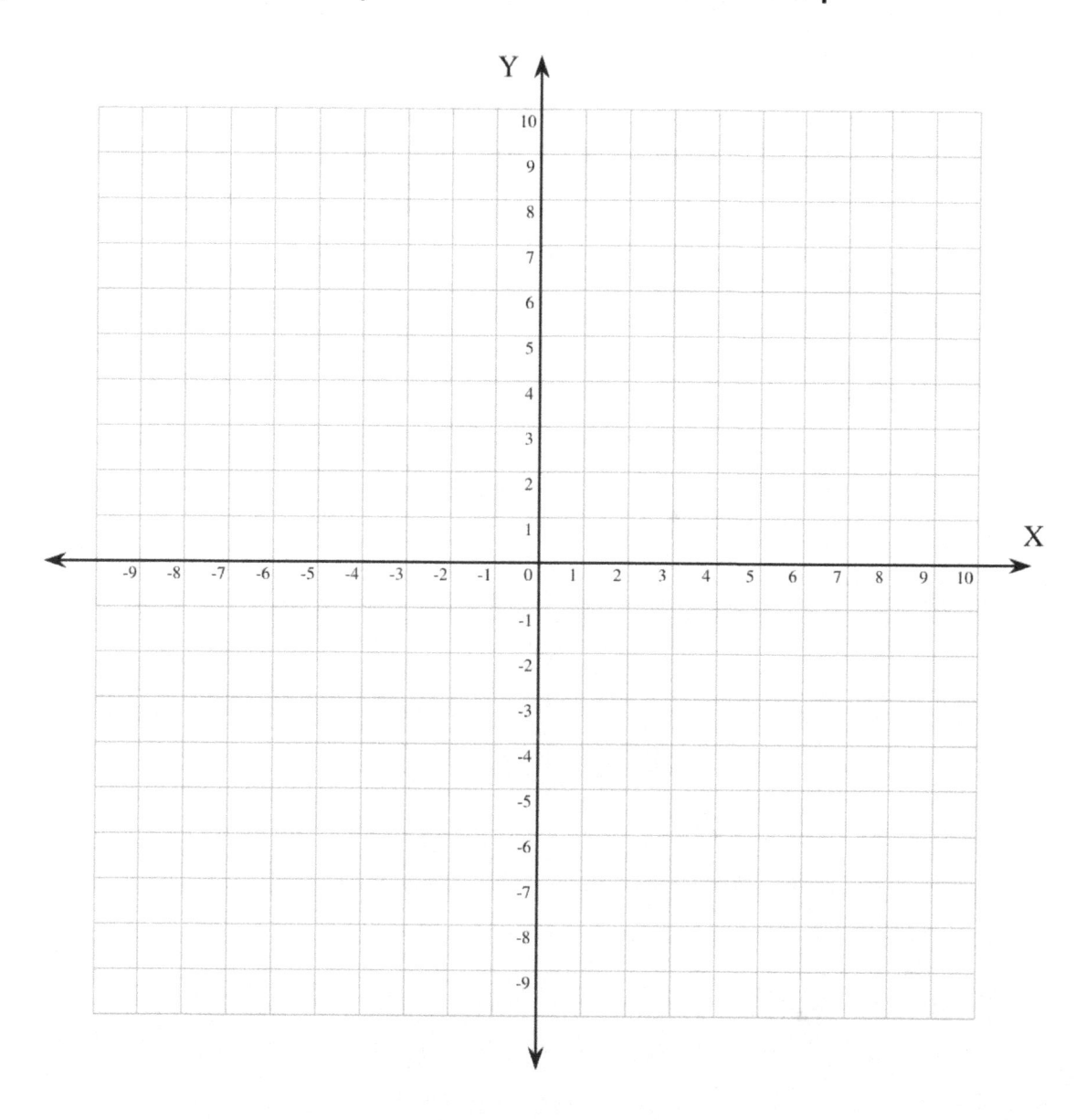

Graph and label each point on the coordinate plane.

A	(9, -1)		F	(-2, 7)
B	(-4, -6)		G	(7, 8)
C	(-7, 6)		H	(0, -2)
D	(-10, -4)		I	(-3, 1)
E	(-6, -10)		J	(2, 10)

Answer Key

Graph and label each point on the coordinate plane.

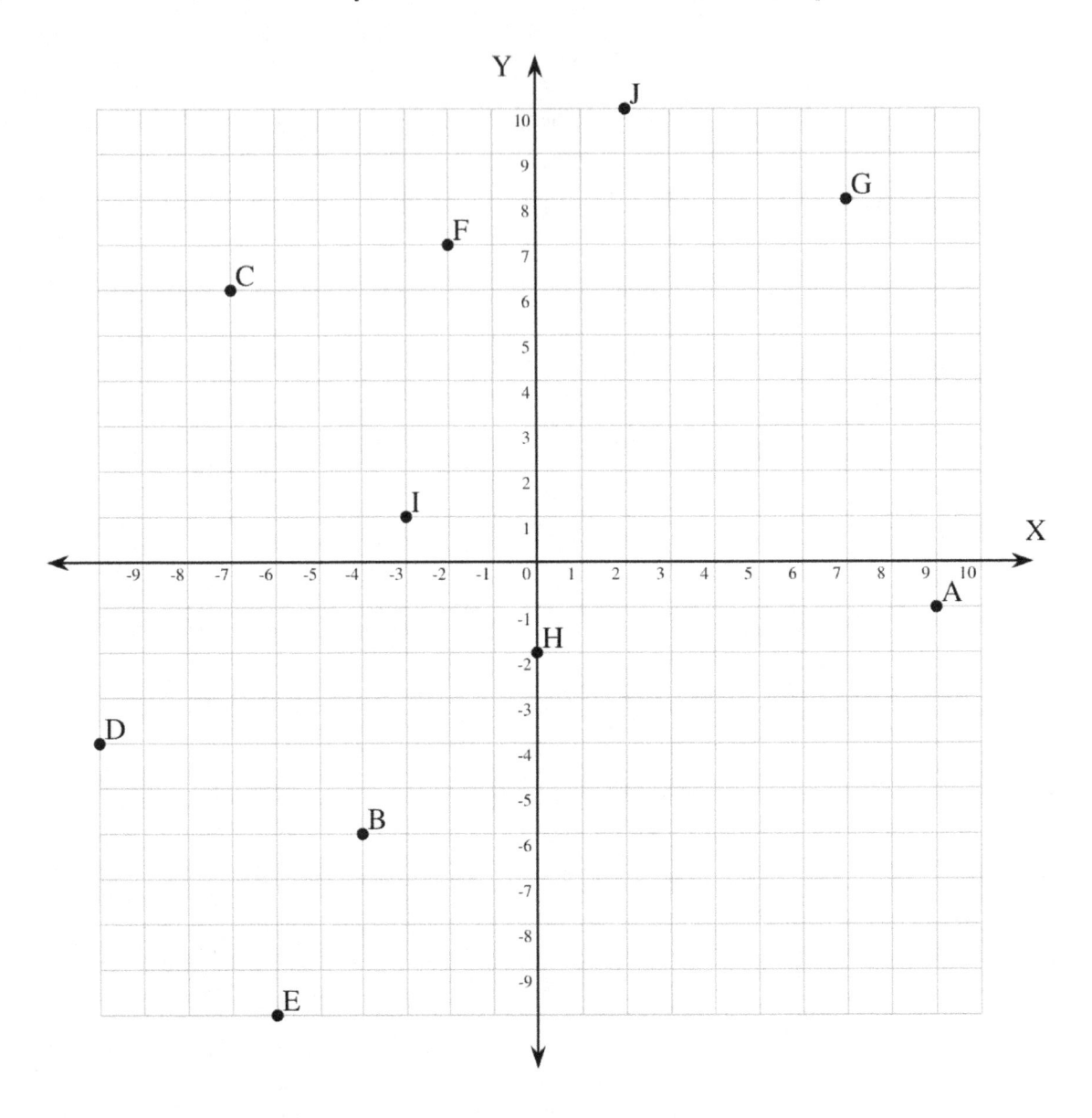

A	(9, -1)	F	(-2, 7)
B	(-4, -6)	G	(7, 8)
C	(-7, 6)	H	(0, -2)
D	(-10, -4)	I	(-3, 1)
E	(-6, -10)	J	(2, 10)

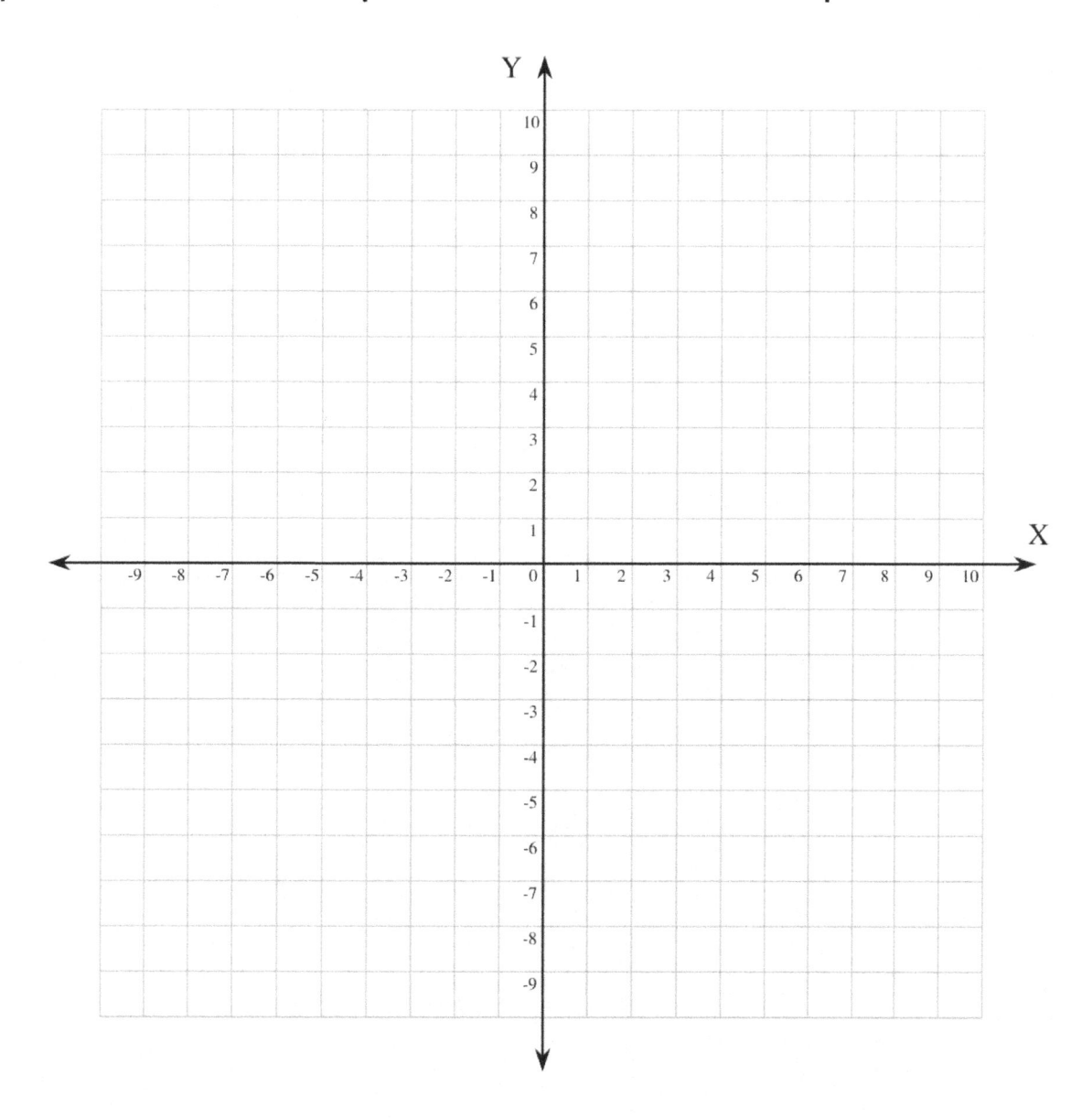

Graph and label each point on the coordinate plane.

A	(-5, 9)	F	(4, 10)
B	(3, -3)	G	(10, -1)
C	(-9, -4)	H	(-1, 0)
D	(-2, 6)	I	(-7, 3)
E	(6, -7)	J	(-8, -9)

Answer Key

Graph and label each point on the coordinate plane.

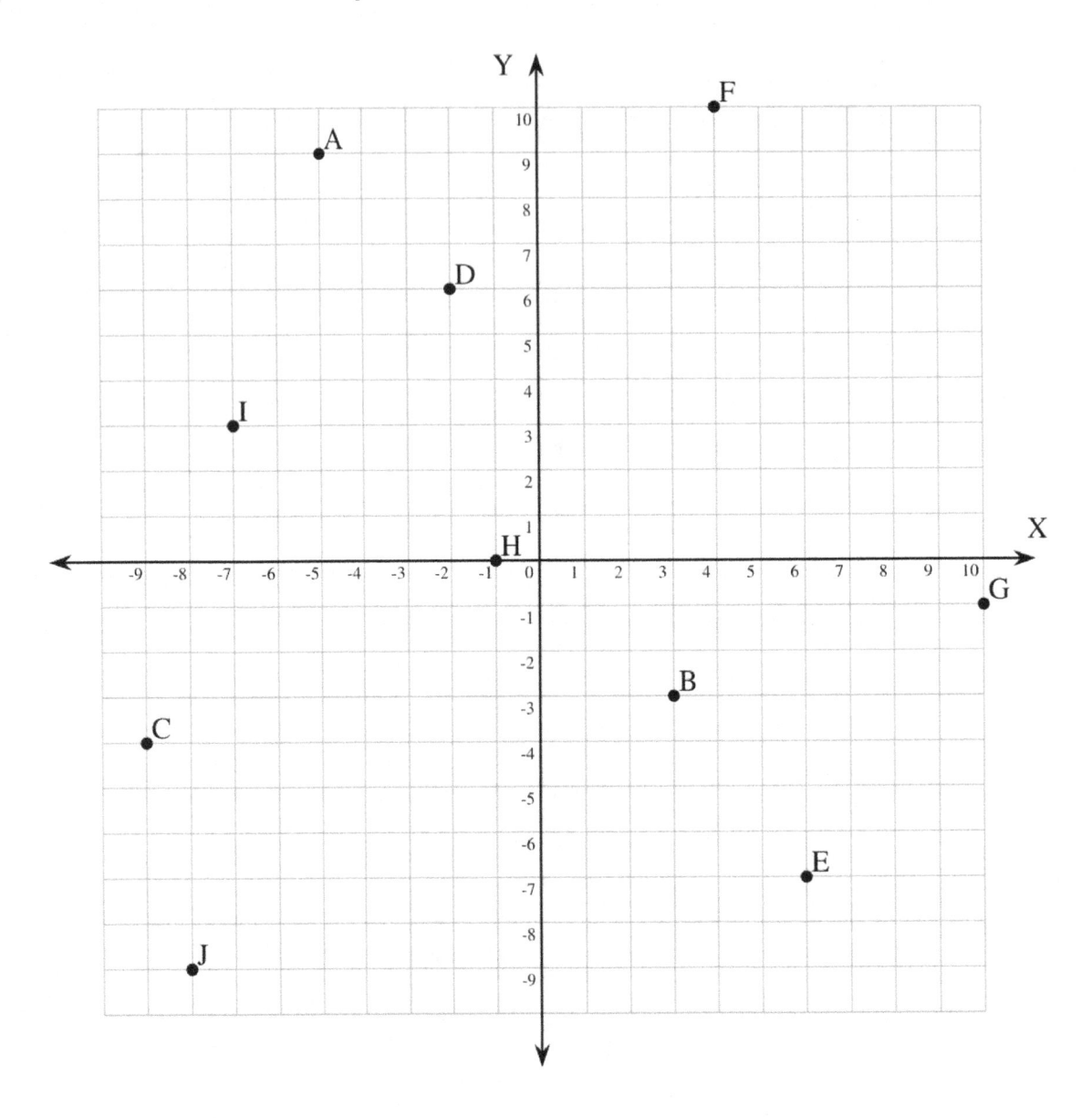

A	(-5, 9)	F	(4, 10)
B	(3, -3)	G	(10, -1)
C	(-9, -4)	H	(-1, 0)
D	(-2, 6)	I	(-7, 3)
E	(6, -7)	J	(-8, -9)

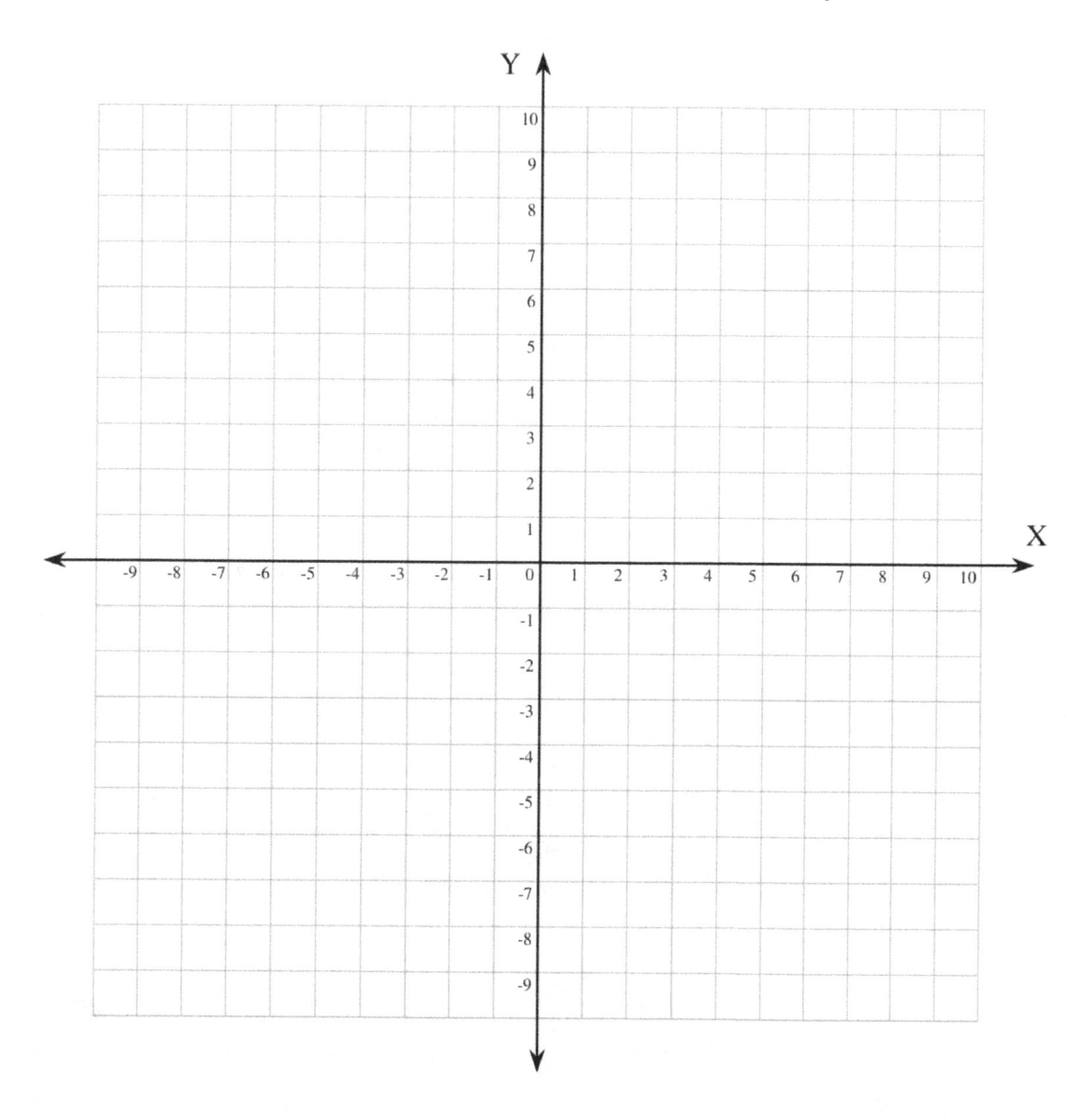

Graph and label each point on the coordinate plane.

A	(-6, 6)	F	(-4, 1)
B	(10, -10)	G	(2, 4)
C	(-1, -9)	H	(-8, 0)
D	(-9, 9)	I	(3, -2)
E	(-5, -7)	J	(4, 8)

Answer Key

Graph and label each point on the coordinate plane.

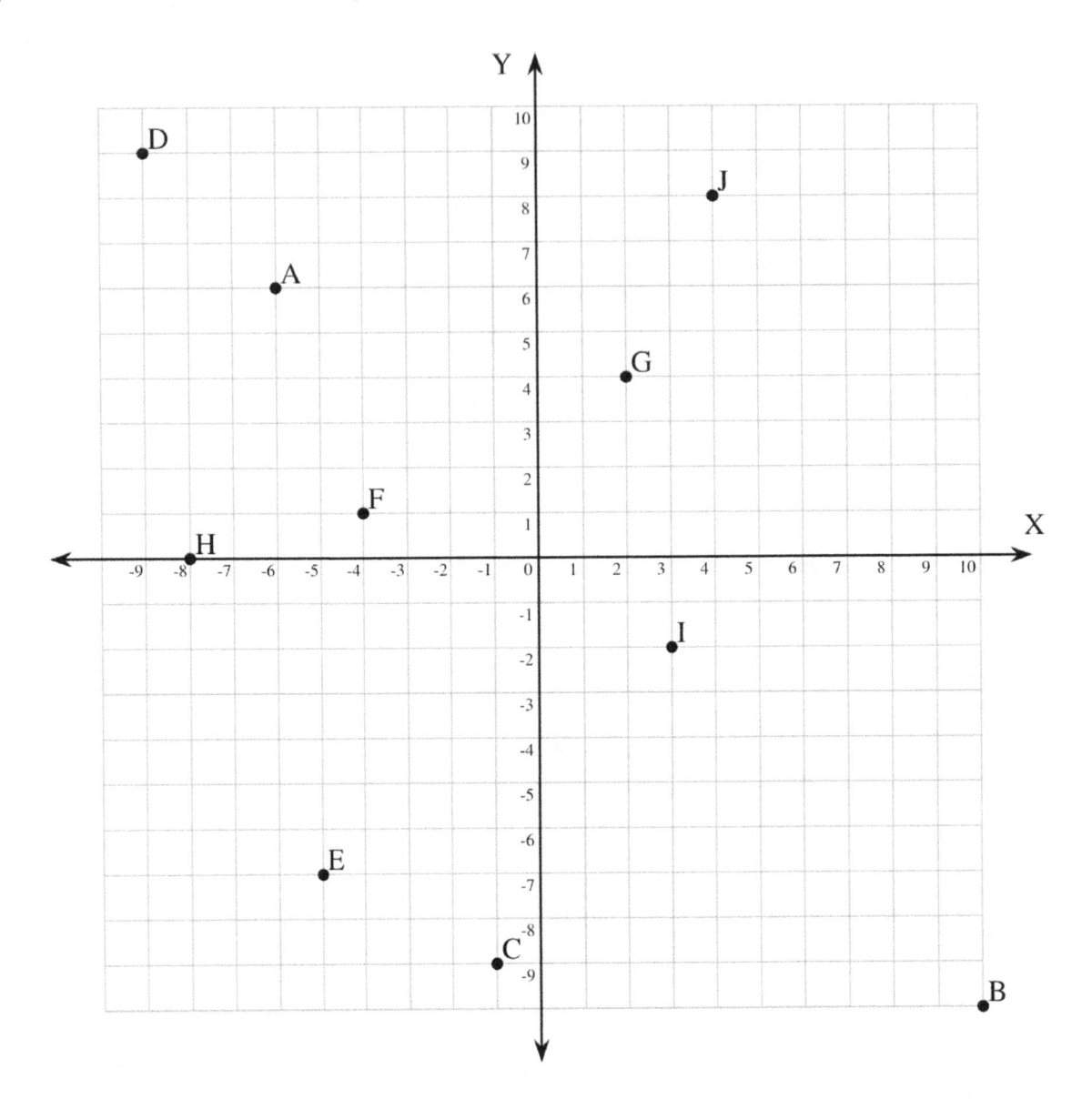

A	(-6, 6)		F	(-4, 1)
B	(10, -10)		G	(2, 4)
C	(-1, -9)		H	(-8, 0)
D	(-9, 9)		I	(3, -2)
E	(-5, -7)		J	(4, 8)

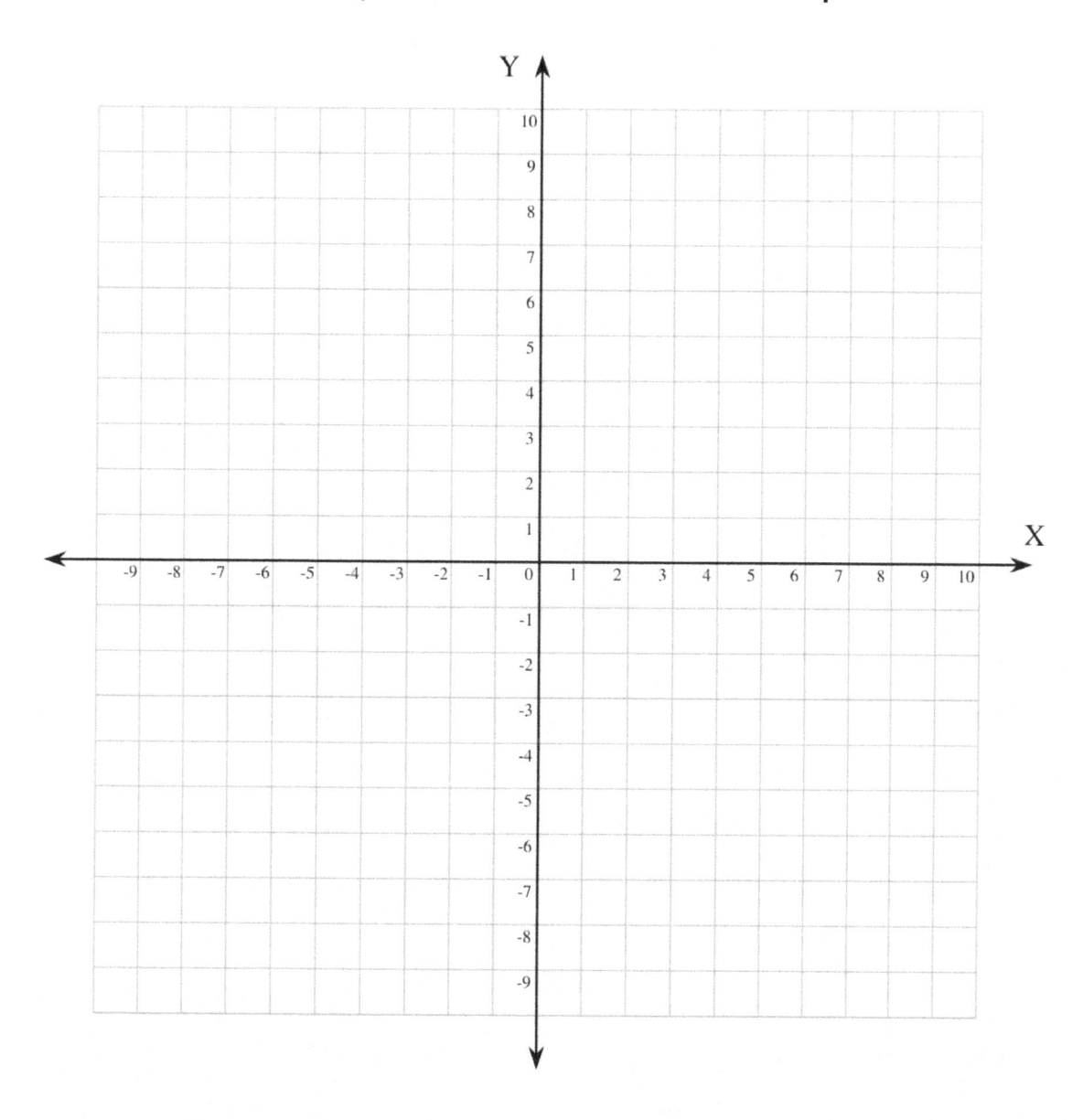

Graph and label each point on the coordinate plane.

A	(-7, -9)	F	(-5, 10)
B	(5, 9)	G	(8, -10)
C	(6, -1)	H	(-1, 0)
D	(-9, 7)	I	(10, 1)
E	(-6, -2)	J	(-4, 3)

Answer Key

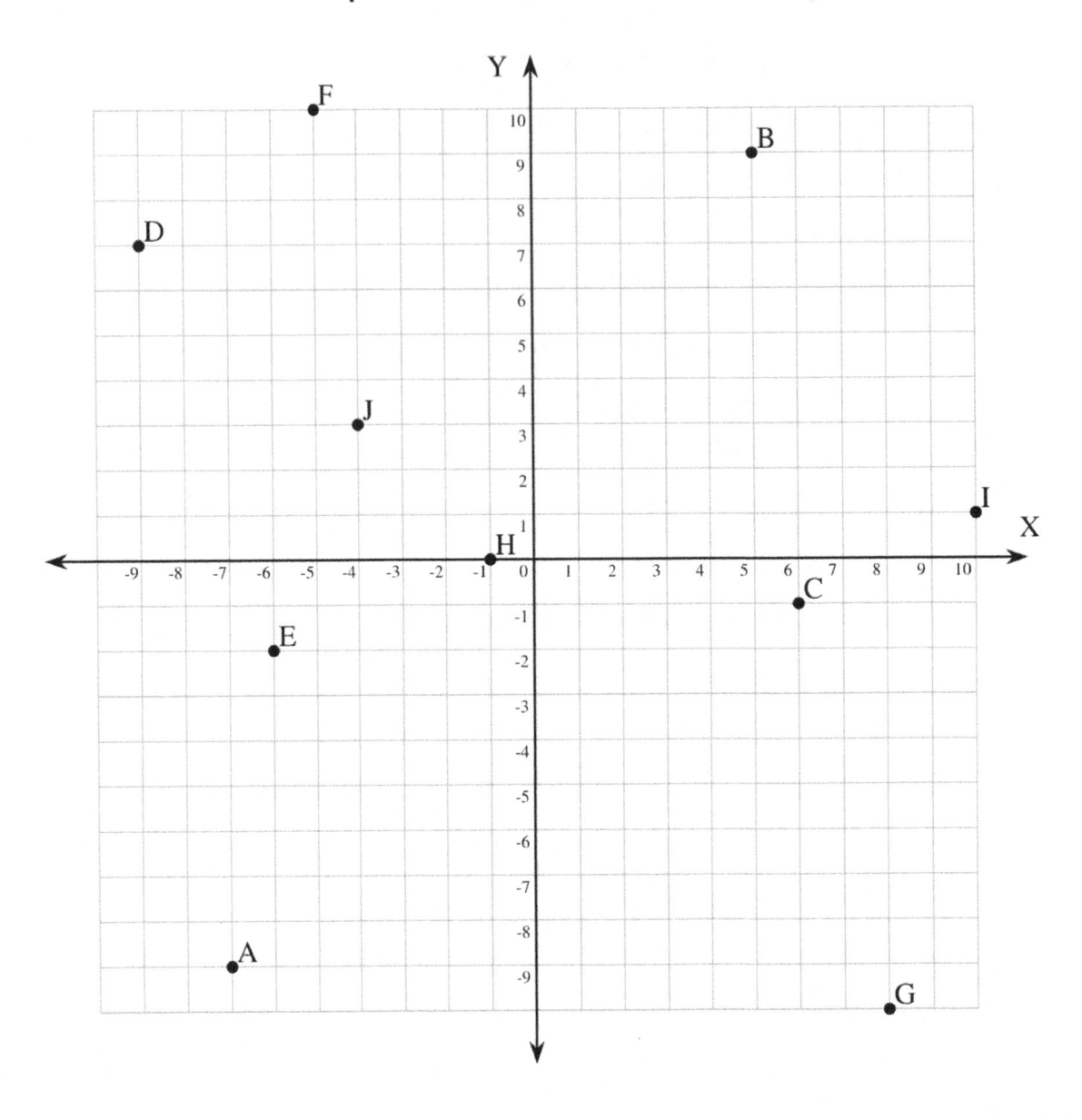

Graph and label each point on the coordinate plane.

A	(-7, -9)	F	(-5, 10)
B	(5, 9)	G	(8, -10)
C	(6, -1)	H	(-1, 0)
D	(-9, 7)	I	(10, 1)
E	(-6, -2)	J	(-4, 3)

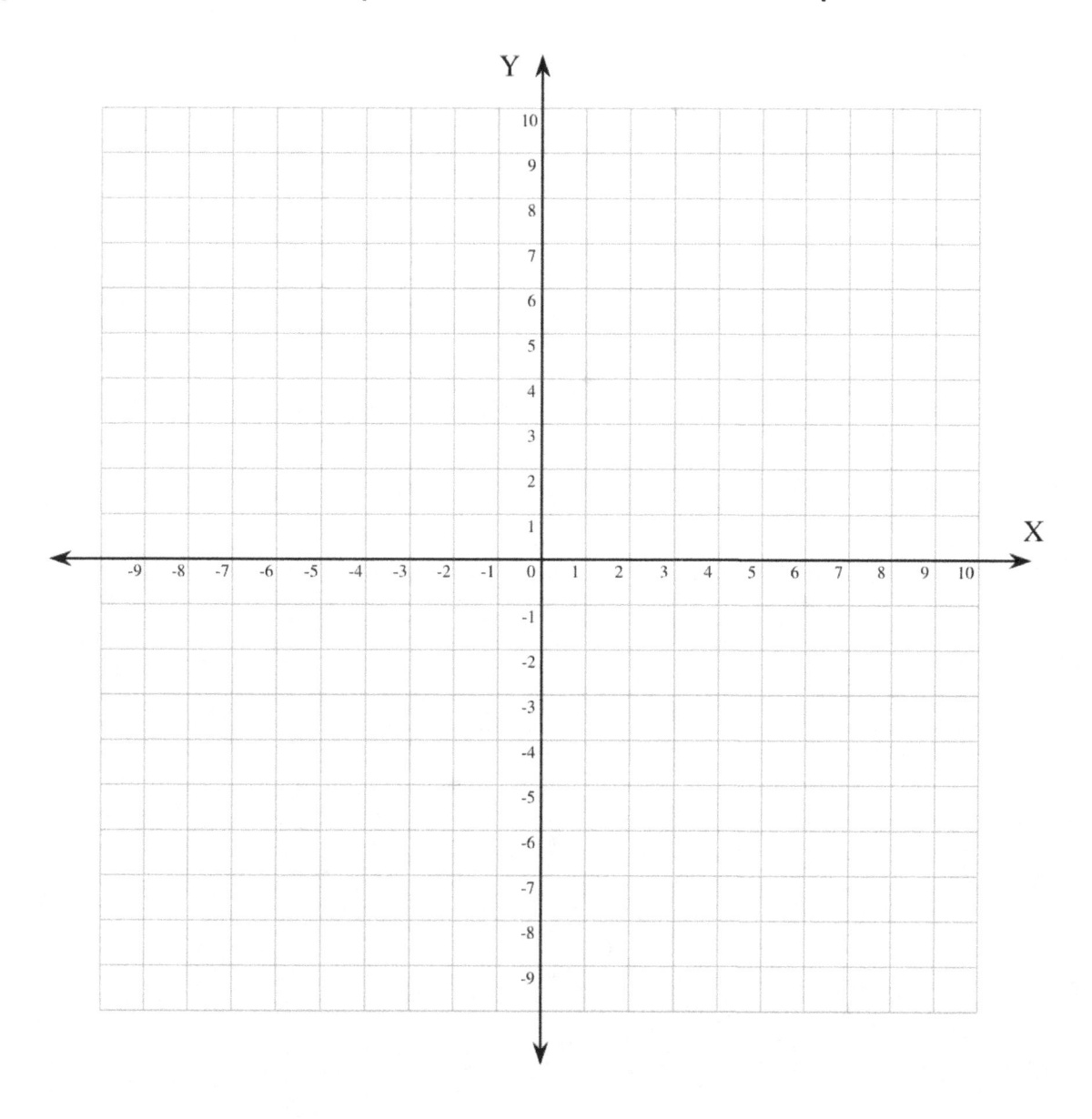

Graph and label each point on the coordinate plane.

A	(2, -5)	F	(-3, 10)
B	(-2, -9)	G	(-7, -10)
C	(-10, 1)	H	(-9, 7)
D	(-6, -1)	I	(7, -4)
E	(-1, 4)	J	(5, 6)

Answer Key

Graph and label each point on the coordinate plane.

A	(2, -5)		F	(-3, 10)
B	(-2, -9)		G	(-7, -10)
C	(-10, 1)		H	(-9, 7)
D	(-6, -1)		I	(7, -4)
E	(-1, 4)		J	(5, 6)

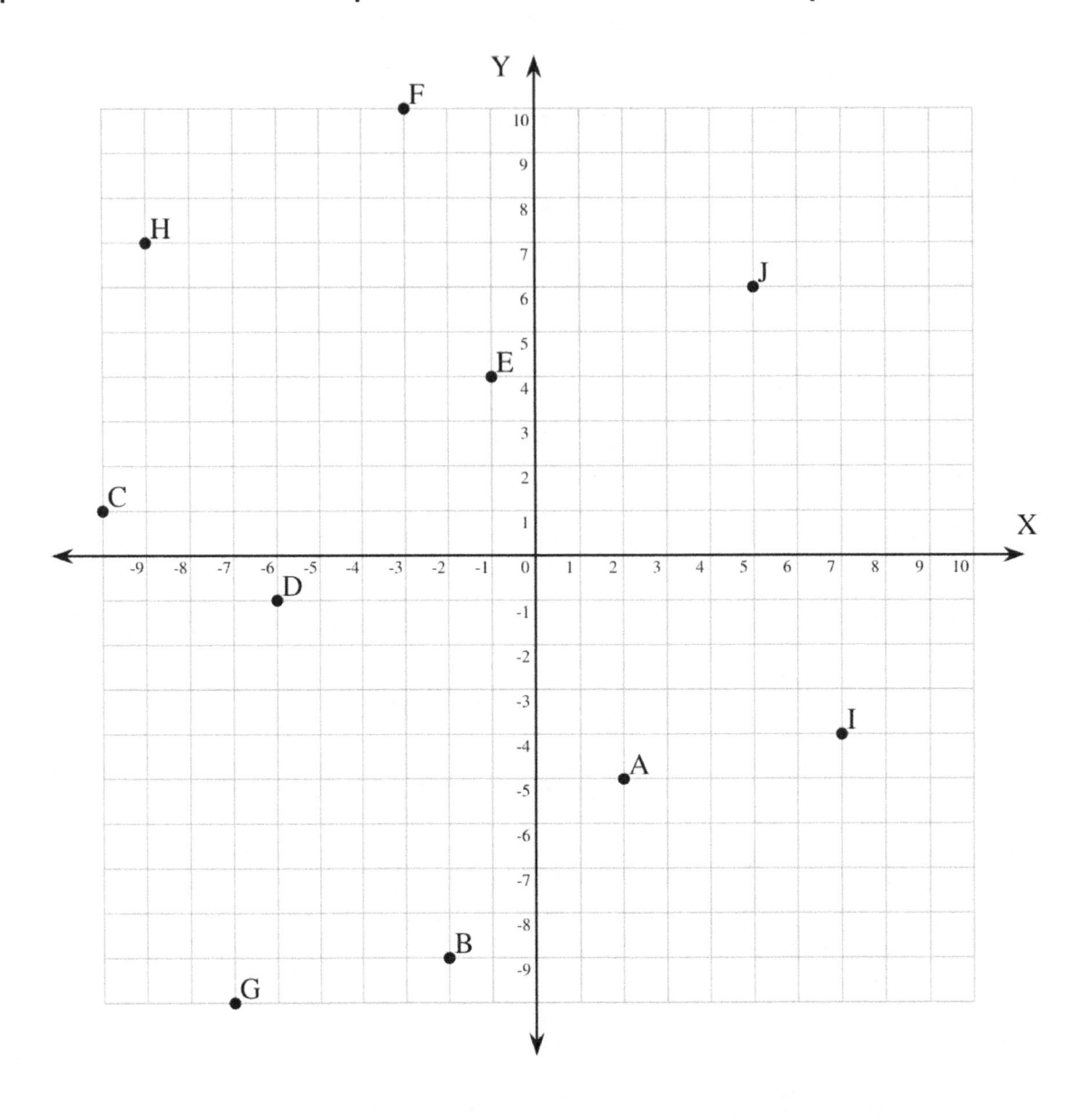

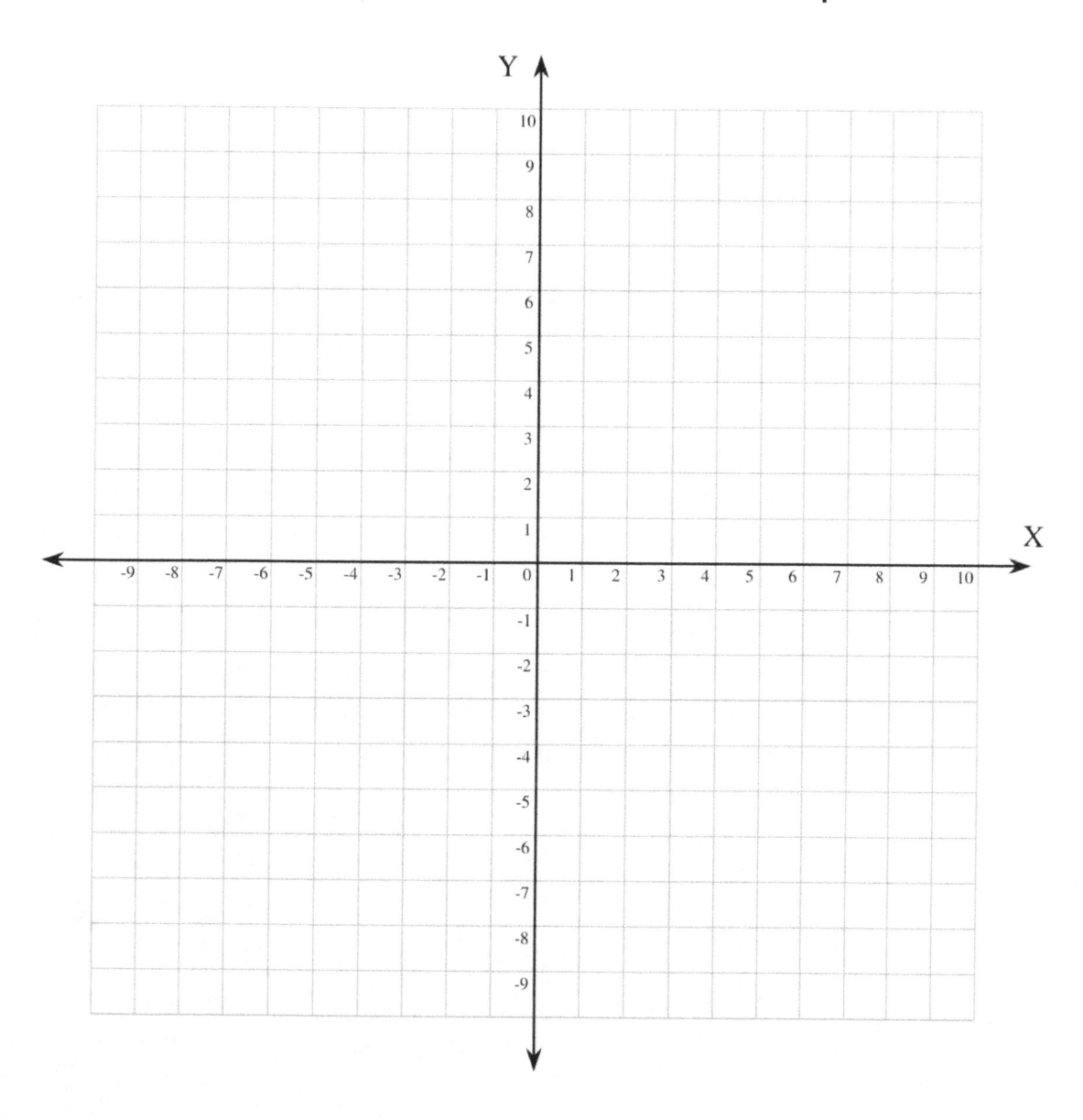

Graph and label each point on the coordinate plane.

A	(-6, -2)		F	(5, 3)
B	(-2, 7)		G	(4, 9)
C	(-10, 8)		H	(6, -9)
D	(-5, 4)		I	(8, -1)
E	(0, -7)		J	(10, -8)

Answer Key

Graph and label each point on the coordinate plane.

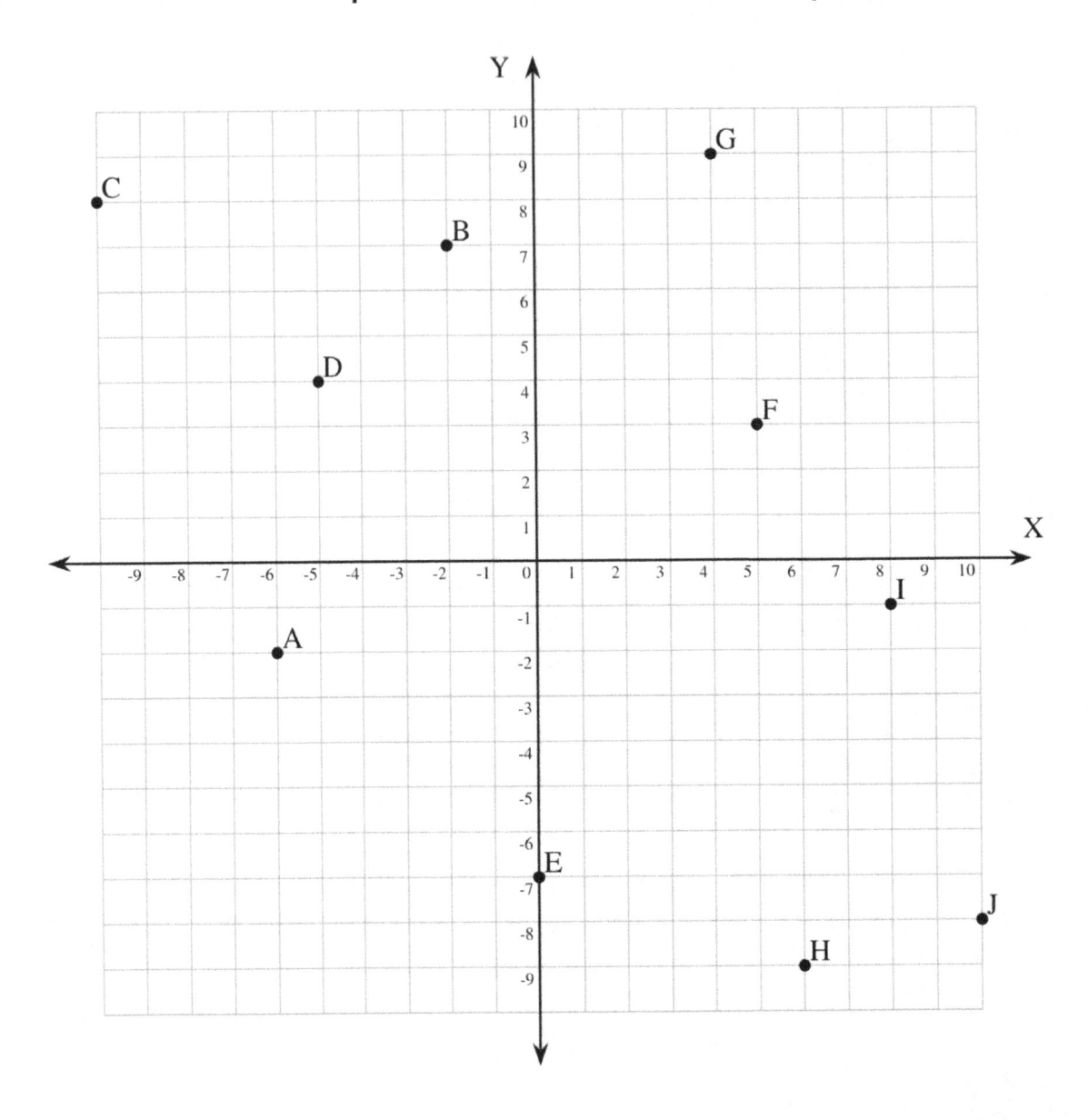

A	(-6, -2)	F	(5, 3)
B	(-2, 7)	G	(4, 9)
C	(-10, 8)	H	(6, -9)
D	(-5, 4)	I	(8, -1)
E	(0, -7)	J	(10, -8)

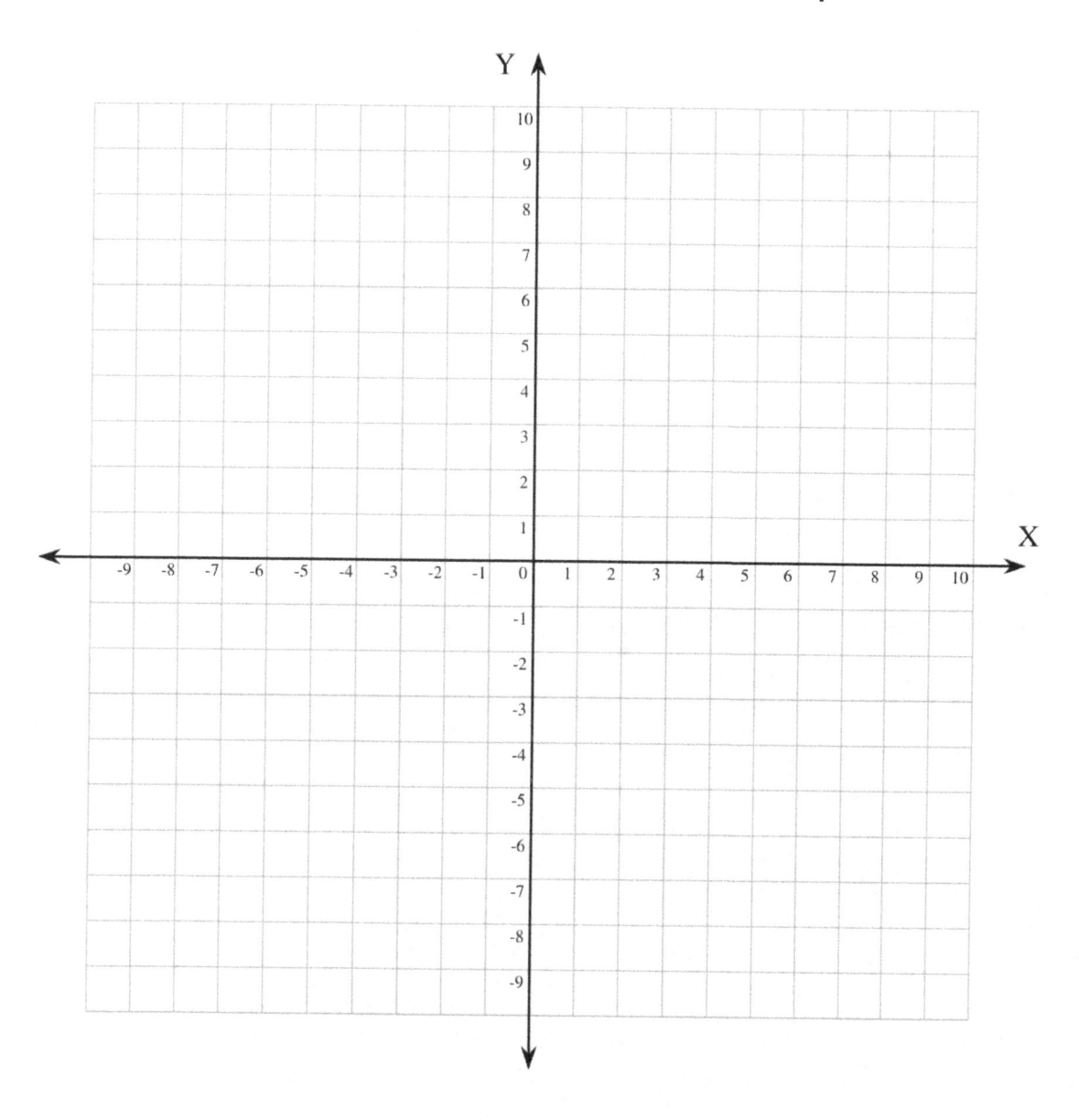

Graph and label each point on the coordinate plane.

A	(6, -5)	F	(-10, 5)
B	(7, 1)	G	(8, -9)
C	(0, 6)	H	(-9, -3)
D	(-2, -2)	I	(-6, 3)
E	(-8, 9)	J	(10, 7)

Answer Key

Graph and label each point on the coordinate plane.

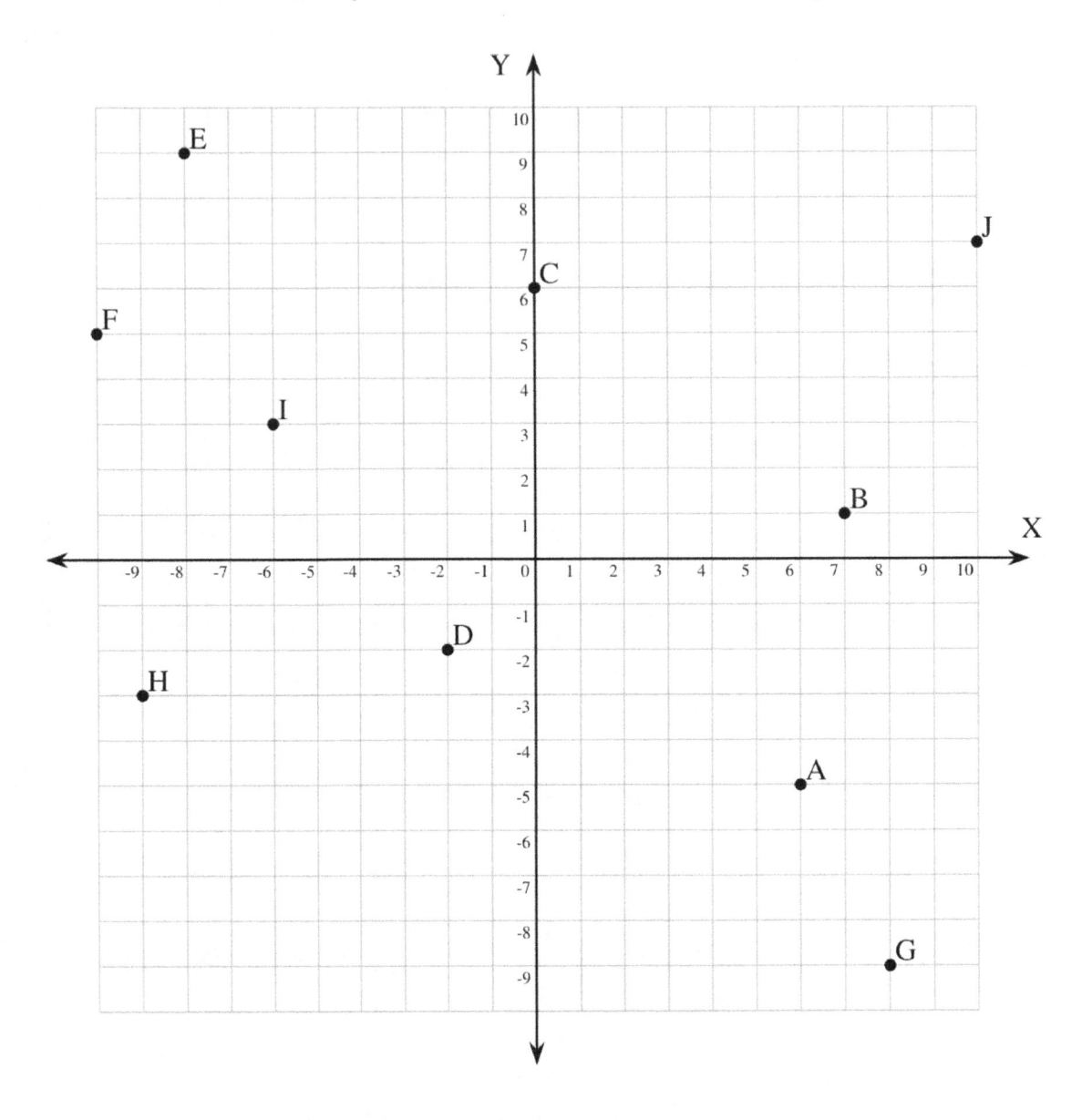

A	(6, -5)		F	(-10, 5)
B	(7, 1)		G	(8, -9)
C	(0, 6)		H	(-9, -3)
D	(-2, -2)		I	(-6, 3)
E	(-8, 9)		J	(10, 7)

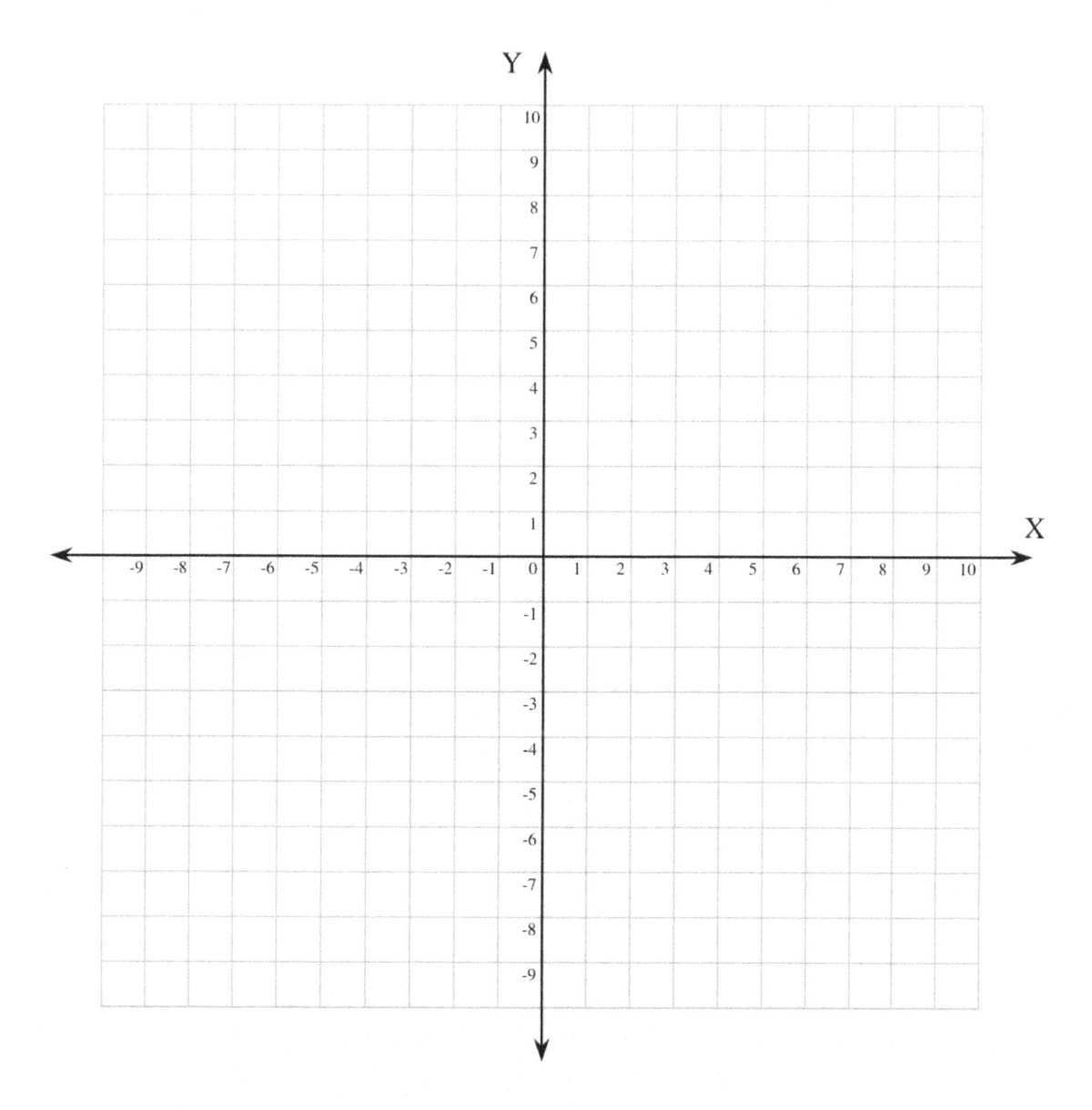

Graph and label each point on the coordinate plane.

A	(-2, 3)		F	(-6, 7)
B	(6, -5)		G	(-7, -3)
C	(-8, -9)		H	(5, -1)
D	(-10, 10)		I	(4, 5)
E	(0, -8)		J	(1, -2)

Answer Key

Graph and label each point on the coordinate plane.

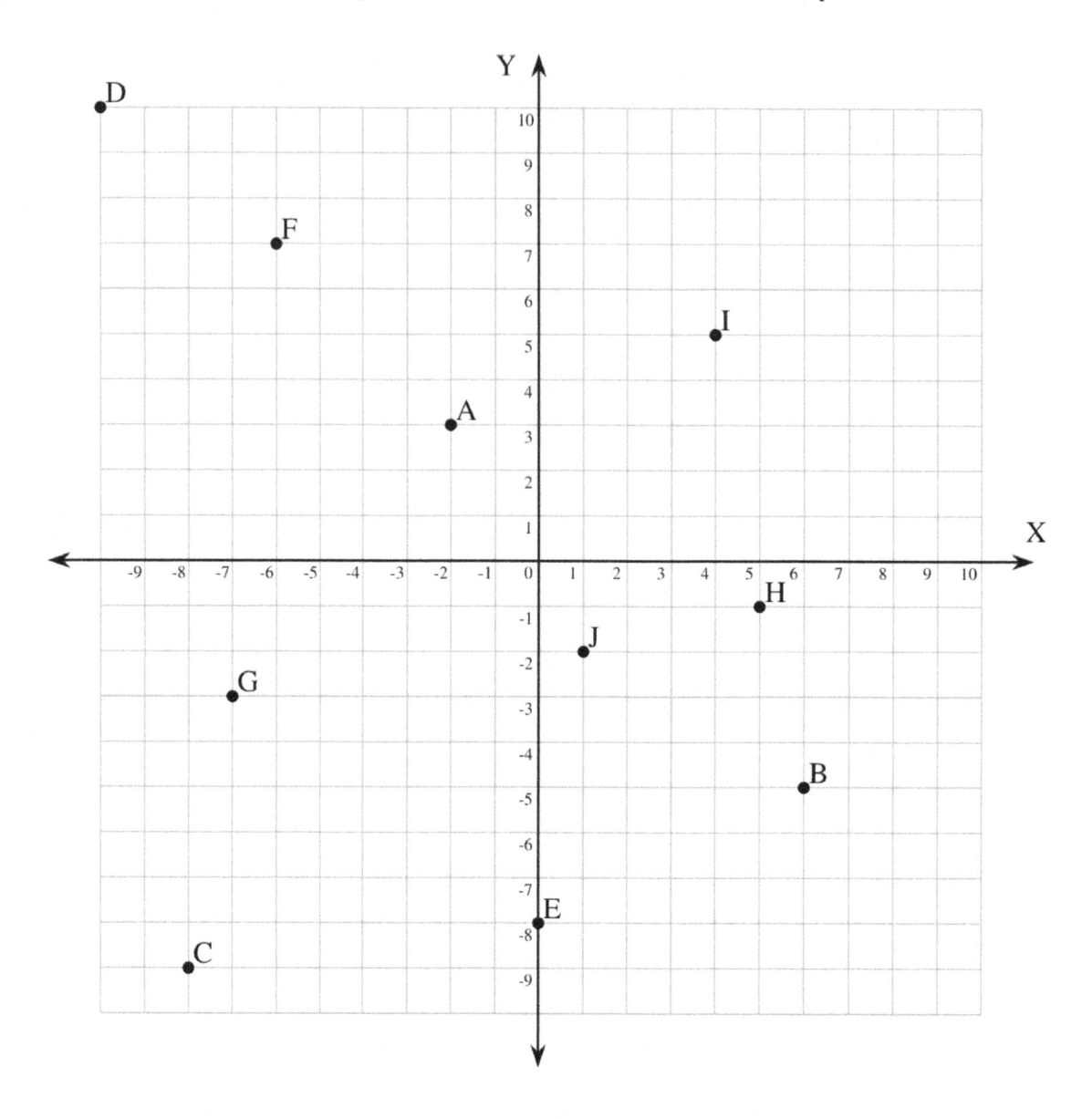

A	(-2, 3)		F	(-6, 7)
B	(6, -5)		G	(-7, -3)
C	(-8, -9)		H	(5, -1)
D	(-10, 10)		I	(4, 5)
E	(0, -8)		J	(1, -2)

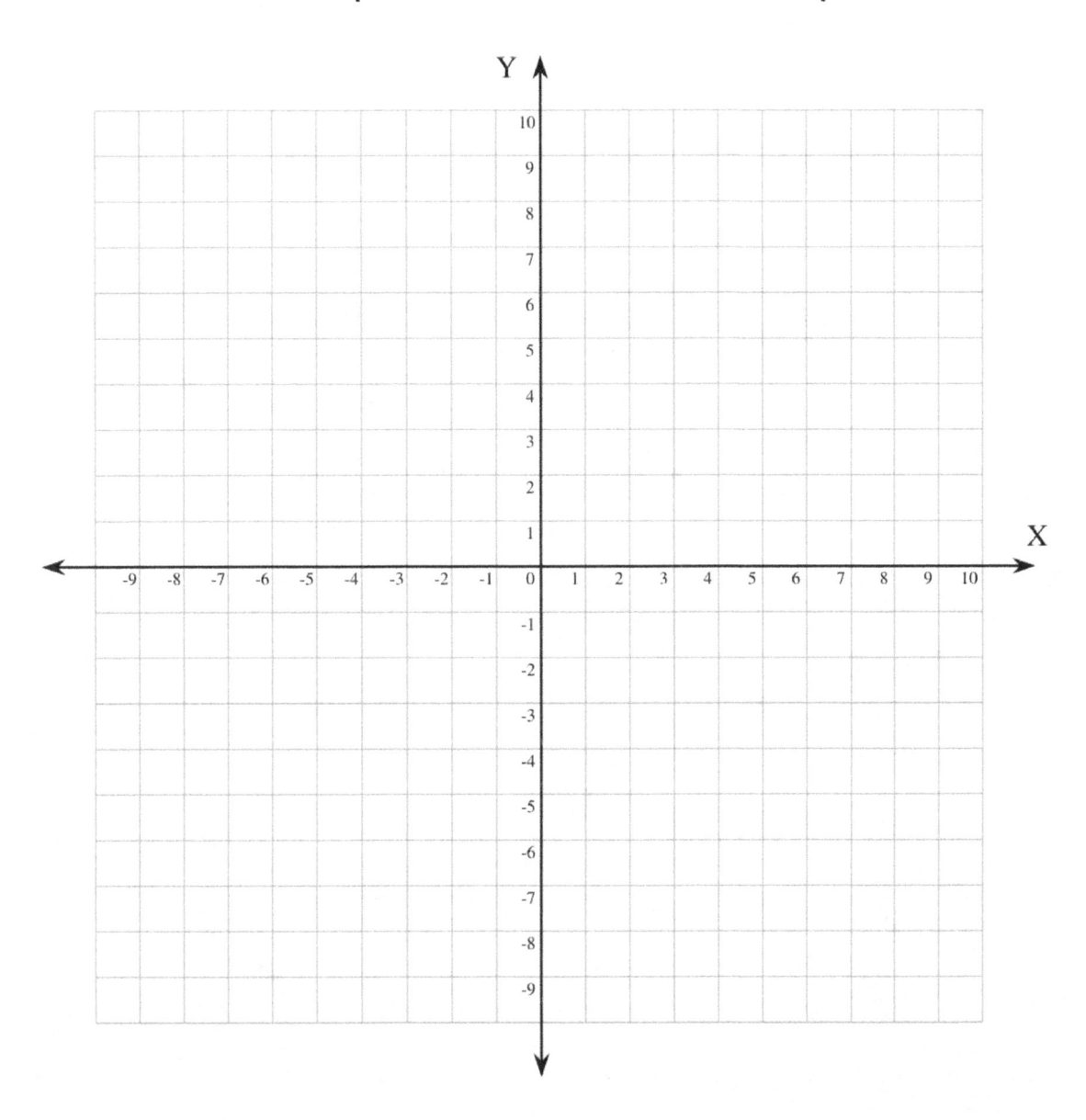

Graph and label each point on the coordinate plane.

A	(-10, 10)		F	(0, 6)
B	(-8, -8)		G	(8, 4)
C	(-9, -2)		H	(-3, 2)
D	(-1, -5)		I	(-5, -3)
E	(-6, 5)		J	(6, -9)

Answer Key

Graph and label each point on the coordinate plane.

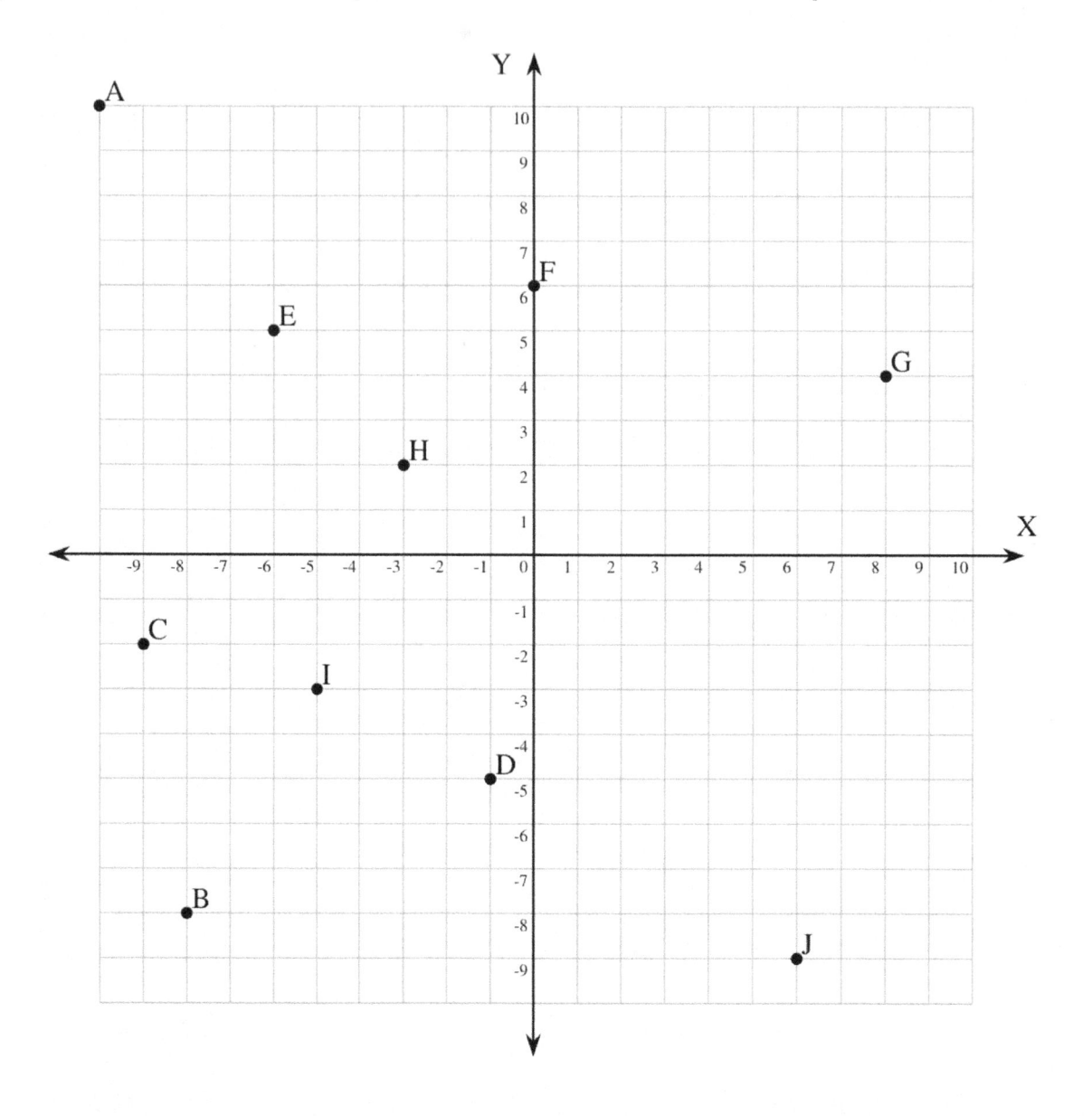

A	(-10, 10)		F	(0, 6)
B	(-8, -8)		G	(8, 4)
C	(-9, -2)		H	(-3, 2)
D	(-1, -5)		I	(-5, -3)
E	(-6, 5)		J	(6, -9)

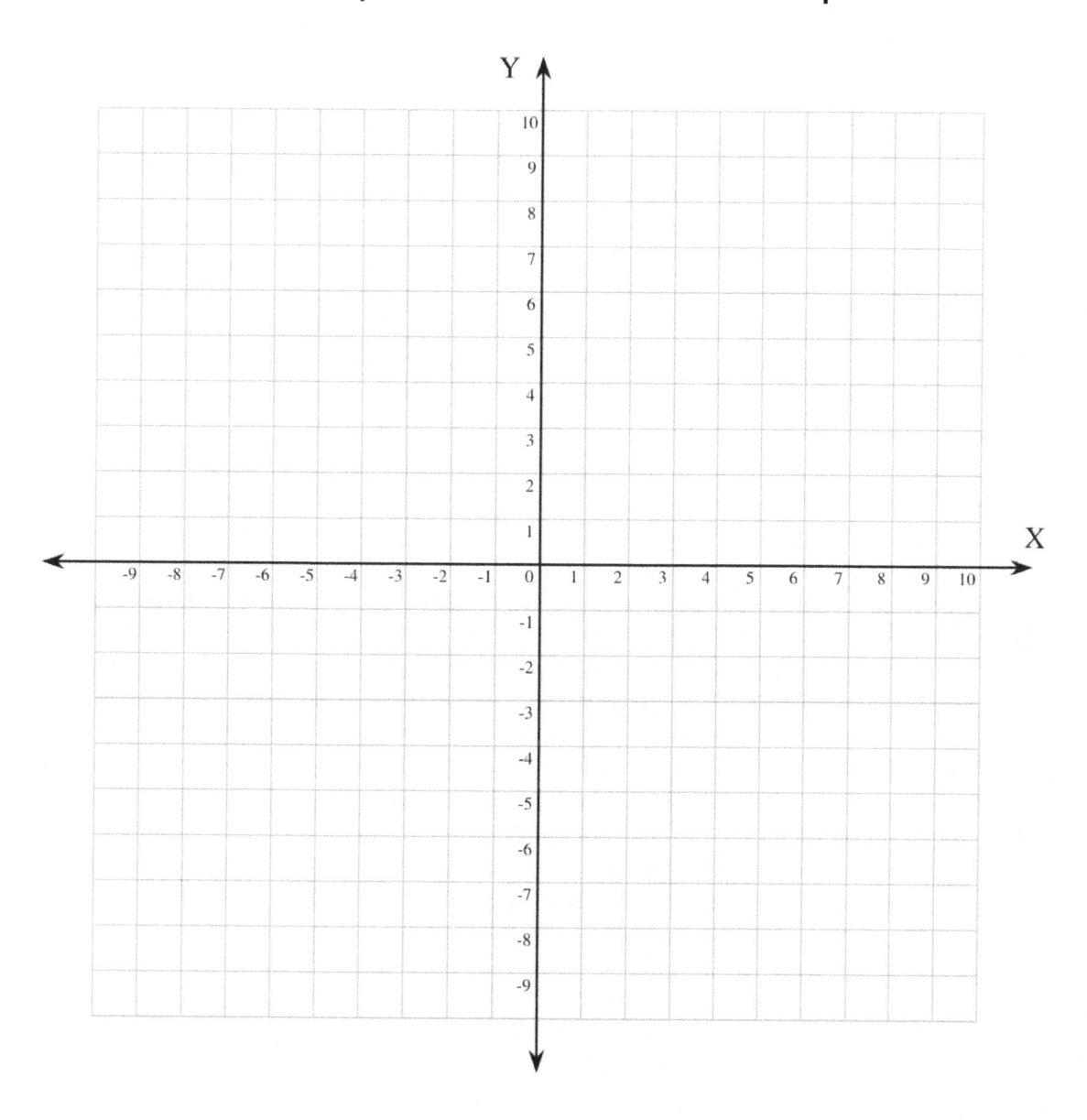

Graph and label each point on the coordinate plane.

A	(-10, -5)	F	(5, -3)
B	(10, -1)	G	(-4, 4)
C	(0, 10)	H	(7, 2)
D	(-2, -10)	I	(1, 1)
E	(8, -7)	J	(-6, 0)

Answer Key

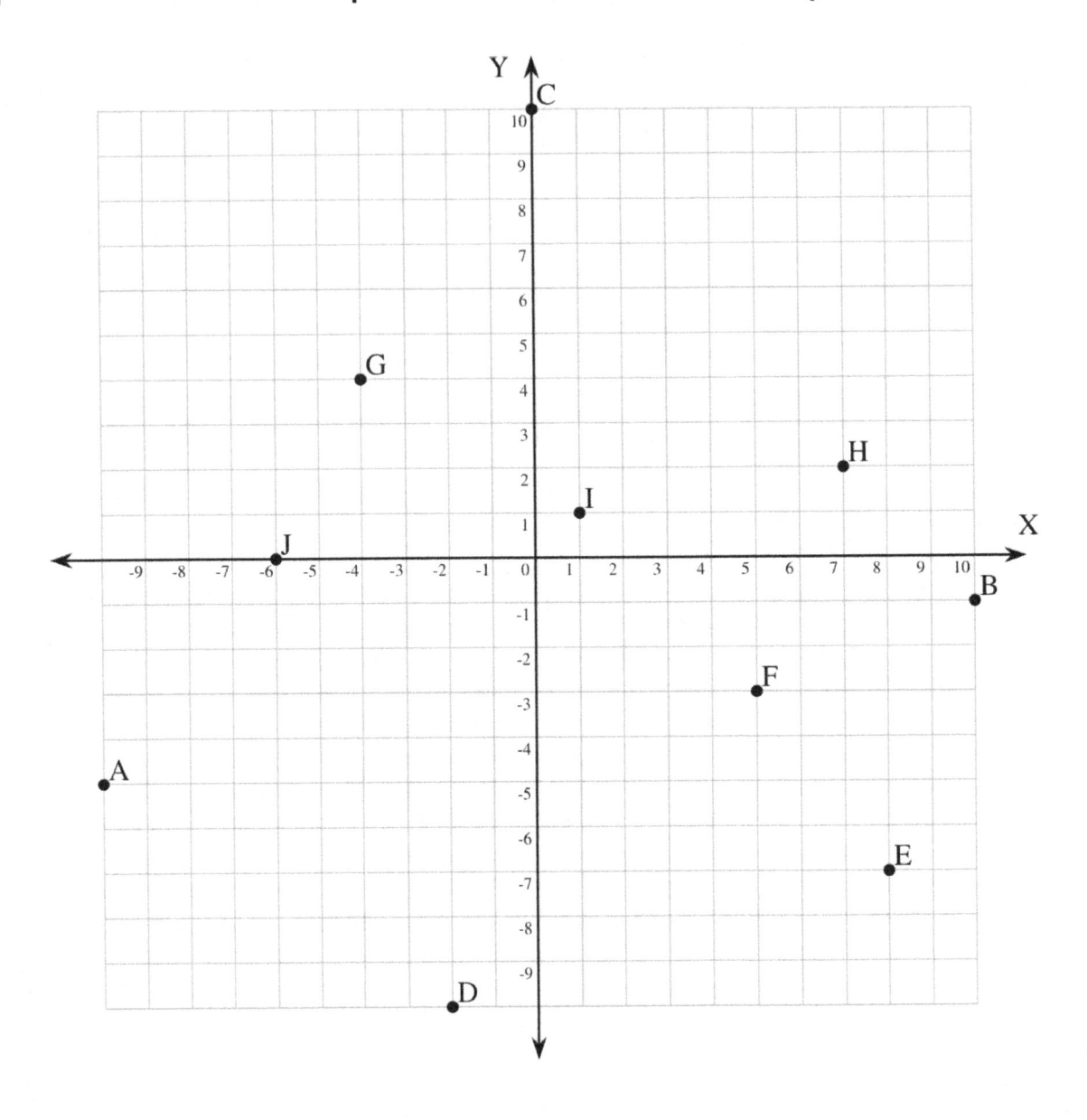

Graph and label each point on the coordinate plane.

A	(-10, -5)	F	(5, -3)
B	(10, -1)	G	(-4, 4)
C	(0, 10)	H	(7, 2)
D	(-2, -10)	I	(1, 1)
E	(8, -7)	J	(-6, 0)

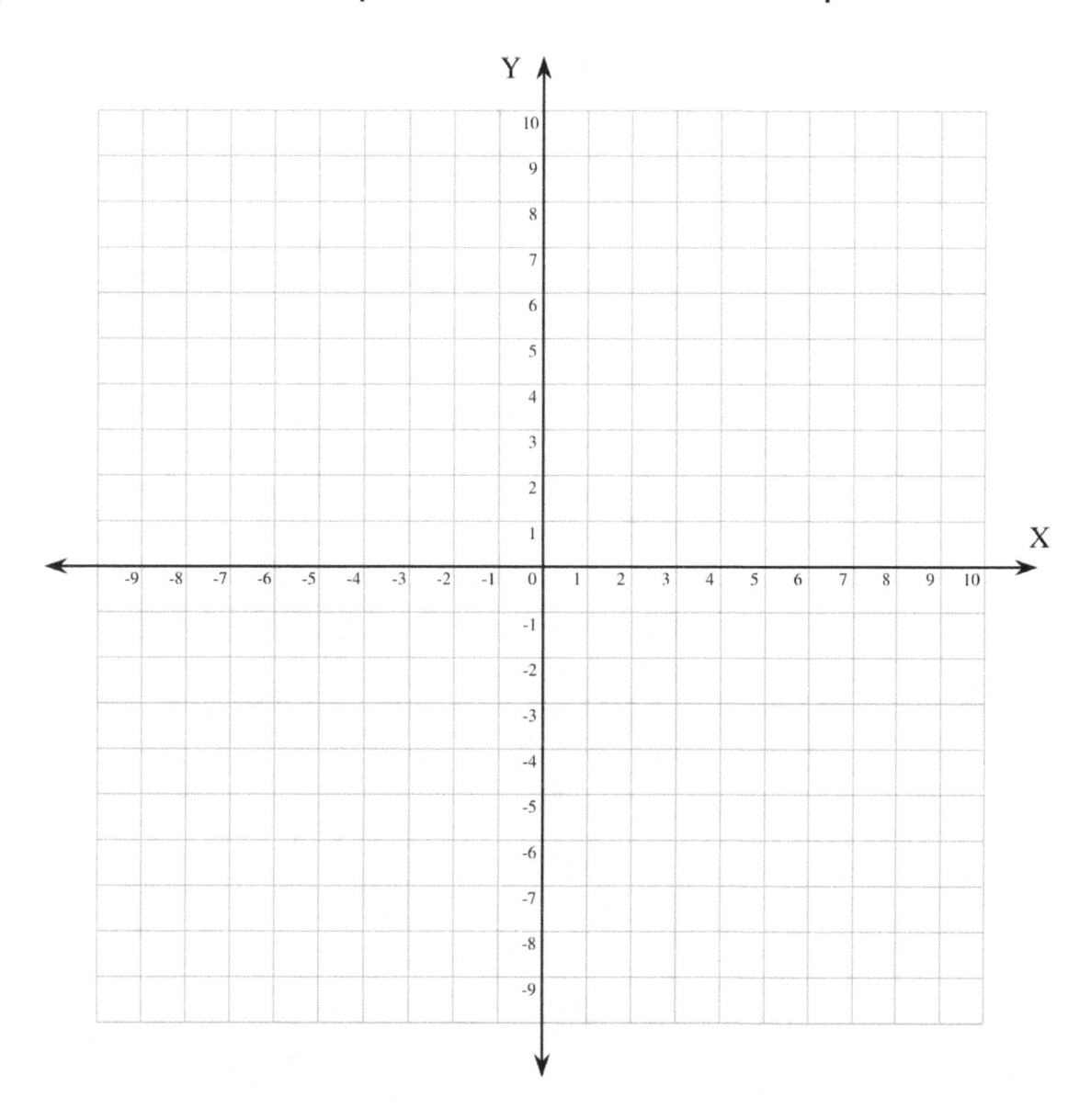

Graph and label each point on the coordinate plane.

A	(9, -8)		F	(-8, -9)
B	(-6, -4)		G	(-2, 1)
C	(1, 10)		H	(5, 7)
D	(-1, -10)		I	(6, 0)
E	(3, -7)		J	(-9, 8)

Answer Key

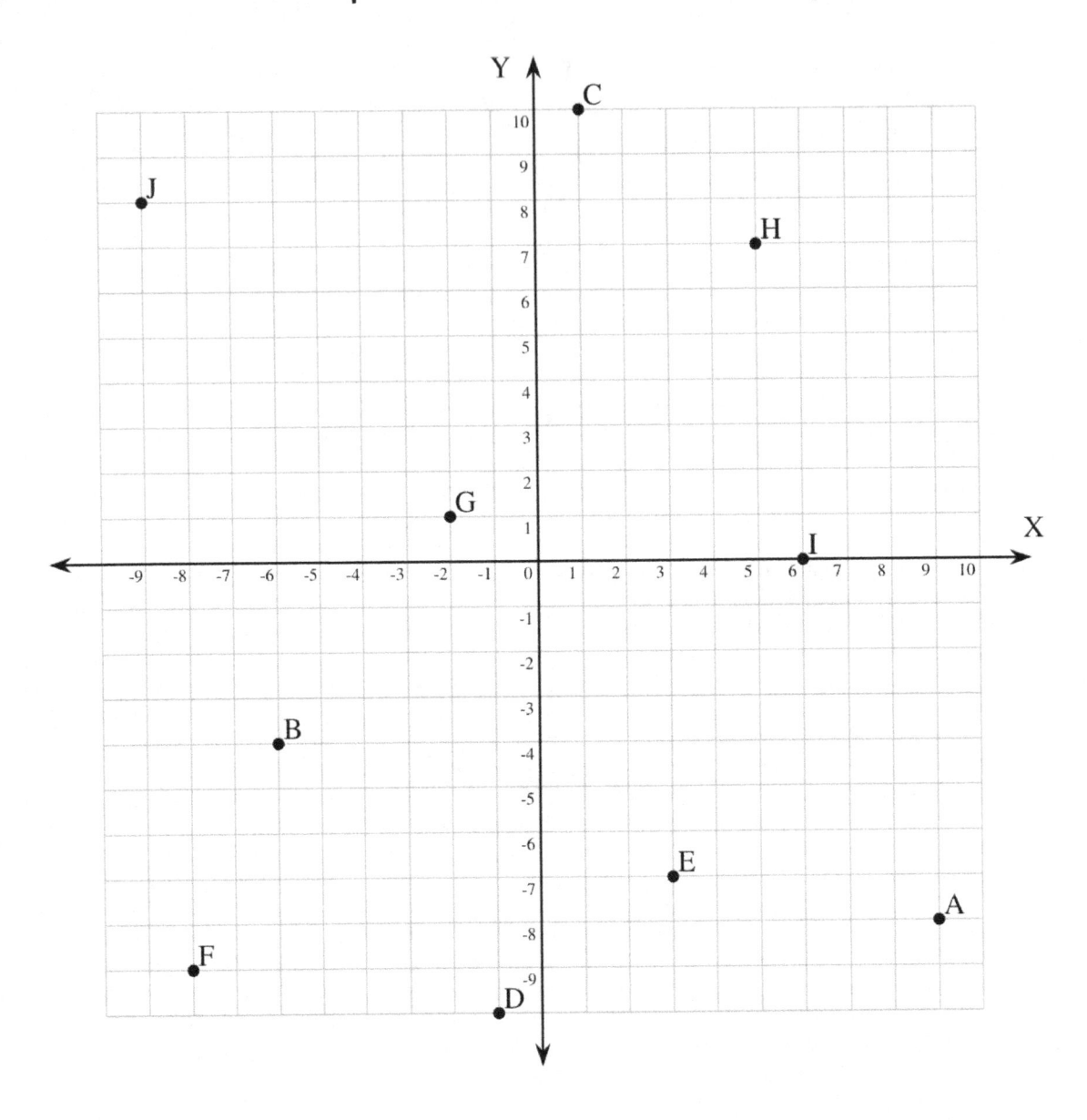

Graph and label each point on the coordinate plane.

A	(9, -8)	F	(-8, -9)
B	(-6, -4)	G	(-2, 1)
C	(1, 10)	H	(5, 7)
D	(-1, -10)	I	(6, 0)
E	(3, -7)	J	(-9, 8)

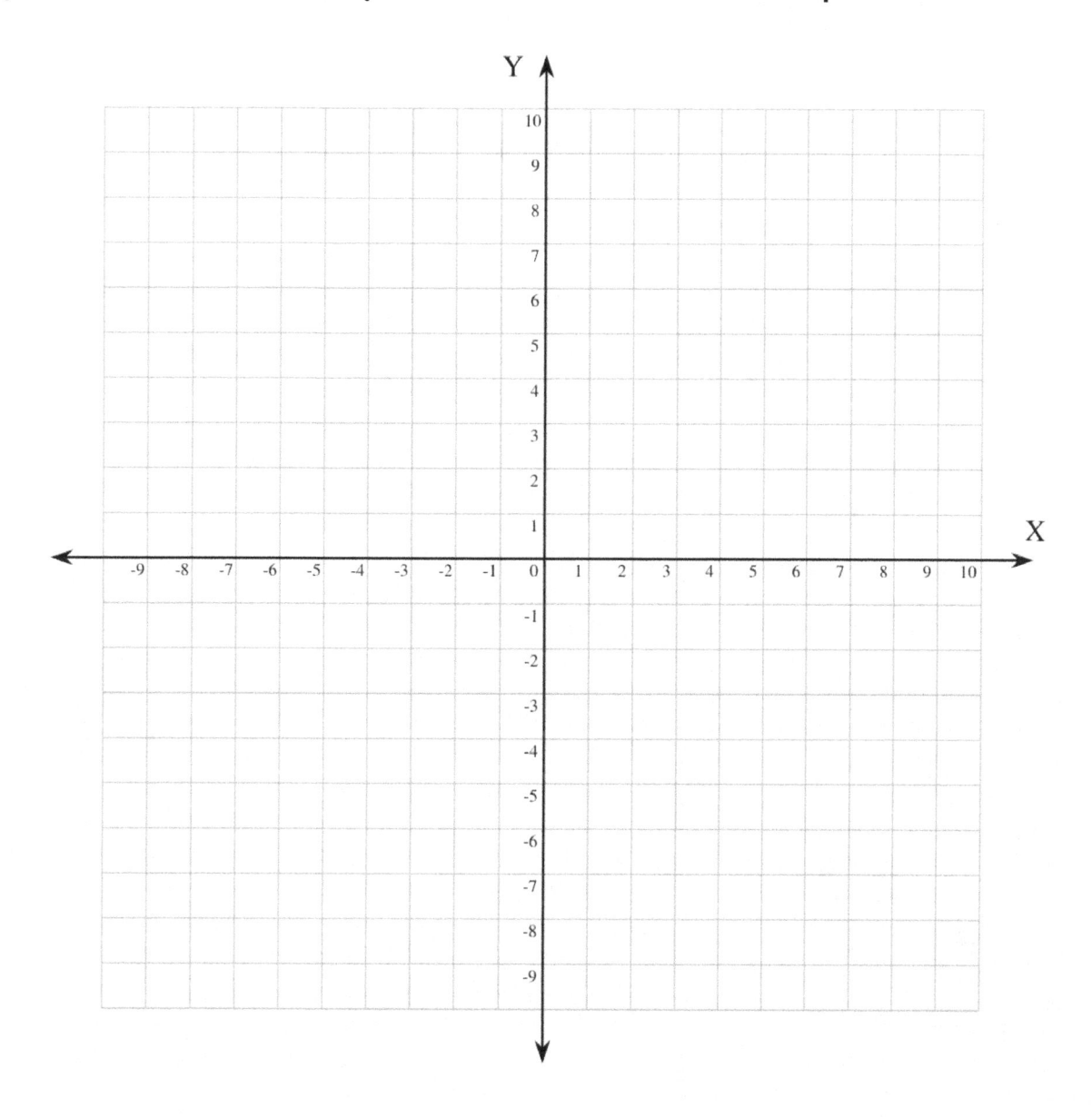

Graph and label each point on the coordinate plane.

A	(-2, -10)	F	(9, -4)
B	(-7, 1)	G	(-3, 10)
C	(10, 6)	H	(1, 9)
D	(3, -2)	I	(-9, -5)
E	(-10, -9)	J	(-4, -3)

Answer Key

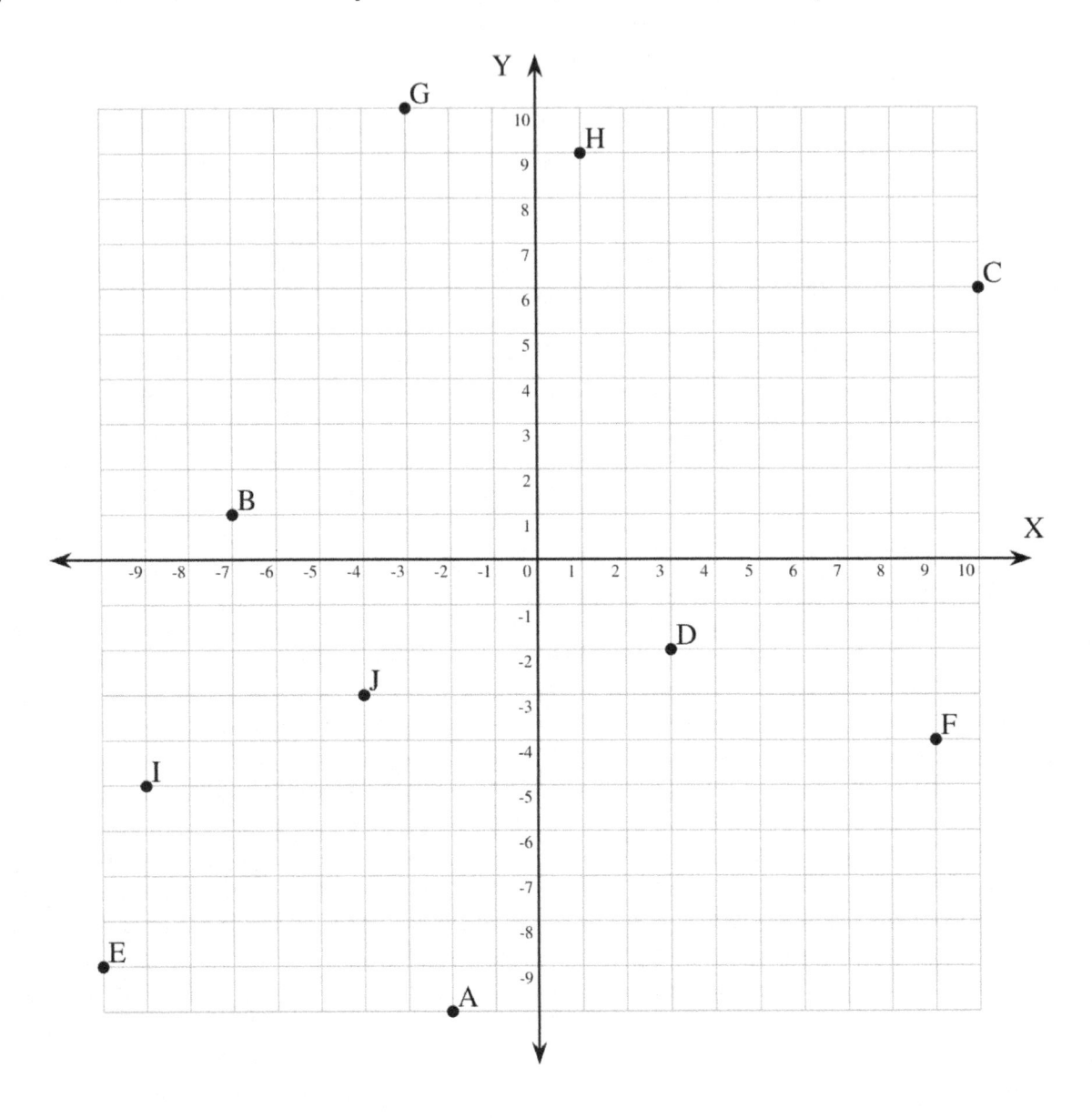

Graph and label each point on the coordinate plane.

A	(-2, -10)		F	(9, -4)
B	(-7, 1)		G	(-3, 10)
C	(10, 6)		H	(1, 9)
D	(3, -2)		I	(-9, -5)
E	(-10, -9)		J	(-4, -3)

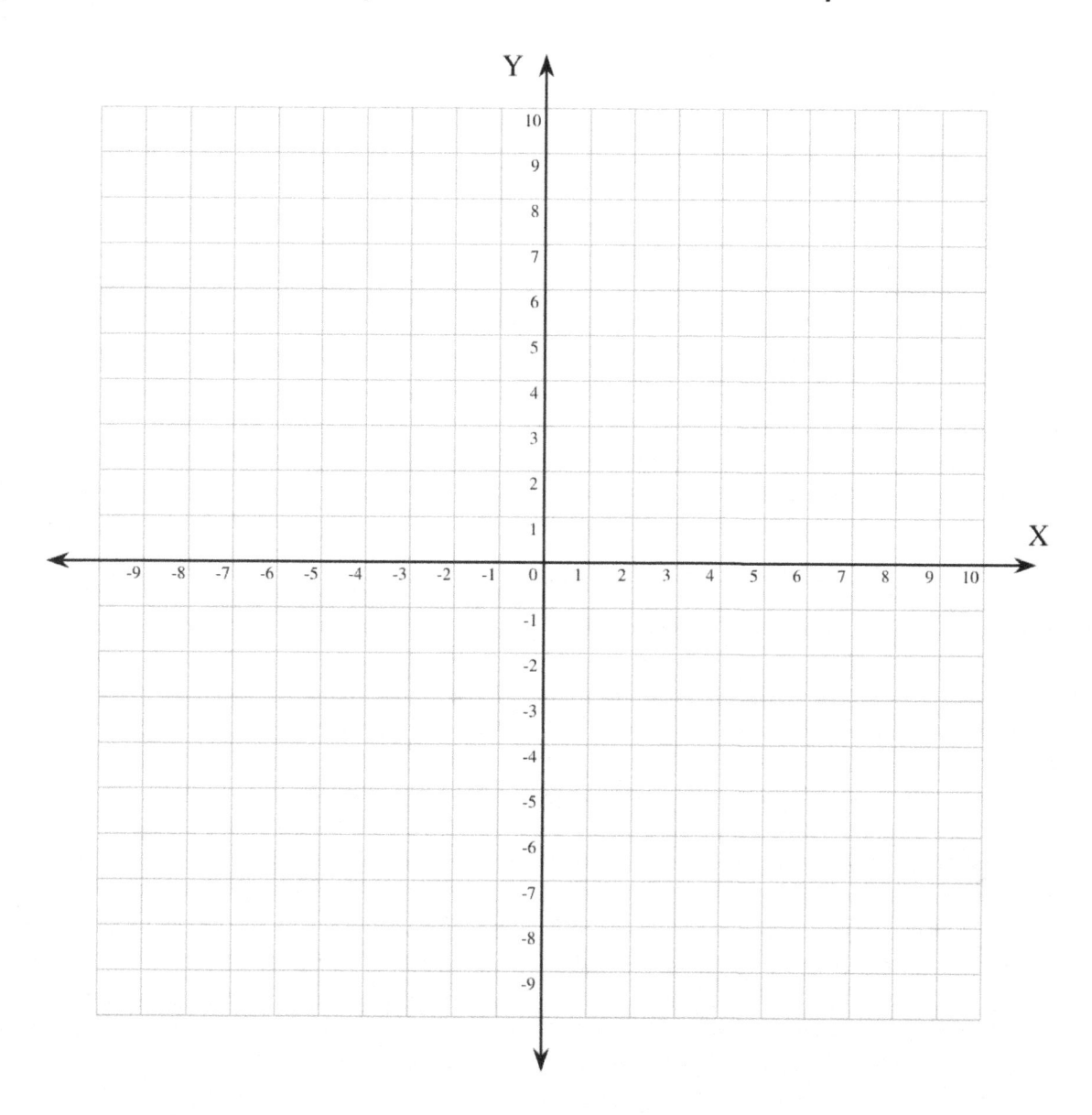

Graph and label each point on the coordinate plane.

A	(7, 1)	F	(0, 3)
B	(2, -3)	G	(-6, 10)
C	(-10, -7)	H	(10, -10)
D	(-1, -9)	I	(-8, 6)
E	(9, -6)	J	(-4, 4)

Answer Key

Graph and label each point on the coordinate plane.

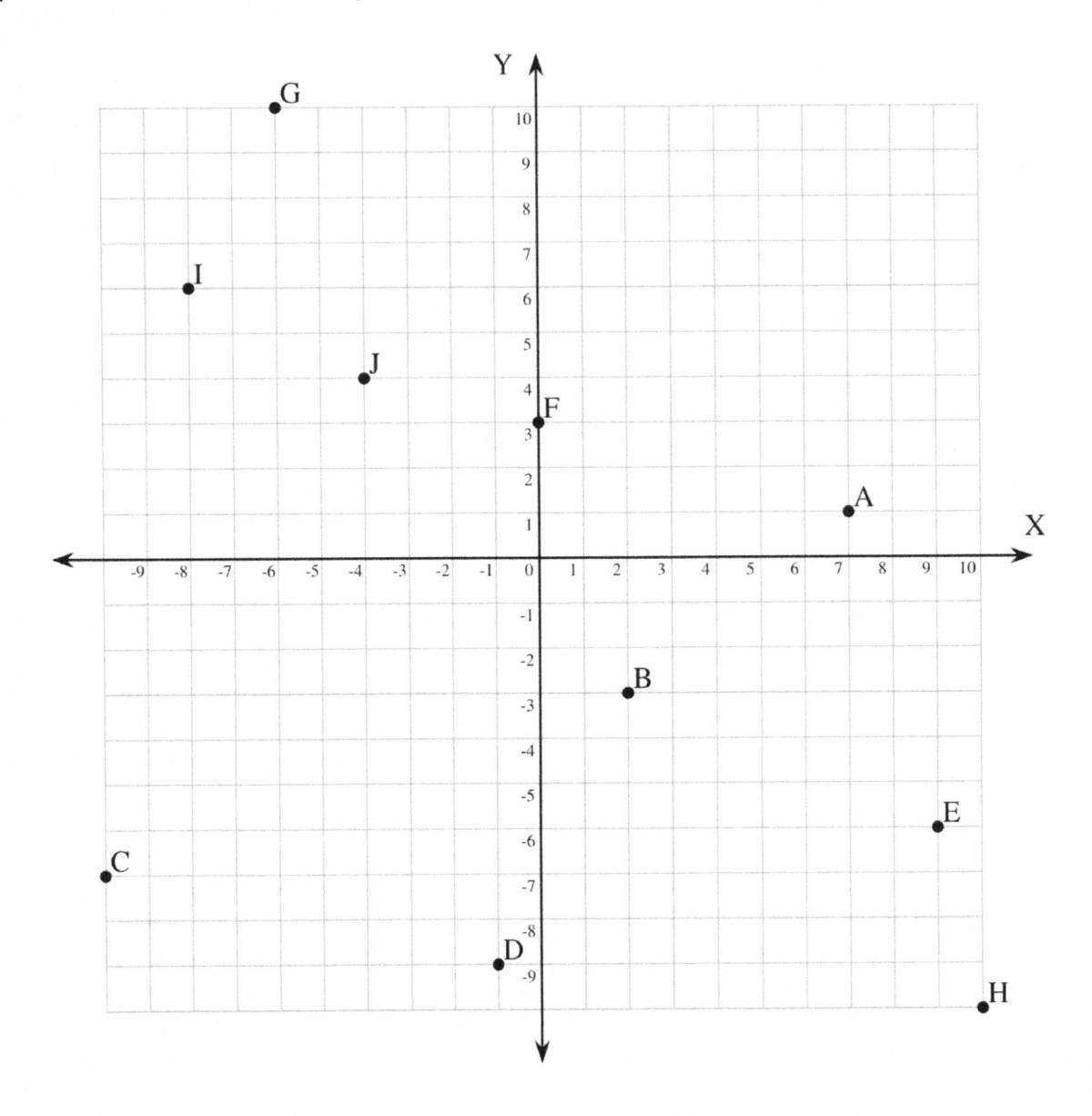

A	(7, 1)	F	(0, 3)
B	(2, -3)	G	(-6, 10)
C	(-10, -7)	H	(10, -10)
D	(-1, -9)	I	(-8, 6)
E	(9, -6)	J	(-4, 4)

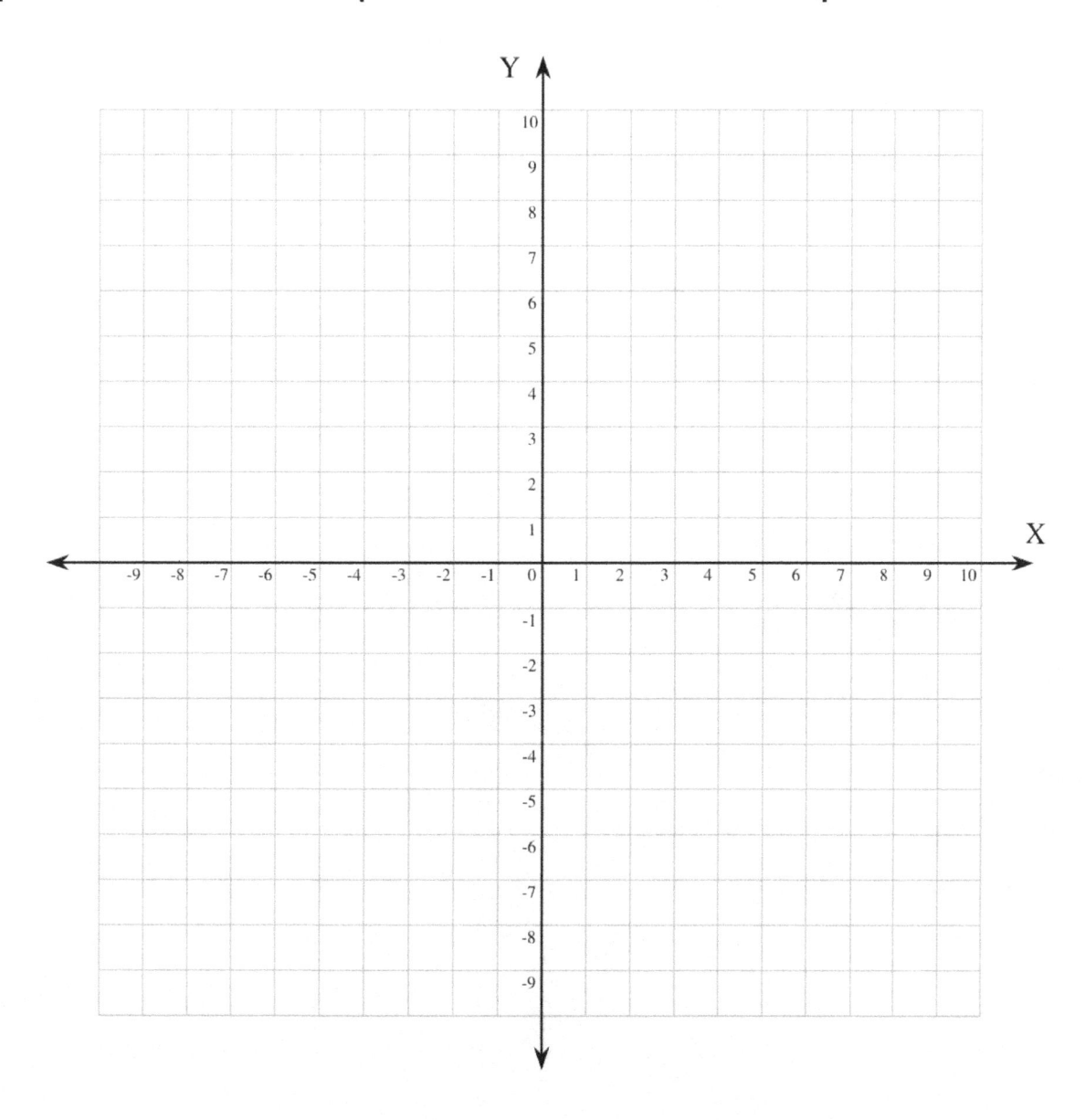

Graph and label each point on the coordinate plane.

A	(-2, 2)		F	(5, 0)
B	(-7, -1)		G	(-6, -9)
C	(-3, 6)		H	(3, -5)
D	(6, 10)		I	(2, 3)
E	(-10, 5)		J	(-1, -4)

Answer Key

Graph and label each point on the coordinate plane.

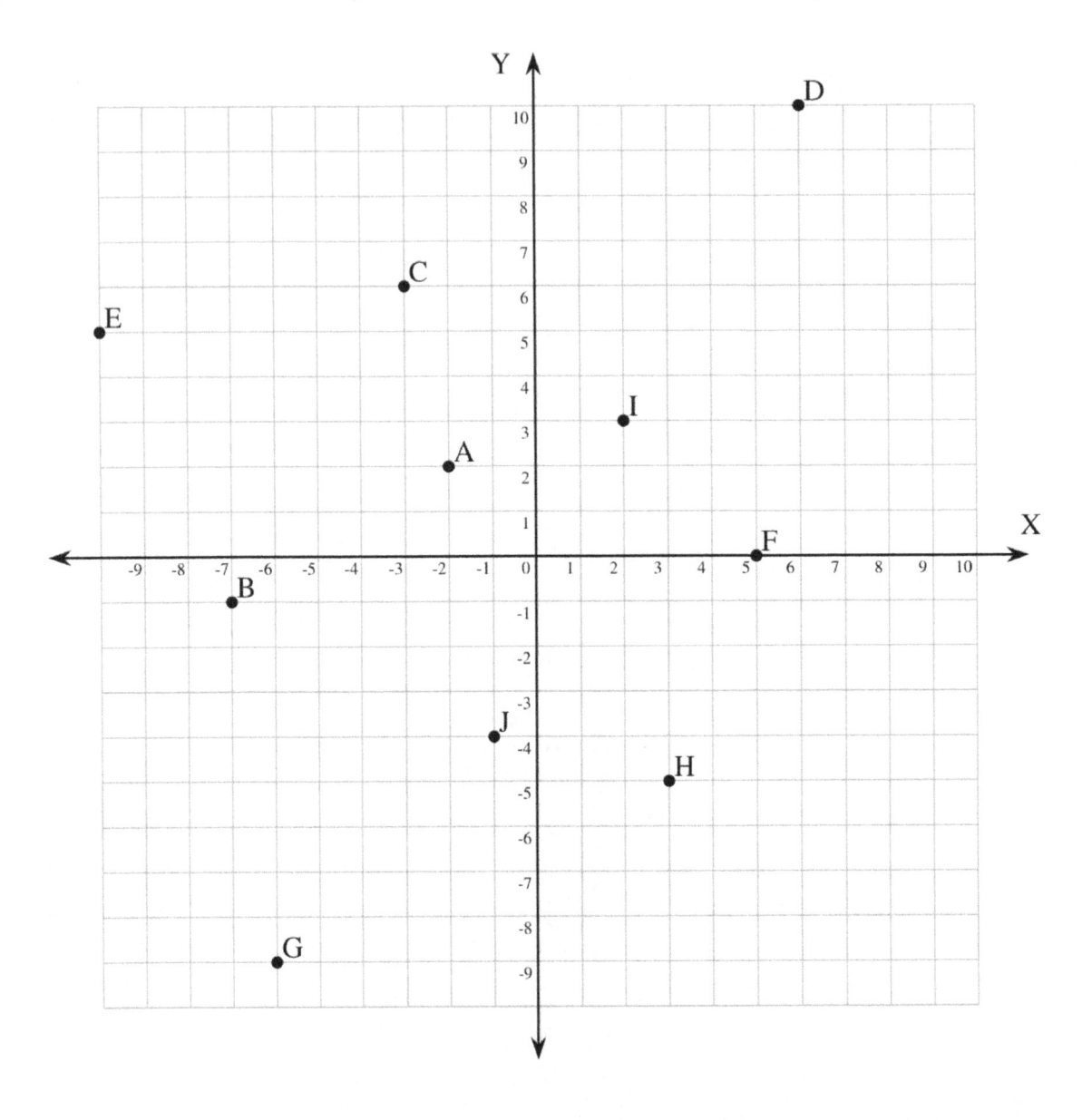

A	(-2, 2)		F	(5, 0)
B	(-7, -1)		G	(-6, -9)
C	(-3, 6)		H	(3, -5)
D	(6, 10)		I	(2, 3)
E	(-10, 5)		J	(-1, -4)

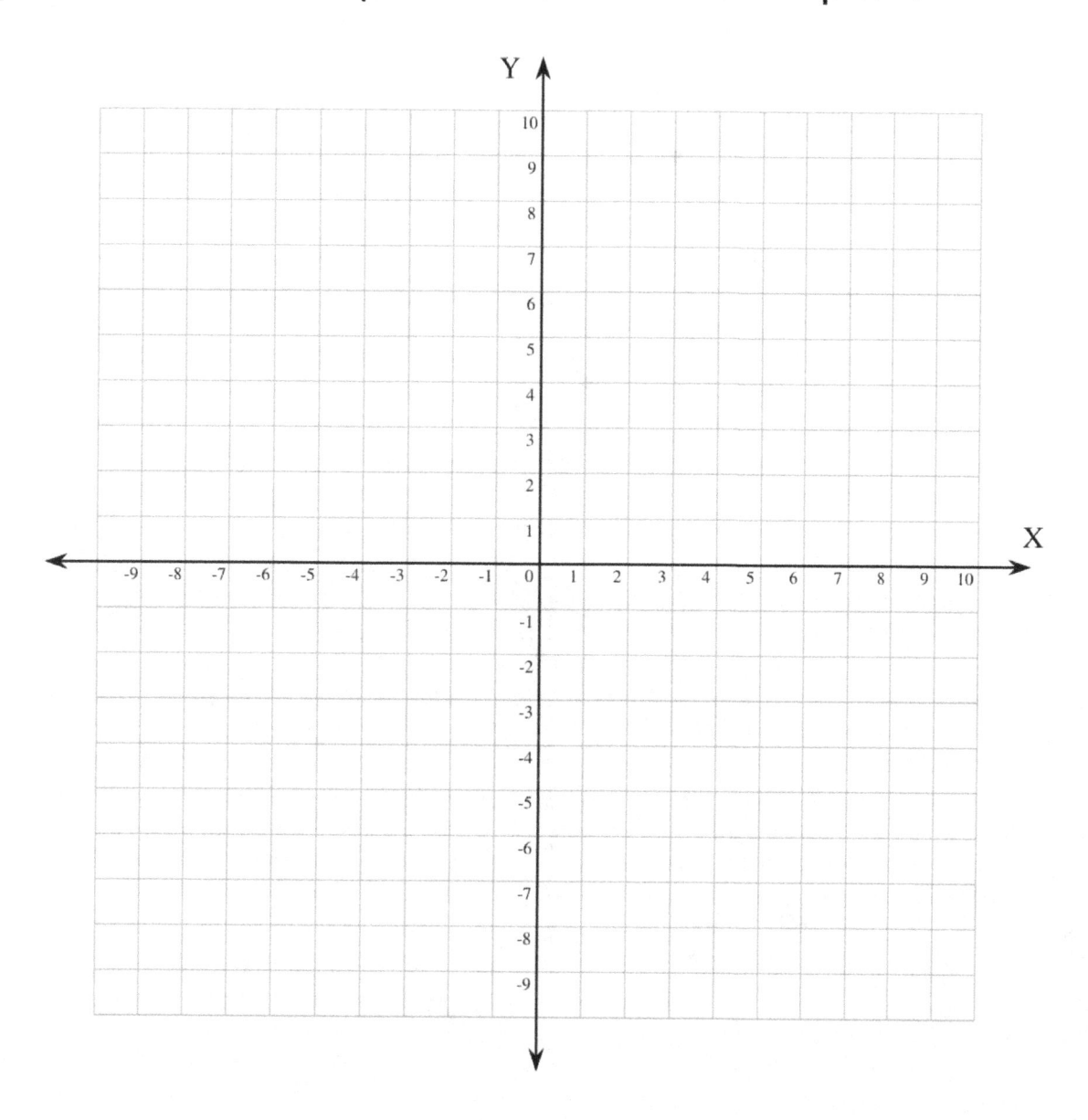

Graph and label each point on the coordinate plane.

A	(-6, -8)	F	(0, -2)
B	(-7, 6)	G	(-10, -3)
C	(10, 3)	H	(6, 0)
D	(5, -4)	I	(-1, 4)
E	(2, -10)	J	(-3, 9)

Answer Key

Graph and label each point on the coordinate plane.

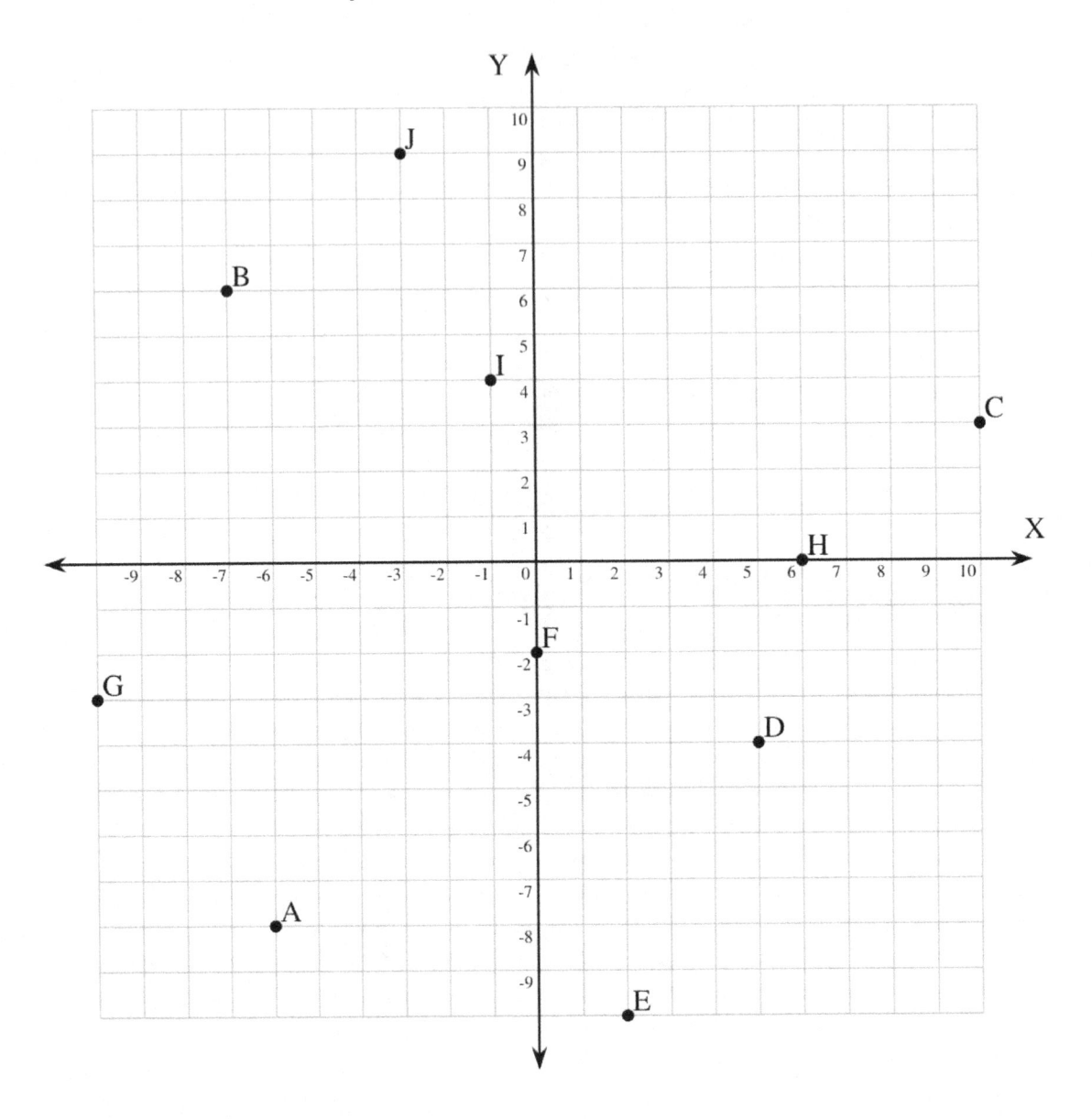

A	(-6, -8)		F	(0, -2)
B	(-7, 6)		G	(-10, -3)
C	(10, 3)		H	(6, 0)
D	(5, -4)		I	(-1, 4)
E	(2, -10)		J	(-3, 9)

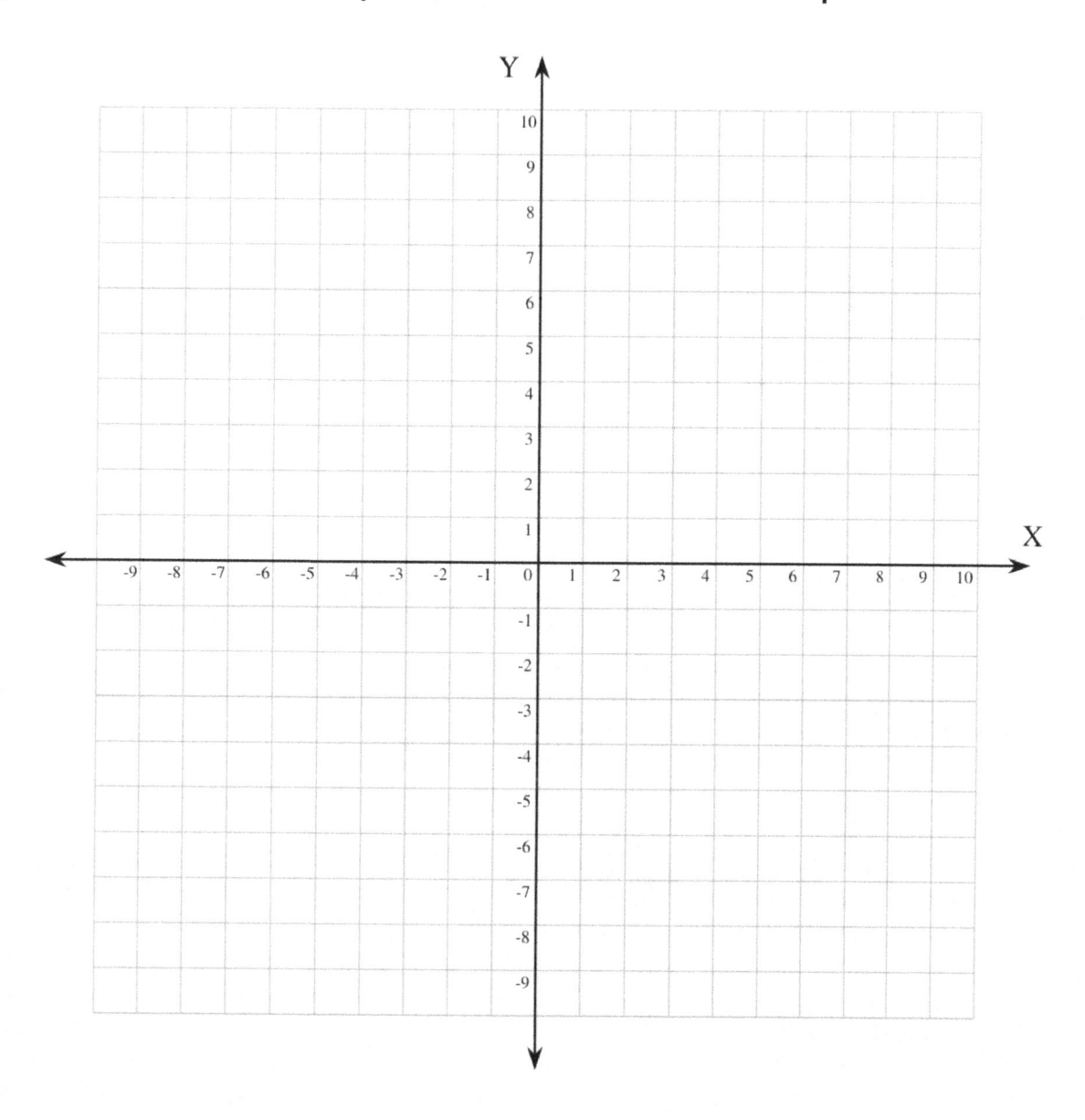

Graph and label each point on the coordinate plane.

A	(-6, 9)	F	(7, 3)
B	(10, -3)	G	(-1, 1)
C	(-5, 4)	H	(-8, -7)
D	(-10, 5)	I	(-9, 0)
E	(3, -4)	J	(2, -9)

Answer Key

Graph and label each point on the coordinate plane.

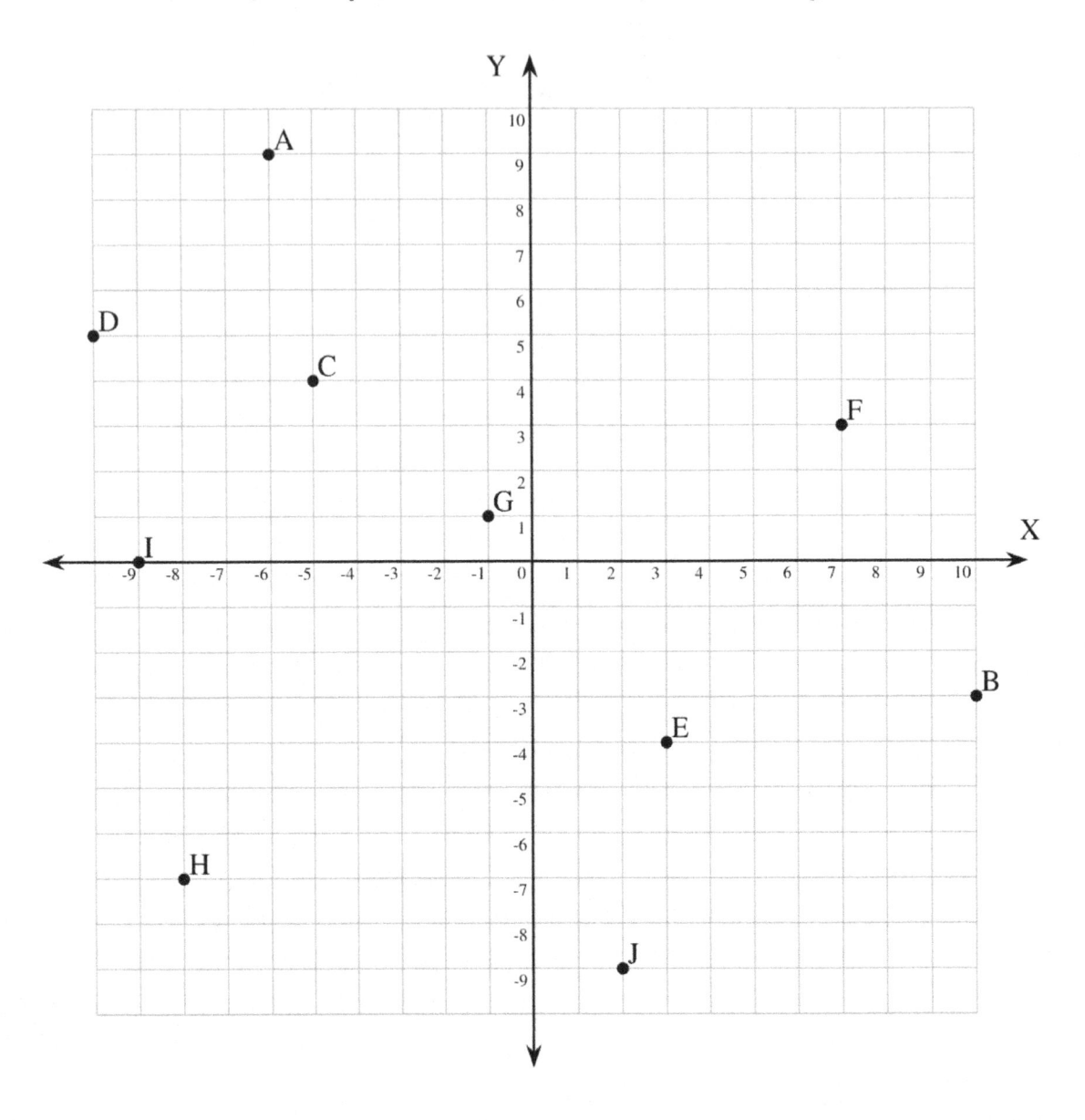

A	(-6, 9)		F	(7, 3)
B	(10, -3)		G	(-1, 1)
C	(-5, 4)		H	(-8, -7)
D	(-10, 5)		I	(-9, 0)
E	(3, -4)		J	(2, -9)

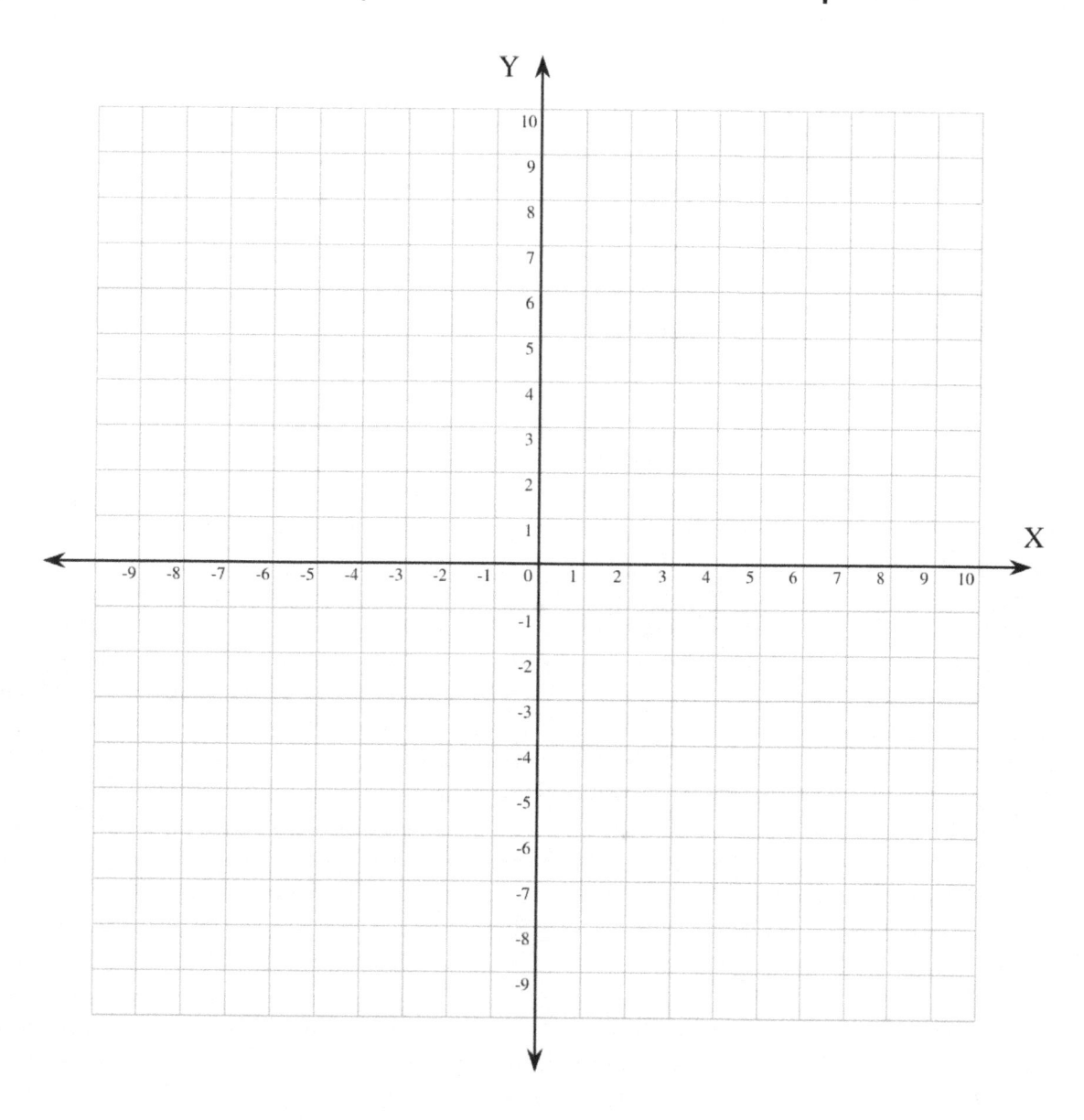

Graph and label each point on the coordinate plane.

A	(-8, -10)		F	(0, -1)
B	(5, 8)		G	(10, 1)
C	(-6, -5)		H	(-10, 7)
D	(-7, 3)		I	(-2, -6)
E	(3, -7)		J	(-3, 5)

Answer Key

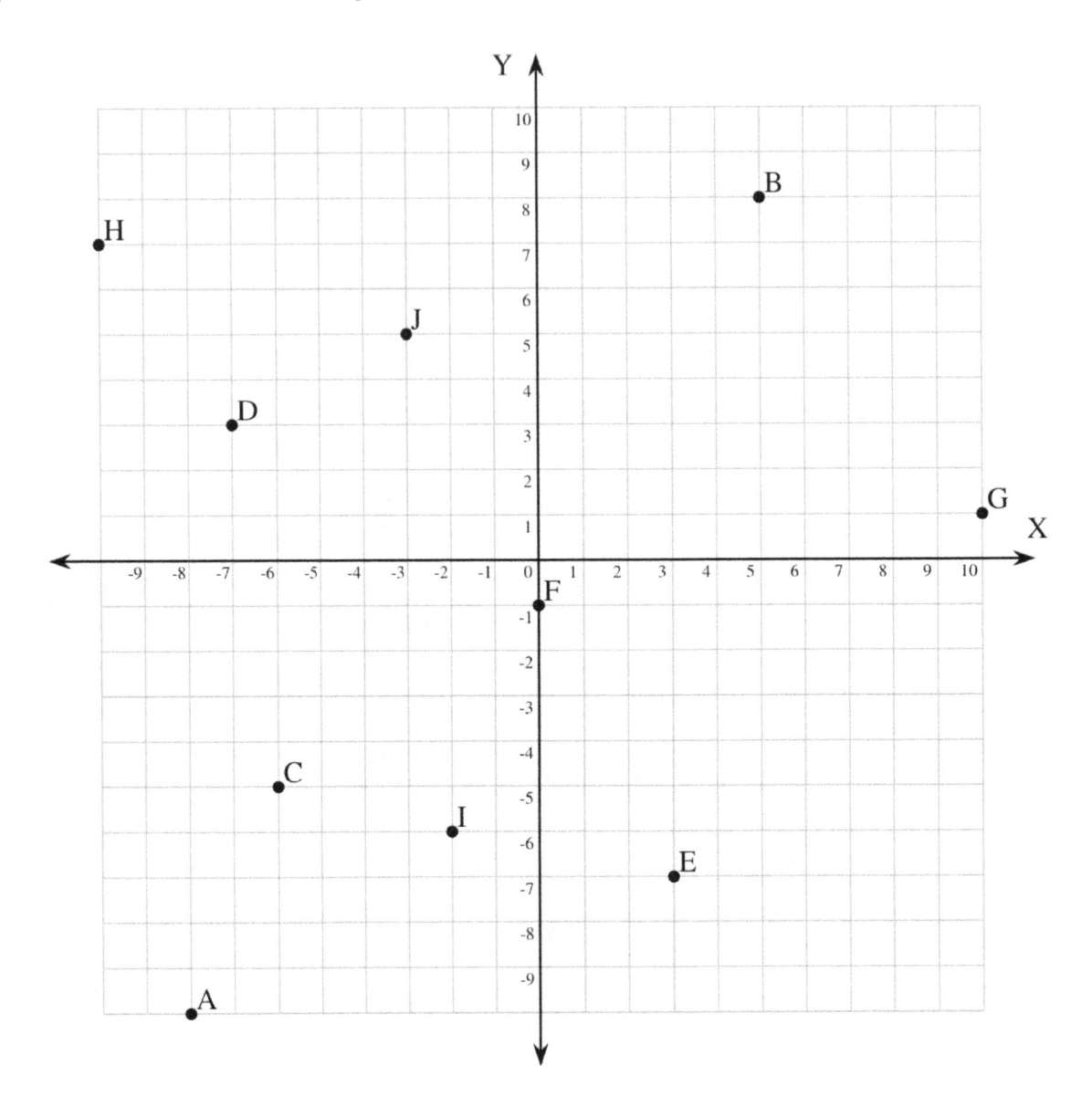

Graph and label each point on the coordinate plane.

A	(-8, -10)		F	(0, -1)
B	(5, 8)		G	(10, 1)
C	(-6, -5)		H	(-10, 7)
D	(-7, 3)		I	(-2, -6)
E	(3, -7)		J	(-3, 5)

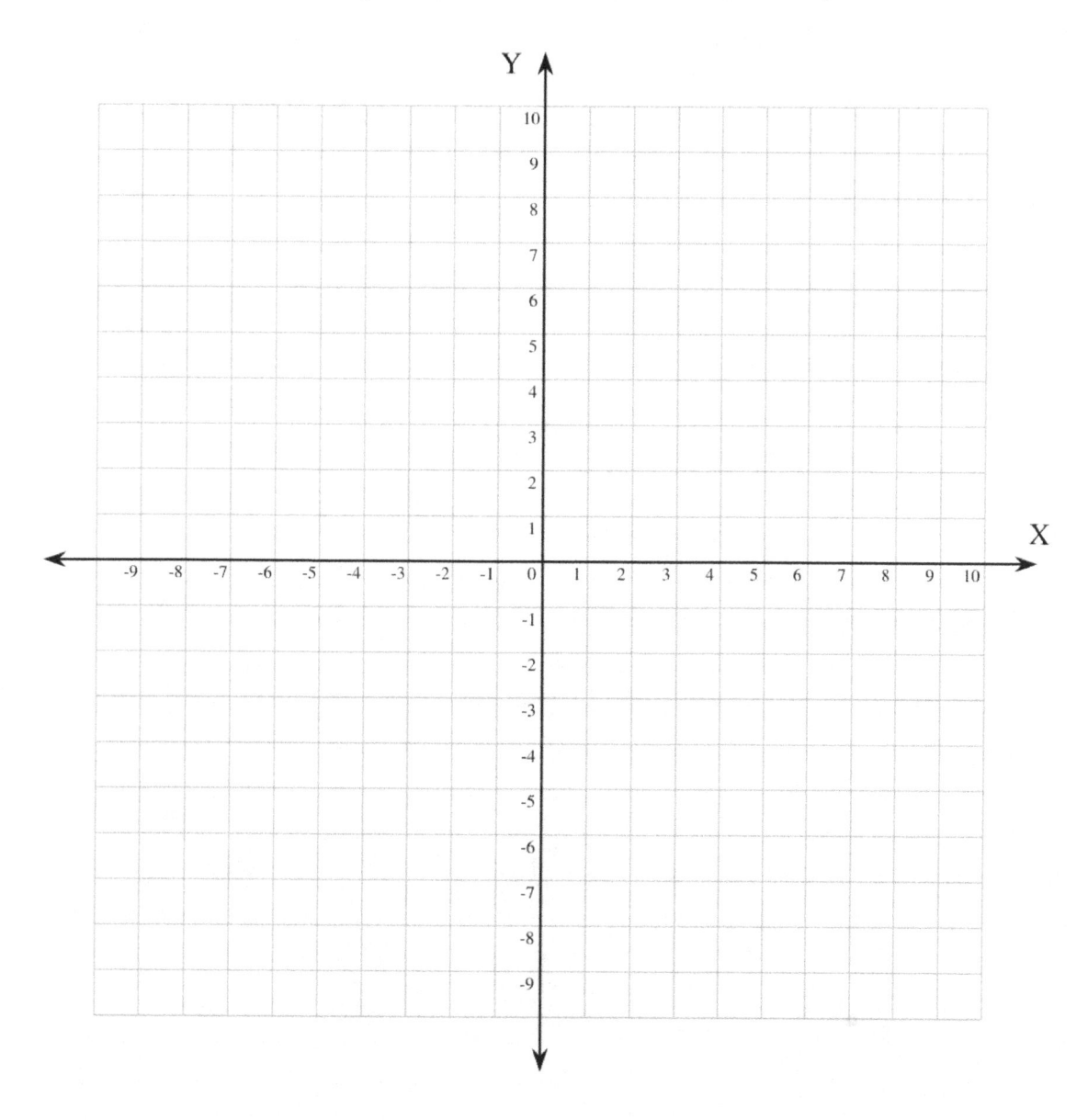

Graph and label each point on the coordinate plane.

A	(5, 1)		F	(-7, -10)
B	(8, -6)		G	(2, 8)
C	(-5, 0)		H	(3, -4)
D	(-4, 4)		I	(10, 10)
E	(0, -7)		J	(-8, 3)

Answer Key

Graph and label each point on the coordinate plane.

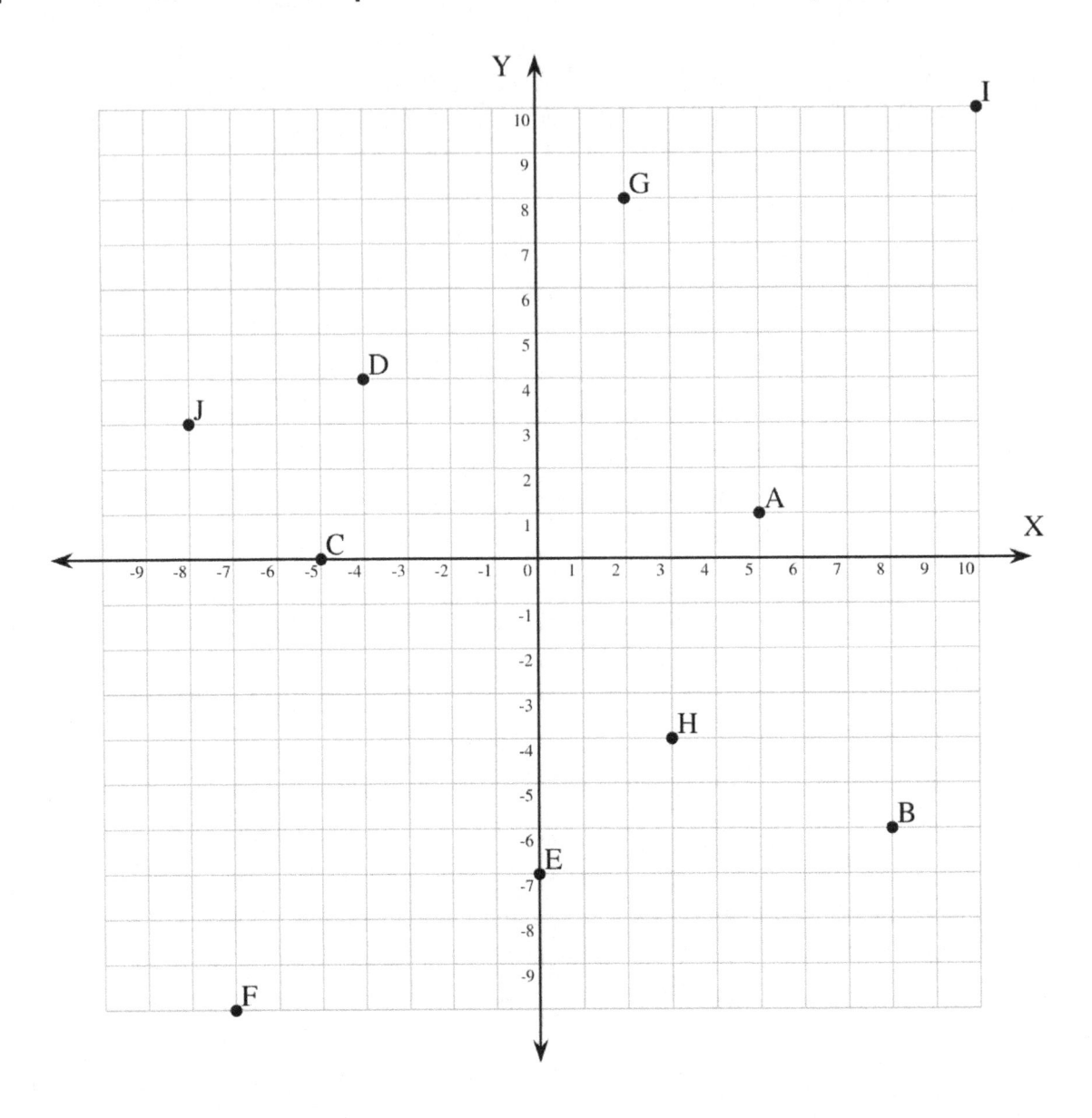

A	(5, 1)	F	(-7, -10)
B	(8, -6)	G	(2, 8)
C	(-5, 0)	H	(3, -4)
D	(-4, 4)	I	(10, 10)
E	(0, -7)	J	(-8, 3)

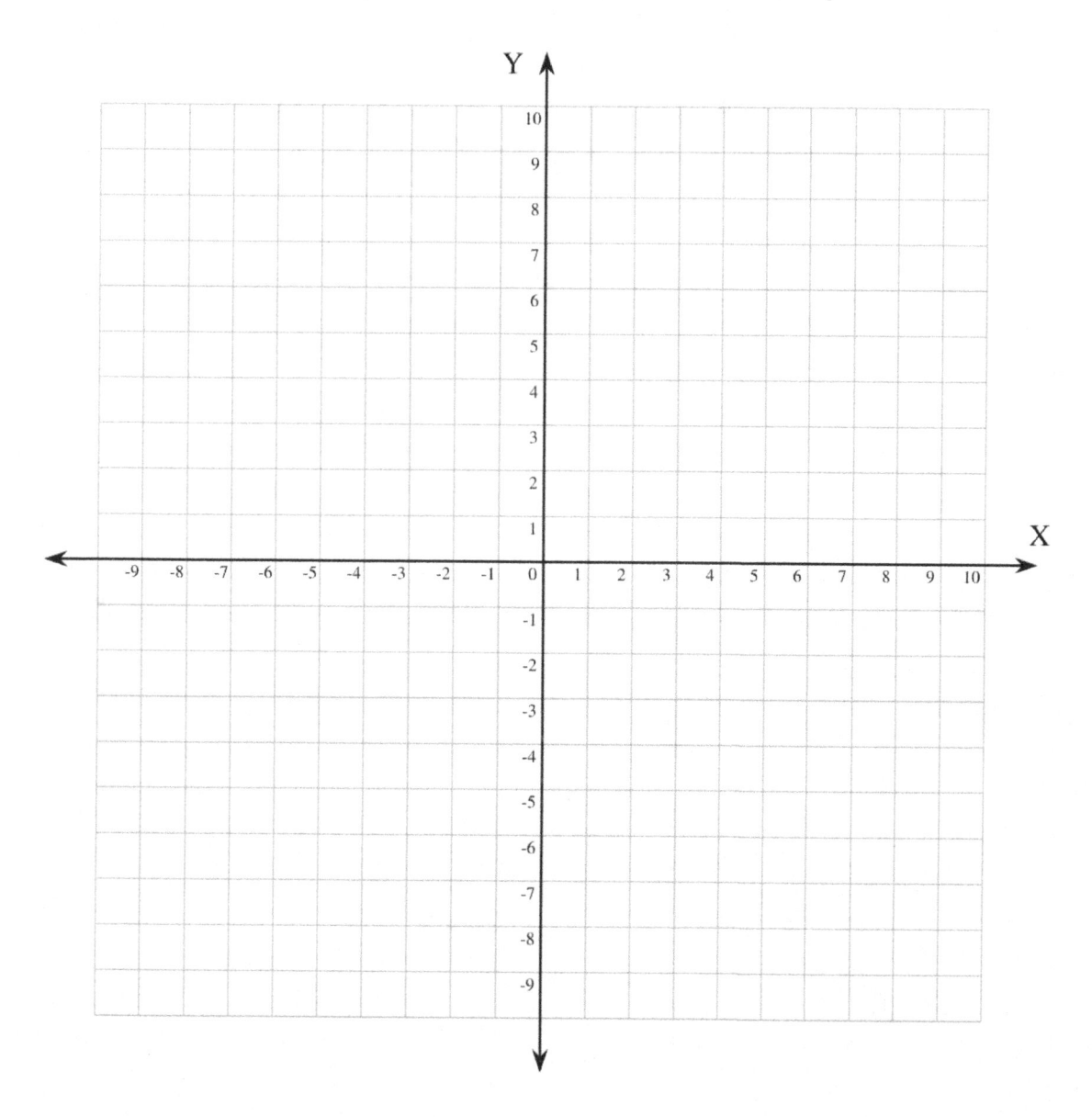

Graph and label each point on the coordinate plane.

A	(5, -2)		F	(9, 4)
B	(-9, 2)		G	(0, 6)
C	(-3, -4)		H	(6, 8)
D	(2, -8)		I	(10, -1)
E	(-8, -10)		J	(-4, 10)

Answer Key

Graph and label each point on the coordinate plane.

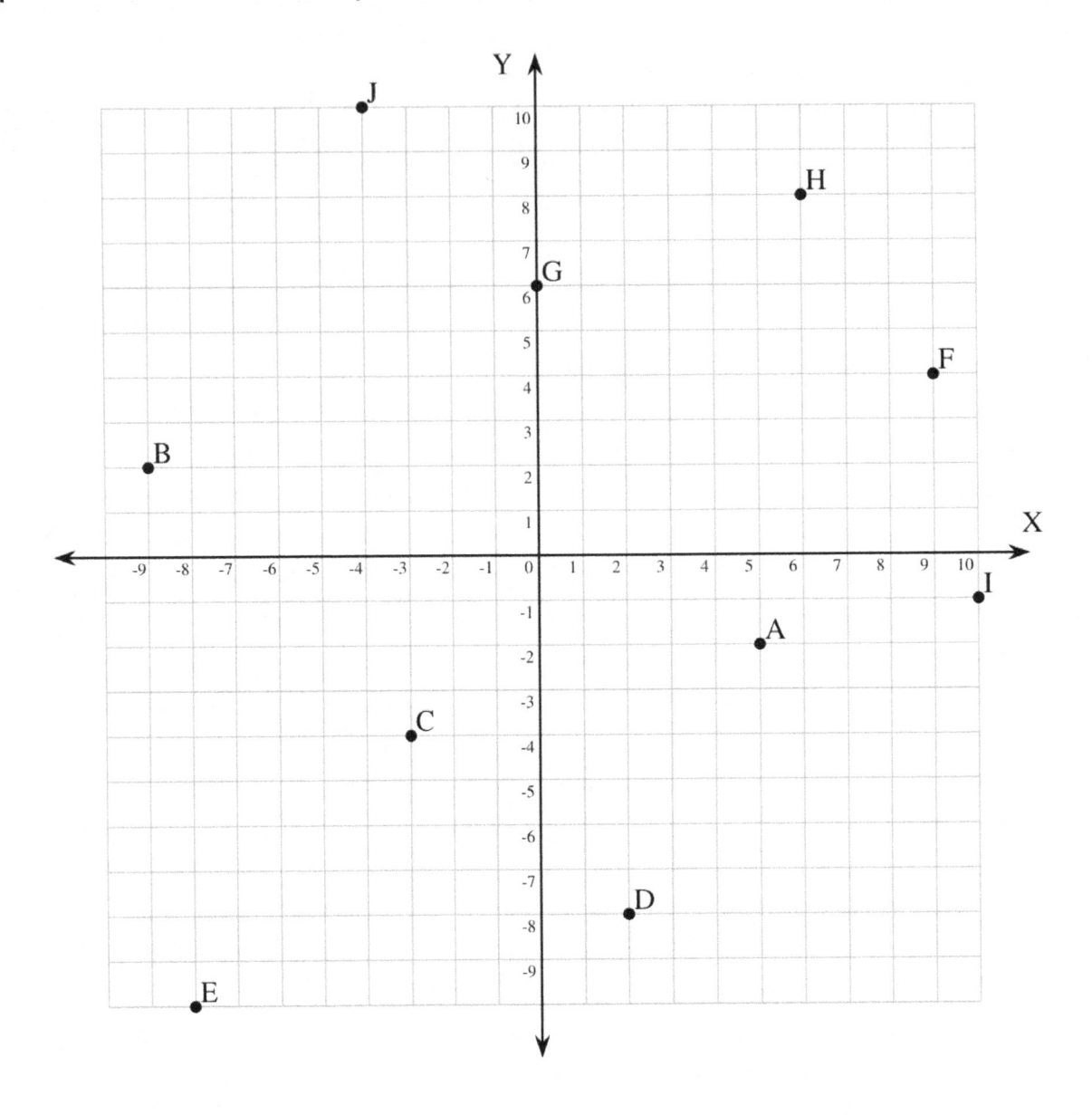

A	(5, -2)	F	(9, 4)
B	(-9, 2)	G	(0, 6)
C	(-3, -4)	H	(6, 8)
D	(2, -8)	I	(10, -1)
E	(-8, -10)	J	(-4, 10)

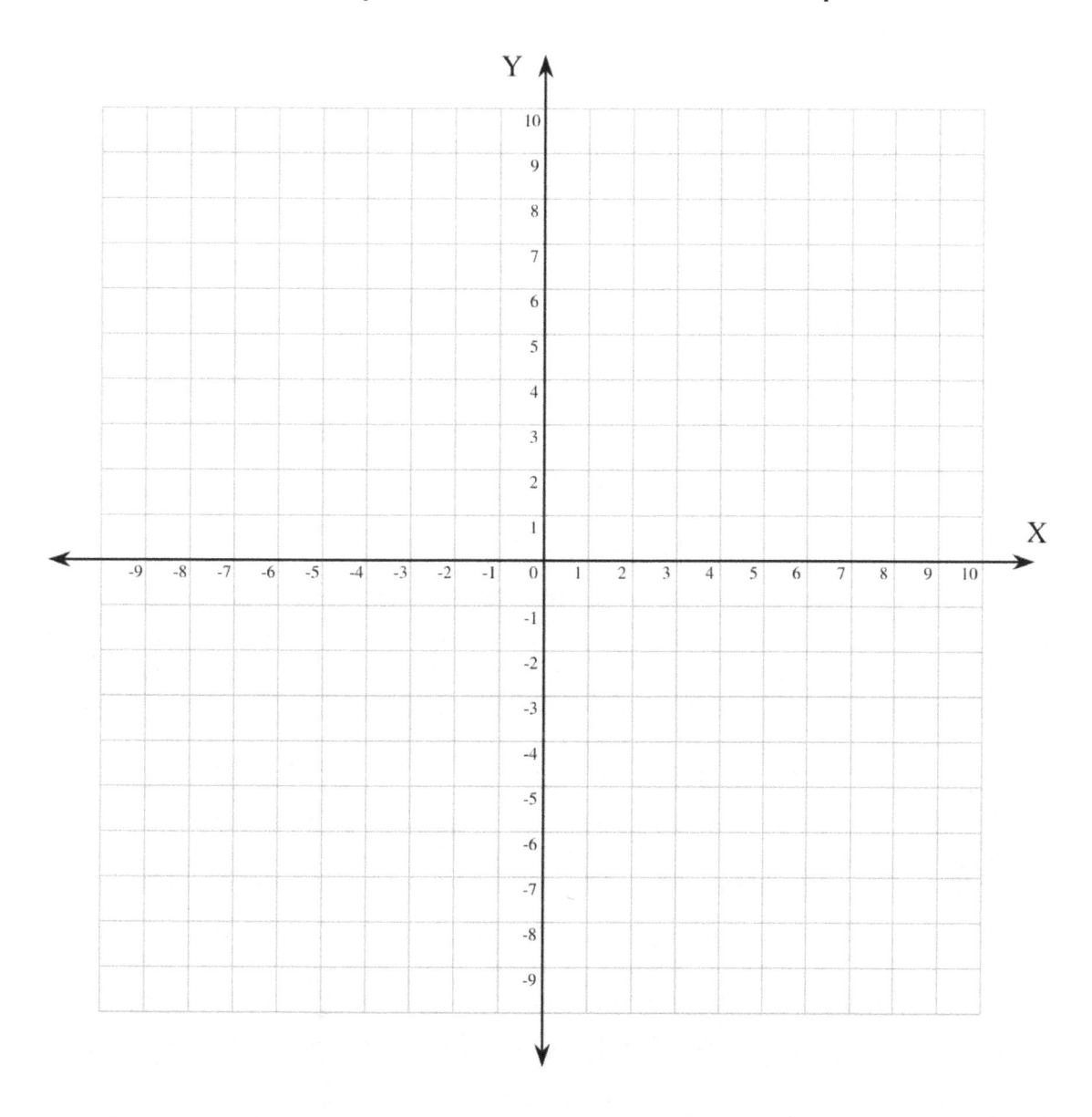

Graph and label each point on the coordinate plane.

A	(0, 5)		F	(-10, -8)
B	(2, -6)		G	(-4, 3)
C	(5, -10)		H	(4, 8)
D	(-7, 0)		I	(-5, -9)
E	(-6, 7)		J	(7, 4)

Answer Key

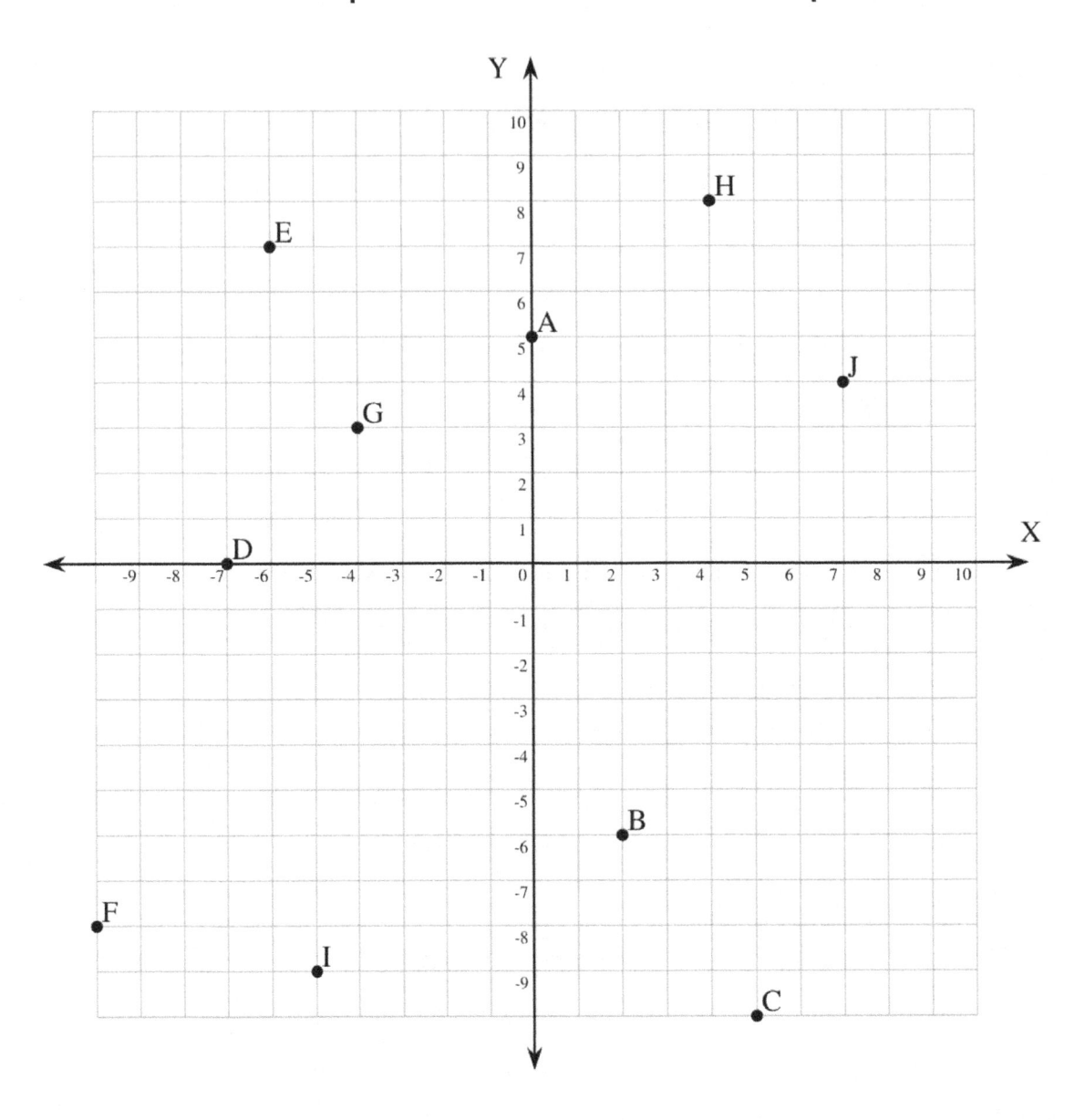

Graph and label each point on the coordinate plane.

A	(0, 5)		F	(-10, -8)
B	(2, -6)		G	(-4, 3)
C	(5, -10)		H	(4, 8)
D	(-7, 0)		I	(-5, -9)
E	(-6, 7)		J	(7, 4)

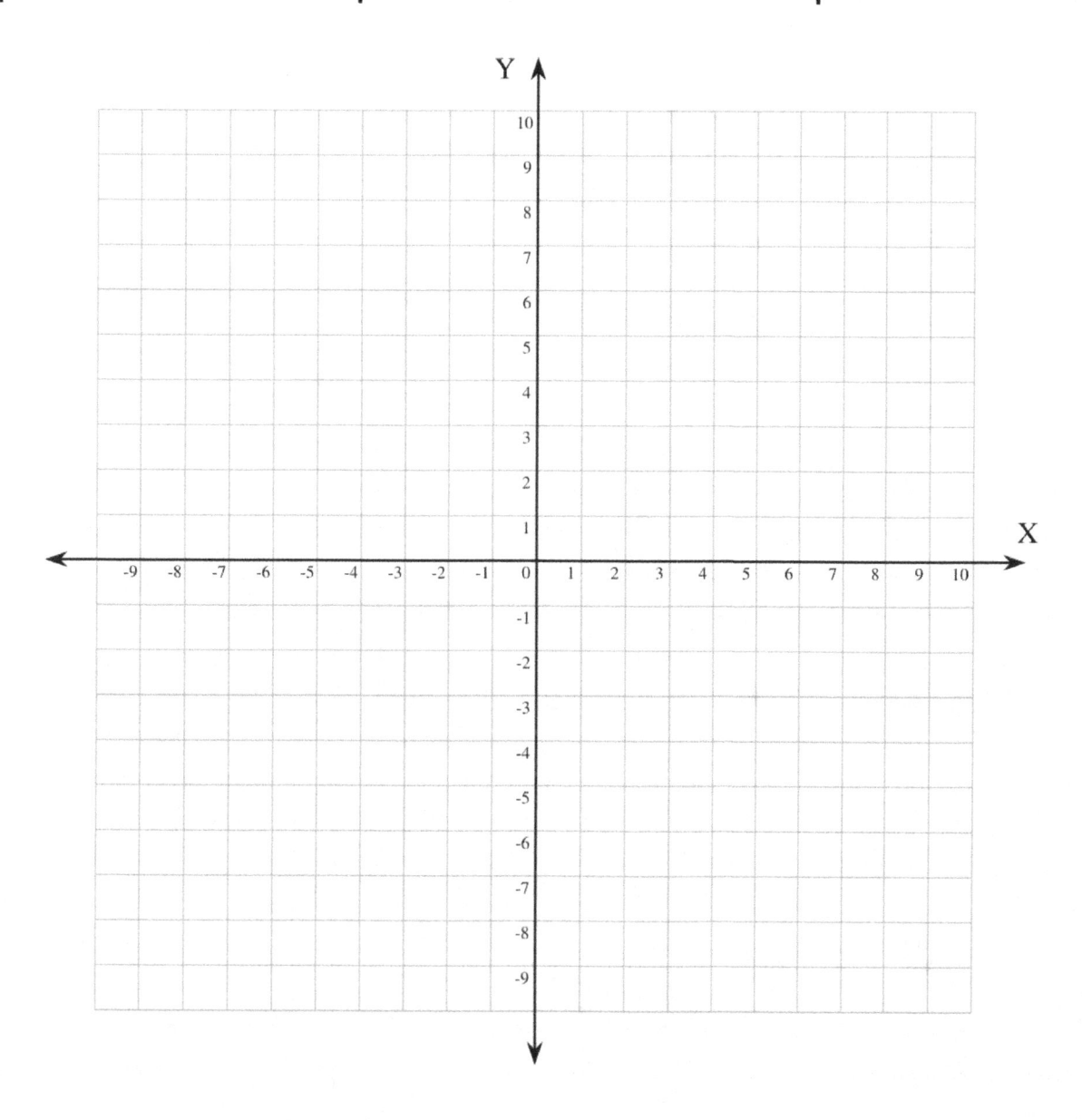

Graph and label each point on the coordinate plane.

A	(-8, 1)		F	(5, 4)
B	(-2, 0)		G	(1, 7)
C	(10, 2)		H	(-9, -9)
D	(-3, 10)		I	(-1, -10)
E	(-5, -3)		J	(2, -1)

Answer Key

Graph and label each point on the coordinate plane.

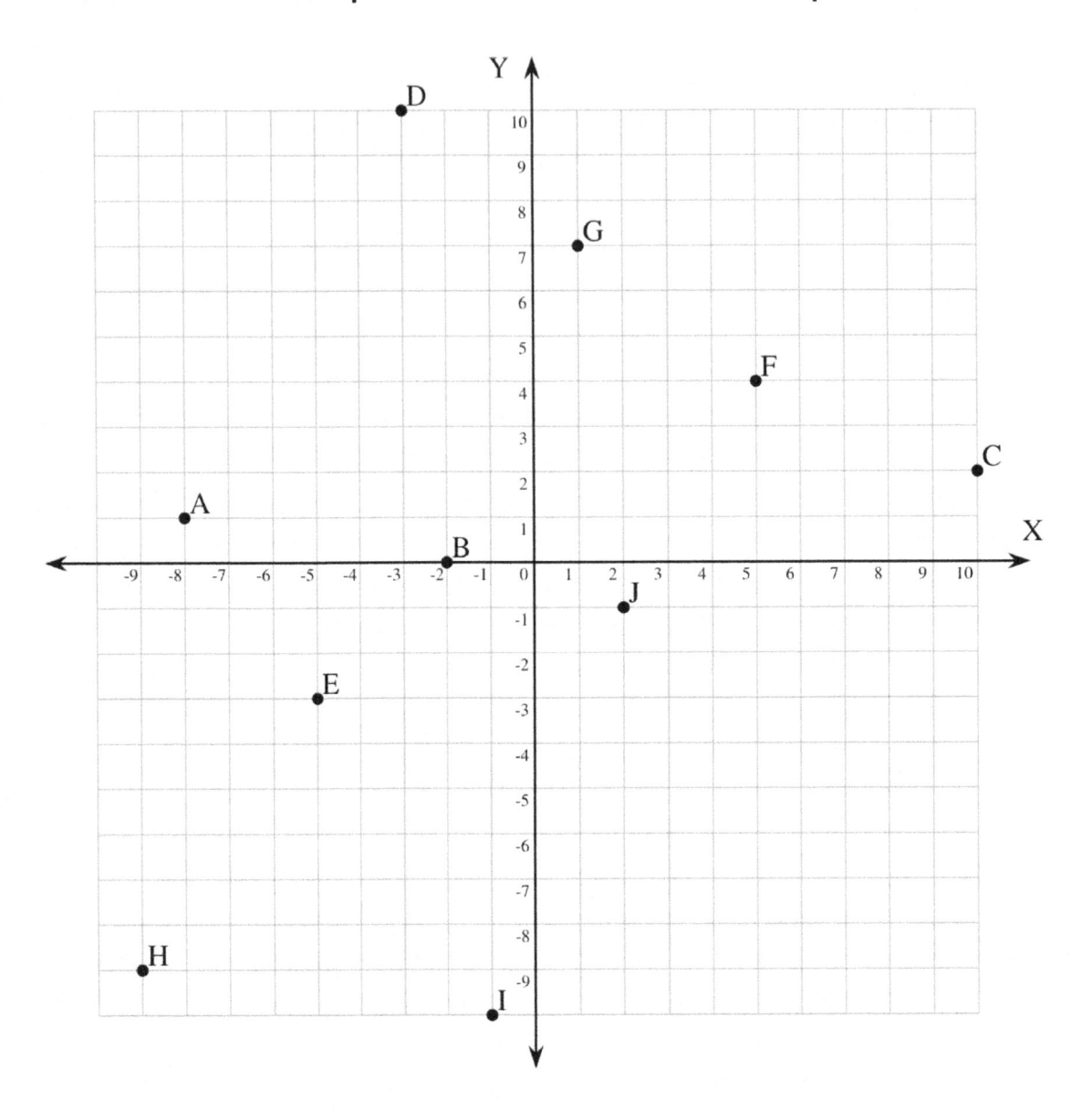

A	(-8, 1)	F	(5, 4)
B	(-2, 0)	G	(1, 7)
C	(10, 2)	H	(-9, -9)
D	(-3, 10)	I	(-1, -10)
E	(-5, -3)	J	(2, -1)

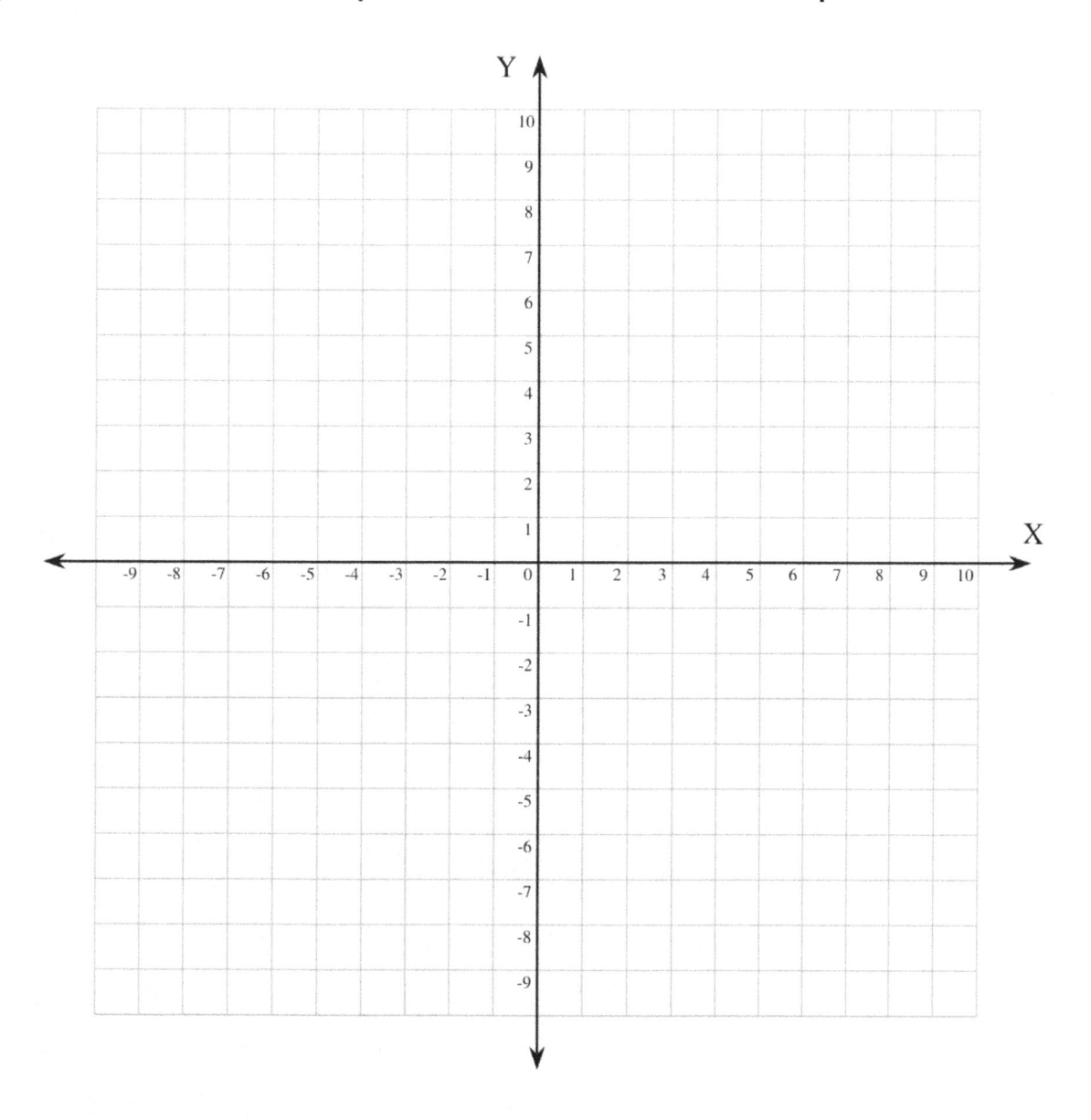

Graph and label each point on the coordinate plane.

A	(0, -4)	F	(5, 2)
B	(-10, 10)	G	(-8, -1)
C	(9, -8)	H	(4, -10)
D	(-3, 3)	I	(6, 6)
E	(-7, 5)	J	(-6, -9)

Answer Key

Graph and label each point on the coordinate plane.

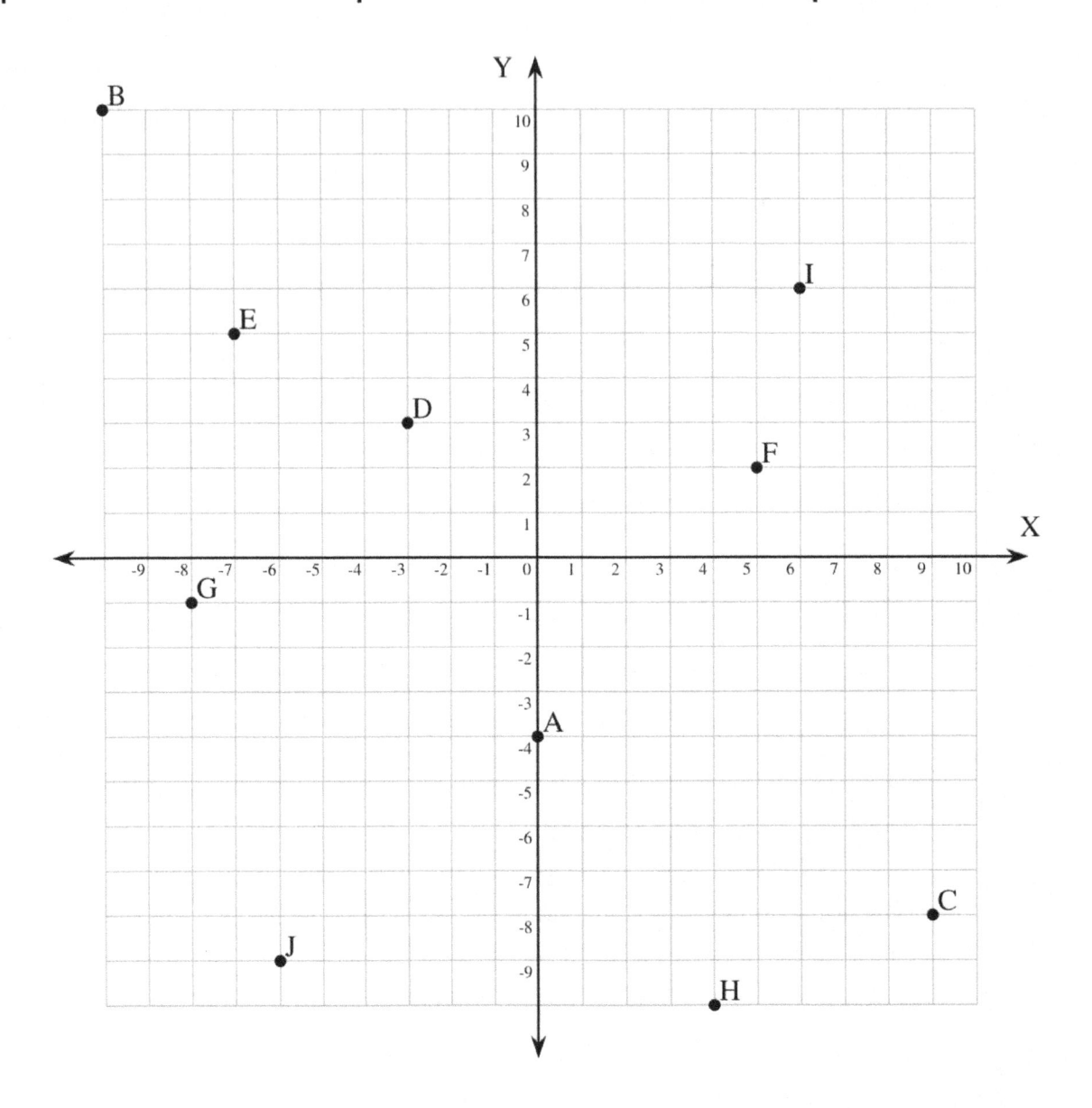

A	(0, -4)	F	(5, 2)
B	(-10, 10)	G	(-8, -1)
C	(9, -8)	H	(4, -10)
D	(-3, 3)	I	(6, 6)
E	(-7, 5)	J	(-6, -9)

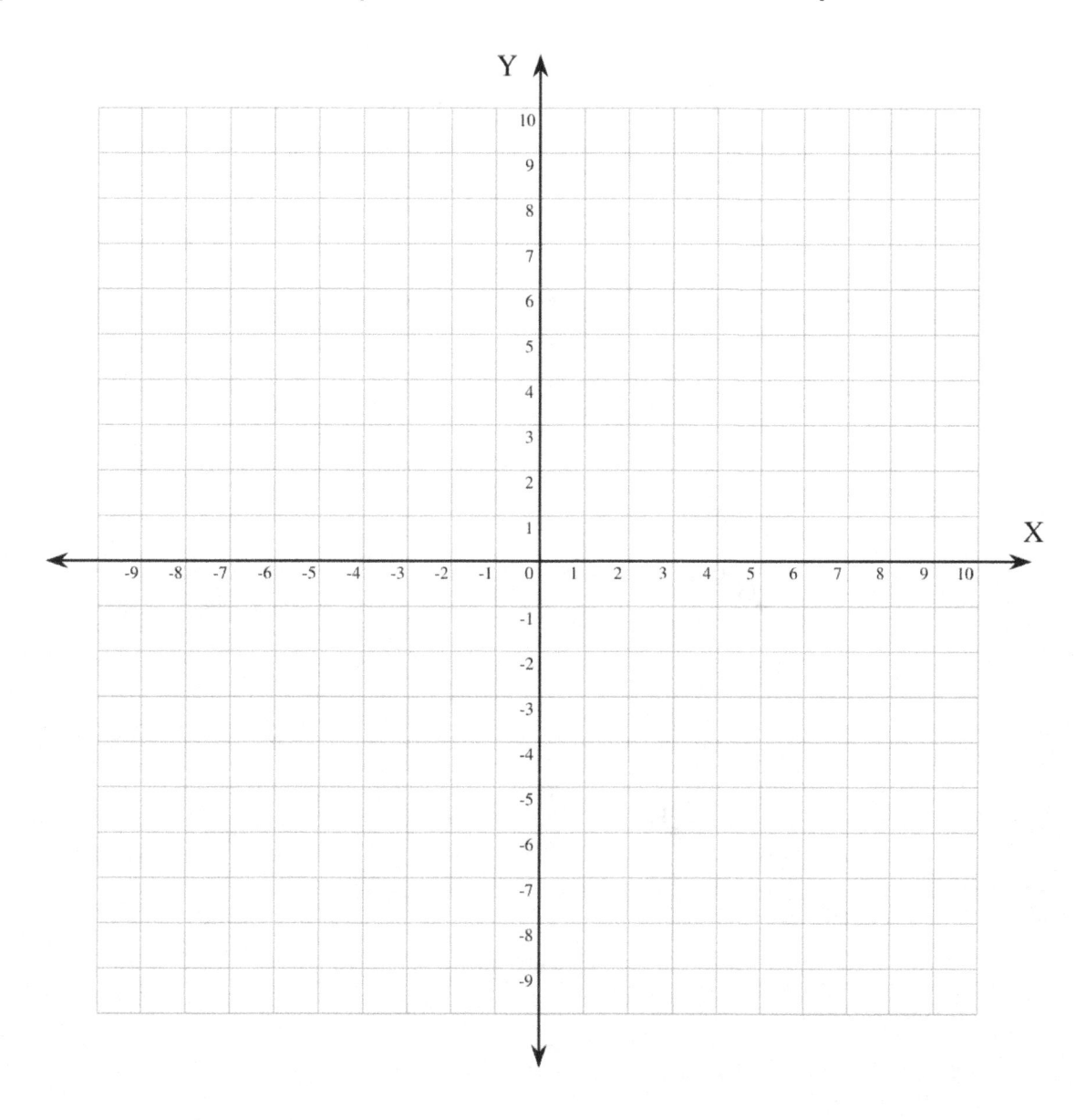

Graph and label each point on the coordinate plane.

A	(4, 0)		F	(-9, 1)
B	(-4, 10)		G	(-5, -1)
C	(8, 7)		H	(-3, -6)
D	(0, -9)		I	(6, -4)
E	(-2, 6)		J	(9, 2)

Answer Key

Graph and label each point on the coordinate plane.

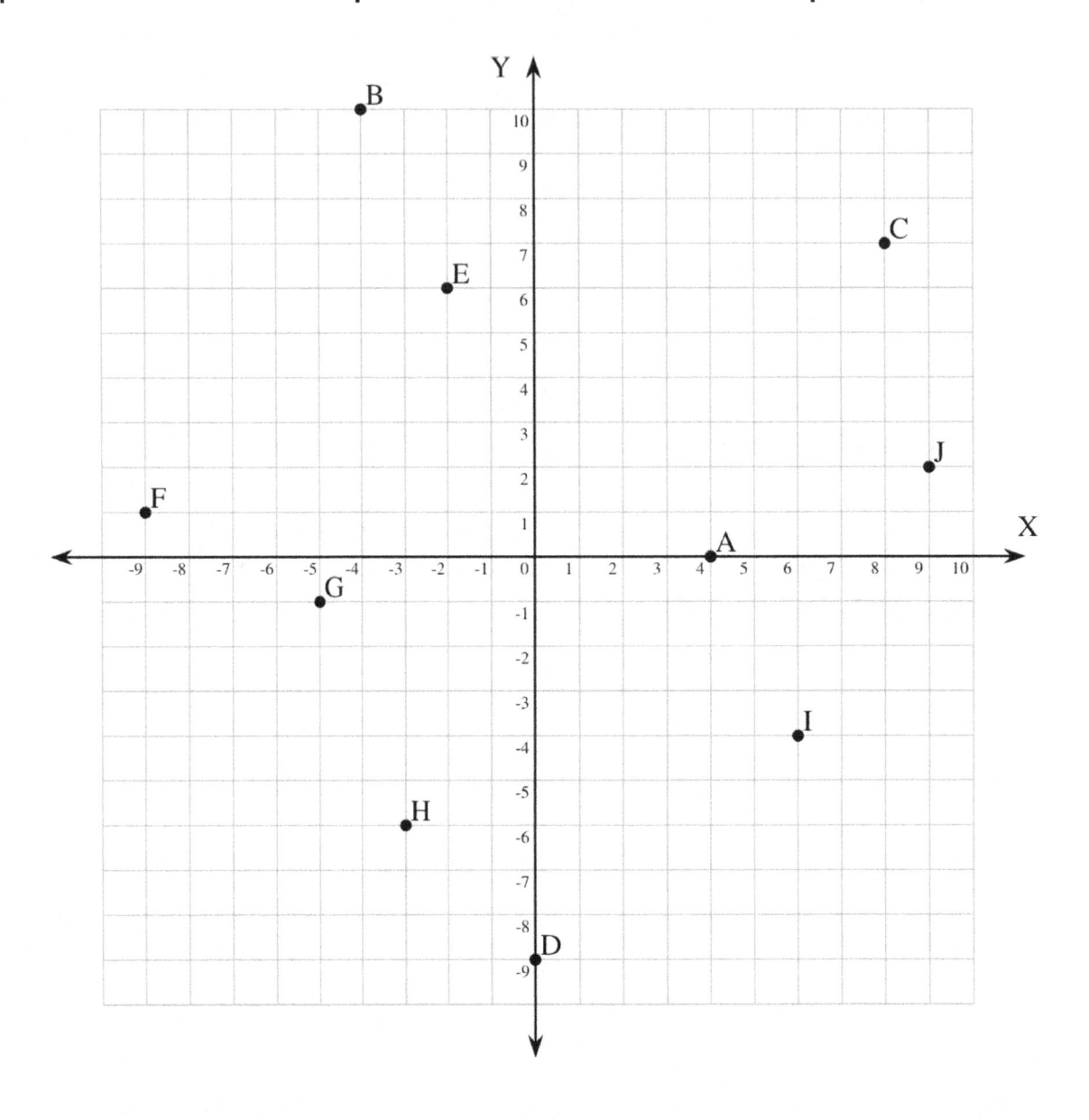

A	(4, 0)		F	(-9, 1)
B	(-4, 10)		G	(-5, -1)
C	(8, 7)		H	(-3, -6)
D	(0, -9)		I	(6, -4)
E	(-2, 6)		J	(9, 2)

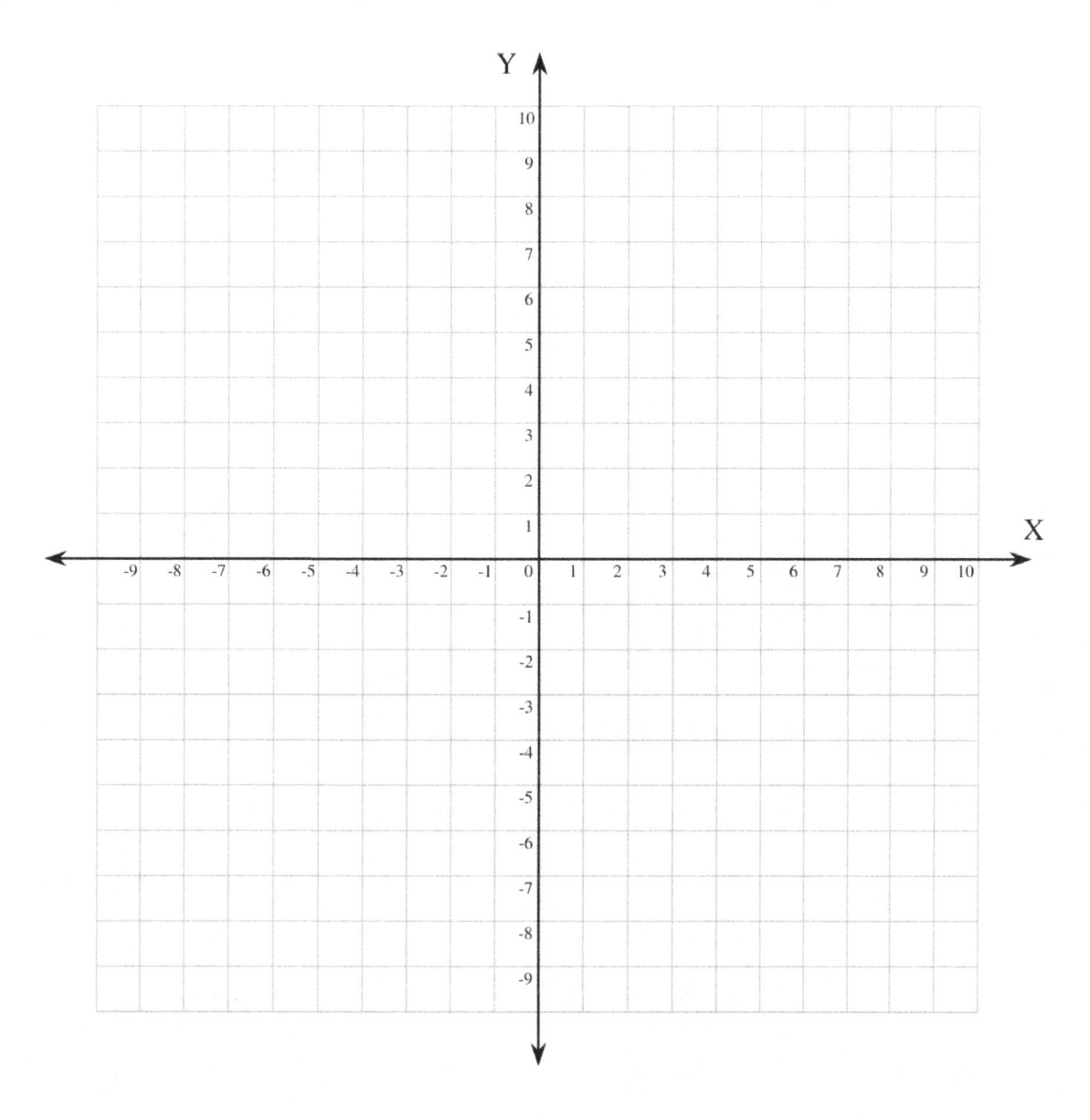

Graph and label each point on the coordinate plane.

A	(2, -2)			F	(-10, 3)	
B	(9, -7)			G	(5, -5)	
C	(-9, -6)			H	(-5, 4)	
D	(-6, -1)			I	(7, 1)	
E	(-2, 7)			J	(-1, -10)	

Answer Key

Graph and label each point on the coordinate plane.

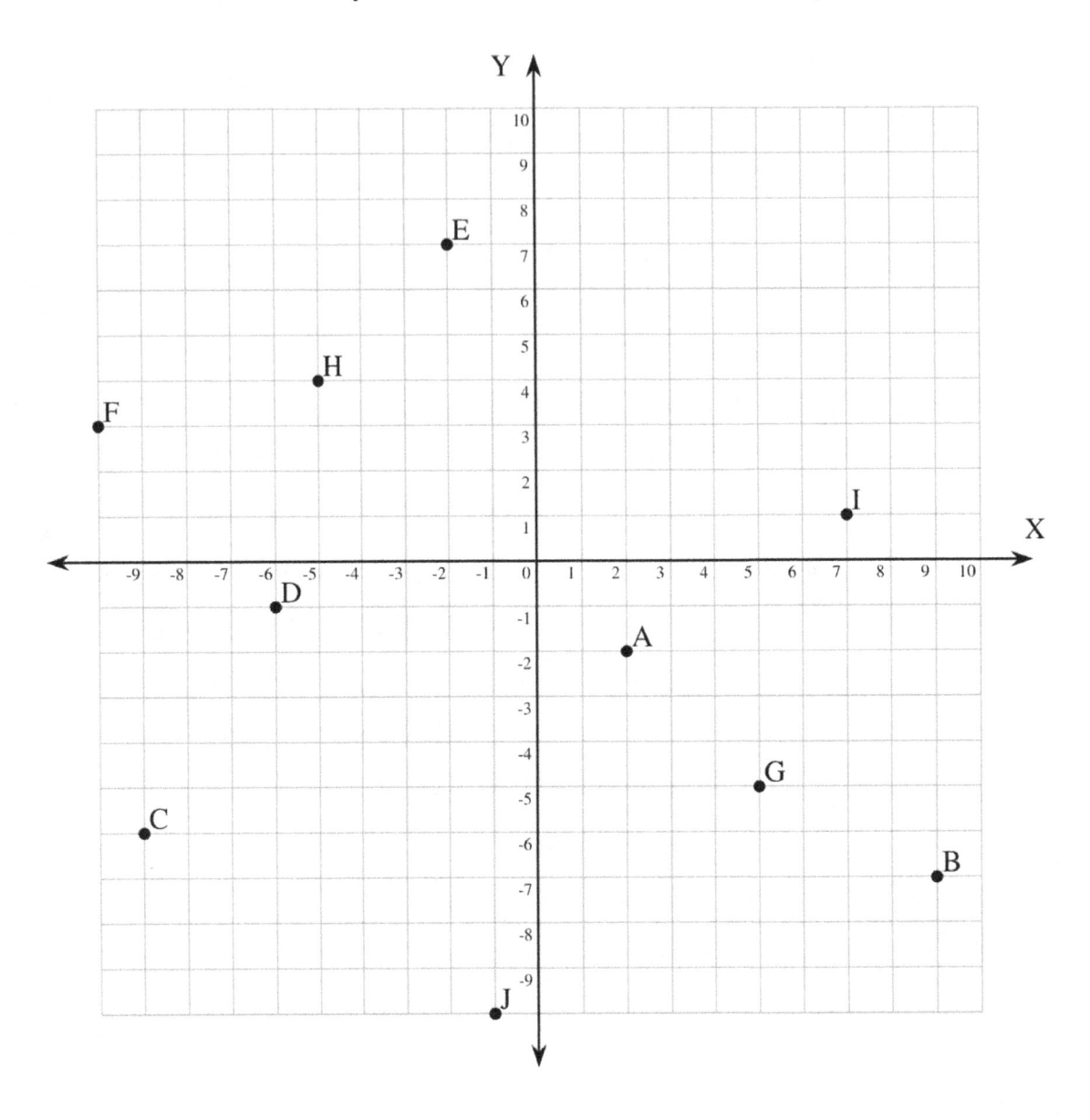

A	(2, -2)		F	(-10, 3)
B	(9, -7)		G	(5, -5)
C	(-9, -6)		H	(-5, 4)
D	(-6, -1)		I	(7, 1)
E	(-2, 7)		J	(-1, -10)

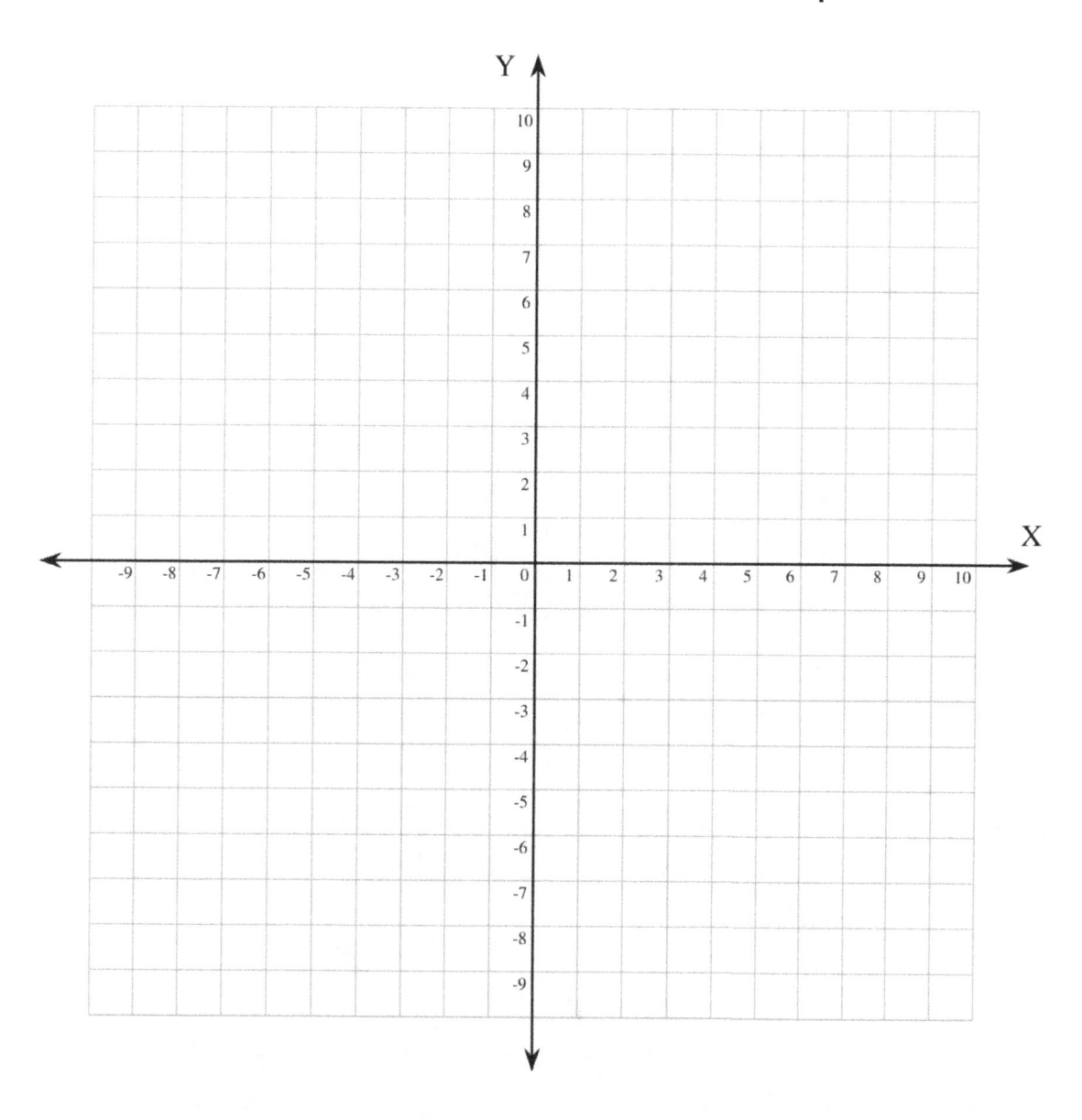

Graph and label each point on the coordinate plane.

A	(3, 10)		F	(1, 0)
B	(4, -9)		G	(-6, -8)
C	(-1, -10)		H	(-7, 1)
D	(-8, 6)		I	(-9, -5)
E	(-2, -3)		J	(9, -4)

Answer Key

Graph and label each point on the coordinate plane.

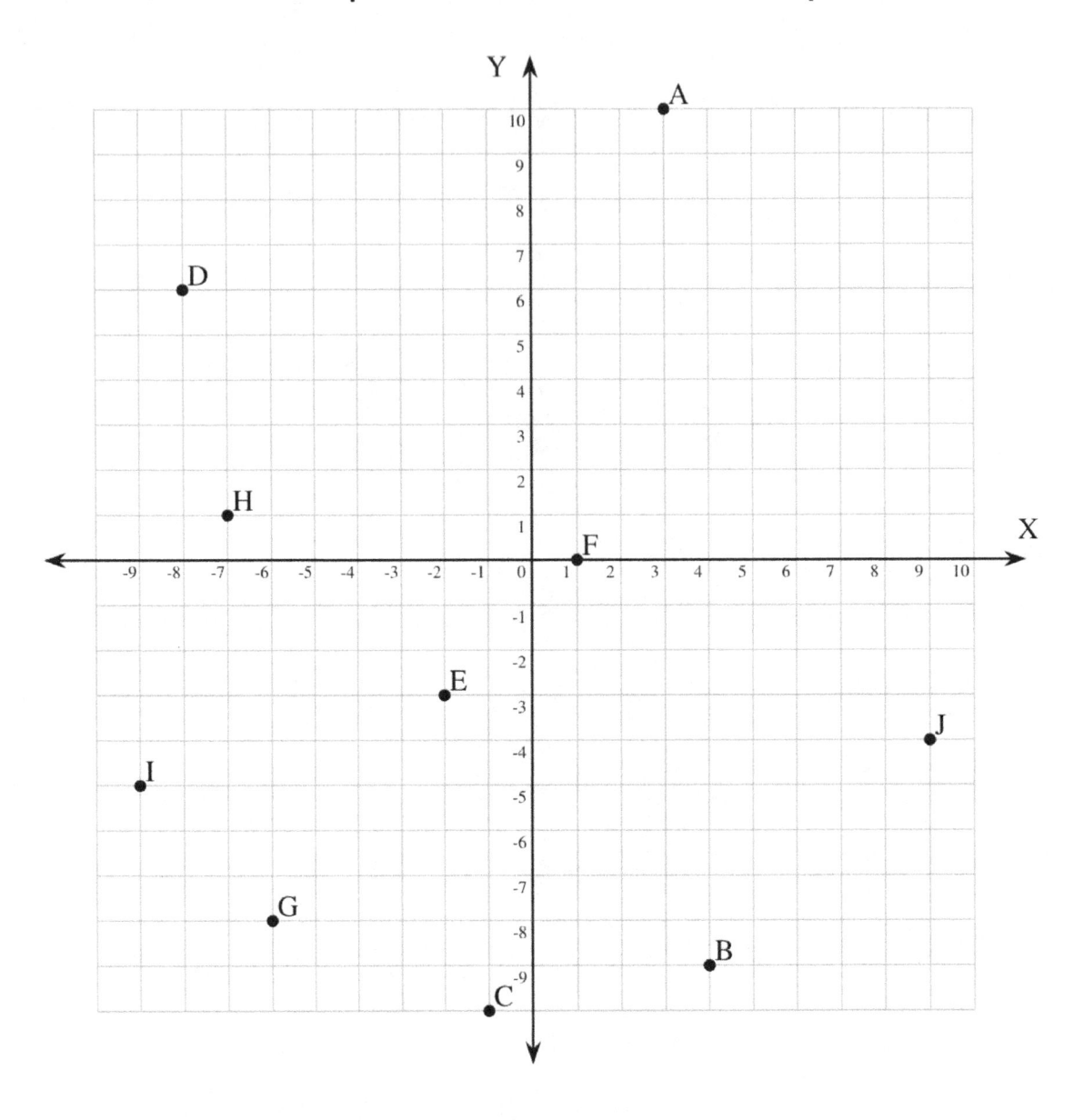

A	(3, 10)		F	(1, 0)
B	(4, -9)		G	(-6, -8)
C	(-1, -10)		H	(-7, 1)
D	(-8, 6)		I	(-9, -5)
E	(-2, -3)		J	(9, -4)

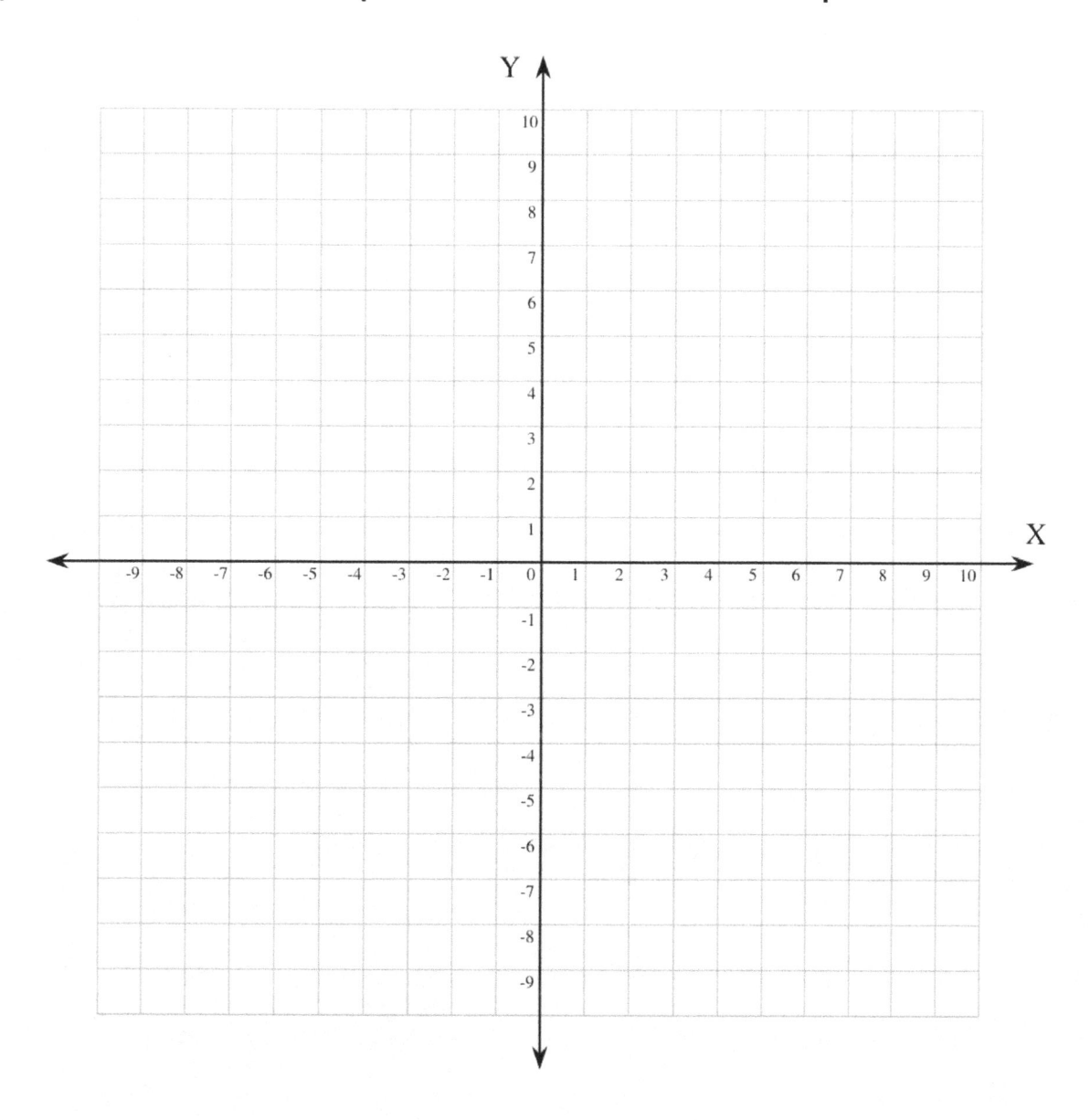

Graph and label each point on the coordinate plane.

A	(-4, 3)		F	(9, 6)
B	(-7, 9)		G	(-2, -7)
C	(-10, 0)		H	(3, -4)
D	(2, 4)		I	(5, 7)
E	(10, -10)		J	(-1, 10)

Answer Key

Graph and label each point on the coordinate plane.

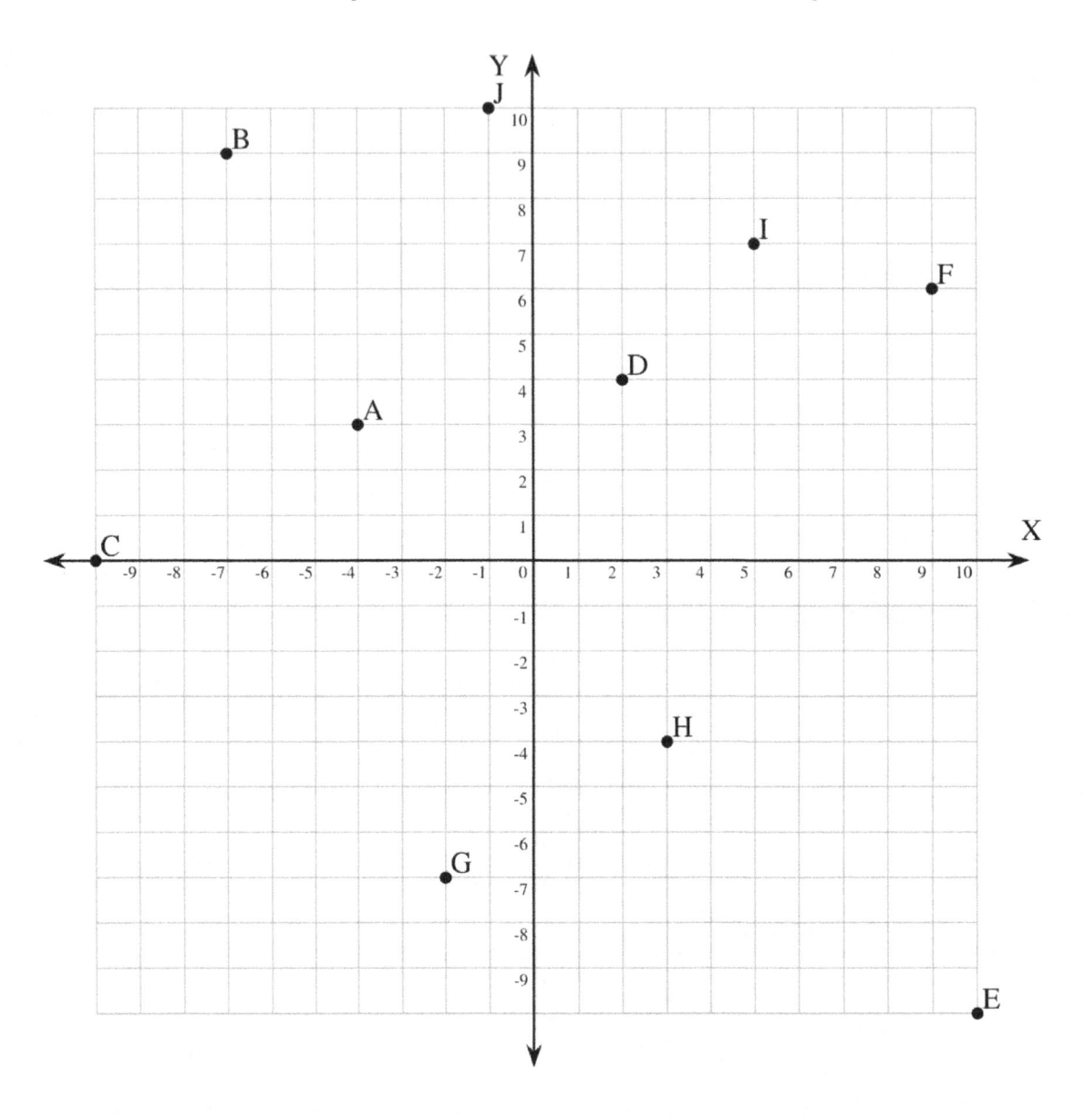

A	(-4, 3)		F	(9, 6)
B	(-7, 9)		G	(-2, -7)
C	(-10, 0)		H	(3, -4)
D	(2, 4)		I	(5, 7)
E	(10, -10)		J	(-1, 10)

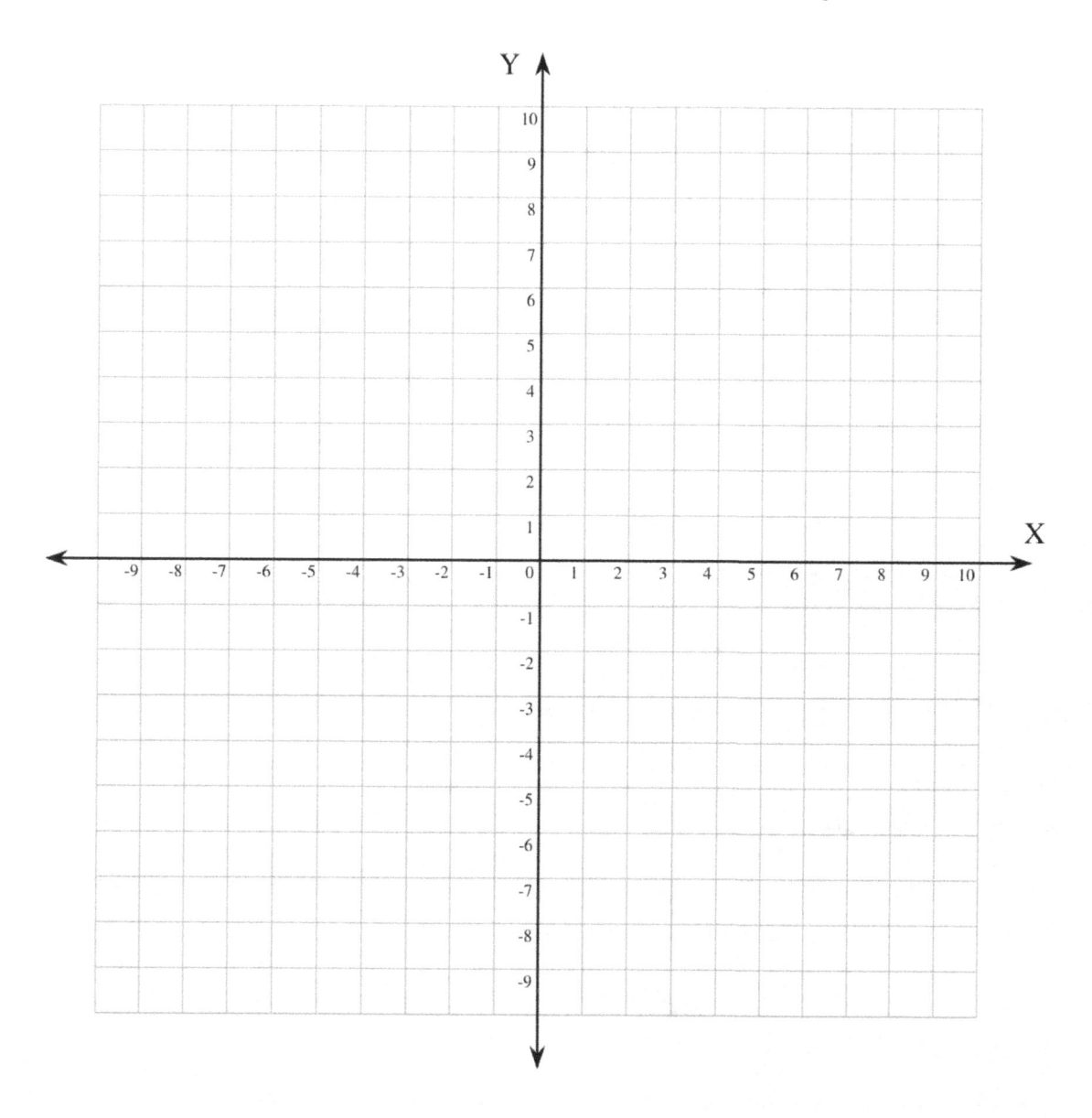

Graph and label each point on the coordinate plane.

A	(-5, 6)		F	(3, 4)
B	(2, -5)		G	(-3, -10)
C	(-4, -2)		H	(-10, -3)
D	(9, 0)		I	(-9, 7)
E	(-7, -6)		J	(-1, 9)

Answer Key

Graph and label each point on the coordinate plane.

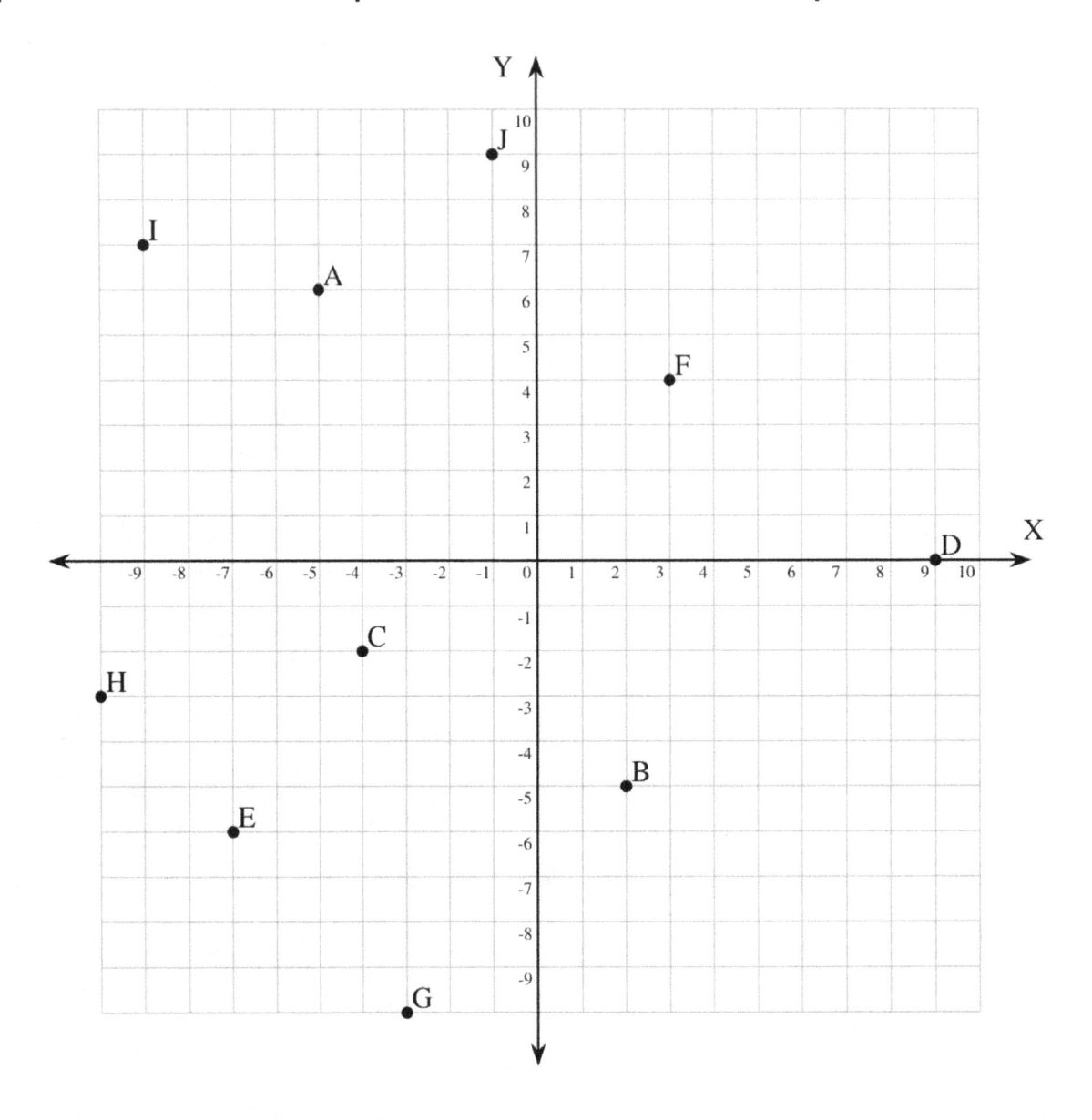

A	(-5, 6)		F	(3, 4)
B	(2, -5)		G	(-3, -10)
C	(-4, -2)		H	(-10, -3)
D	(9, 0)		I	(-9, 7)
E	(-7, -6)		J	(-1, 9)

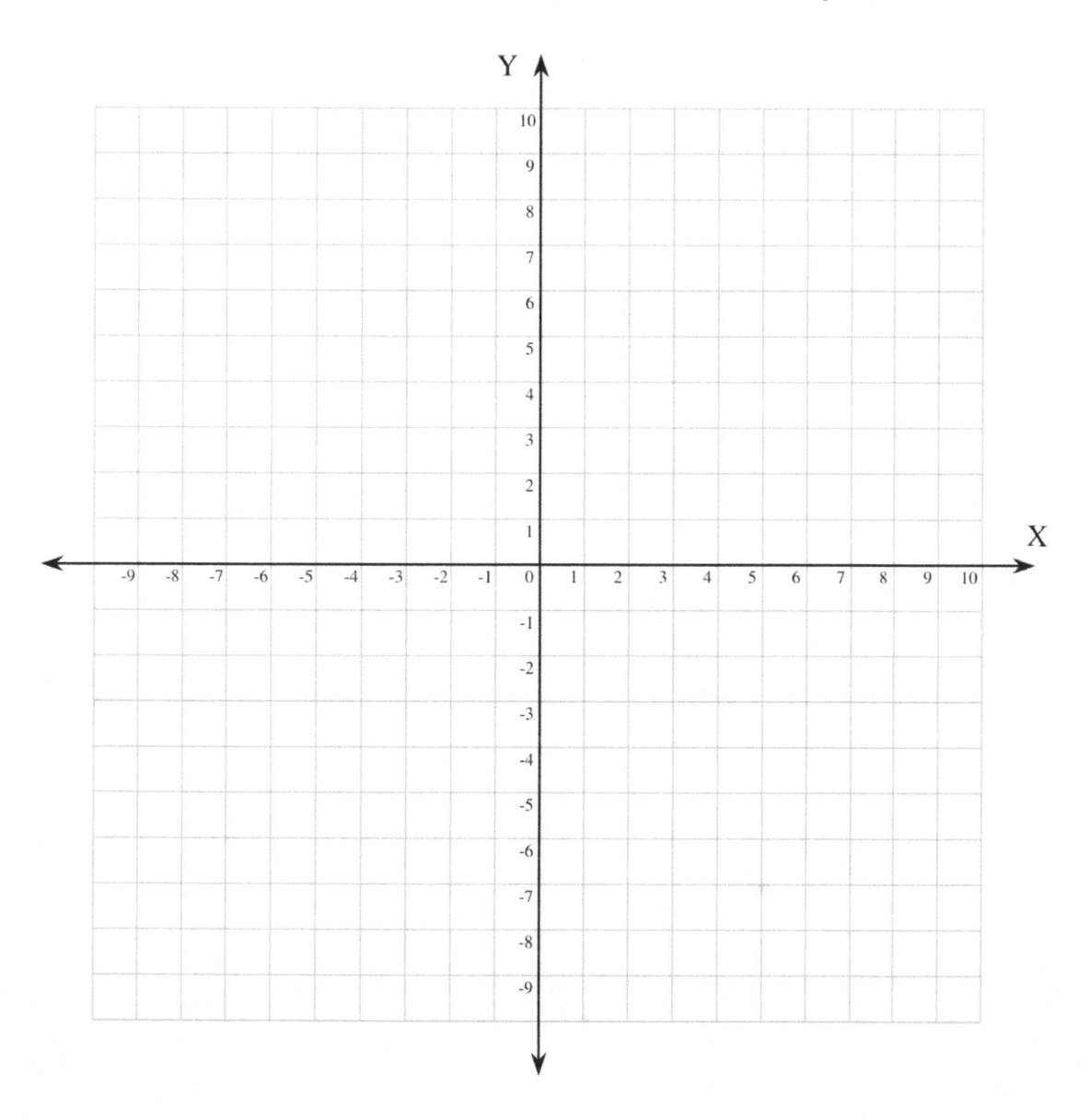

Graph and label each point on the coordinate plane.

A	(7, -6)		F	(1, 0)
B	(-1, -10)		G	(8, 3)
C	(-4, 5)		H	(-9, 2)
D	(-8, 9)		I	(10, -3)
E	(-5, -7)		J	(3, 6)

Answer Key

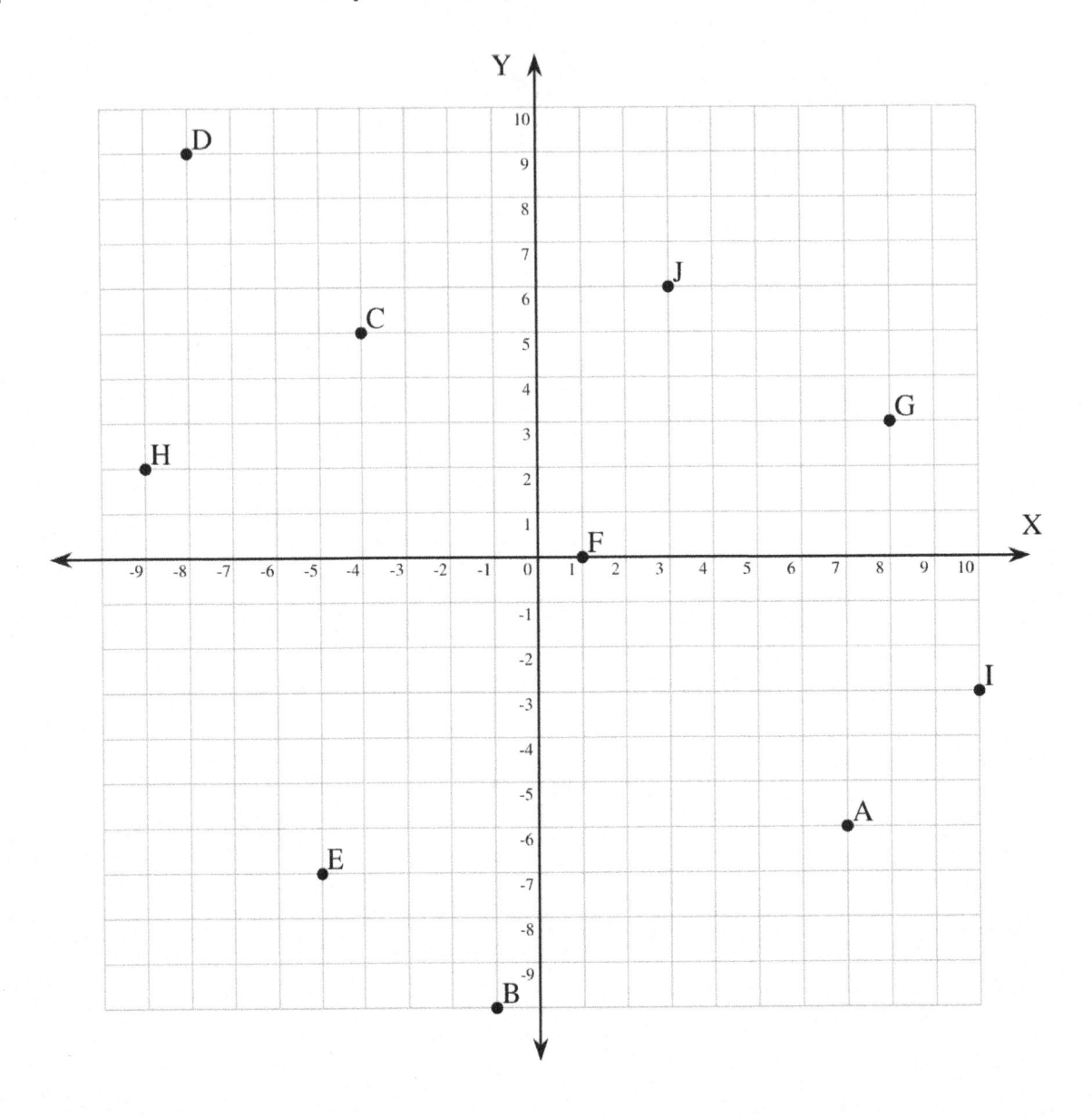

Graph and label each point on the coordinate plane.

A	(7, -6)		F	(1, 0)
B	(-1, -10)		G	(8, 3)
C	(-4, 5)		H	(-9, 2)
D	(-8, 9)		I	(10, -3)
E	(-5, -7)		J	(3, 6)

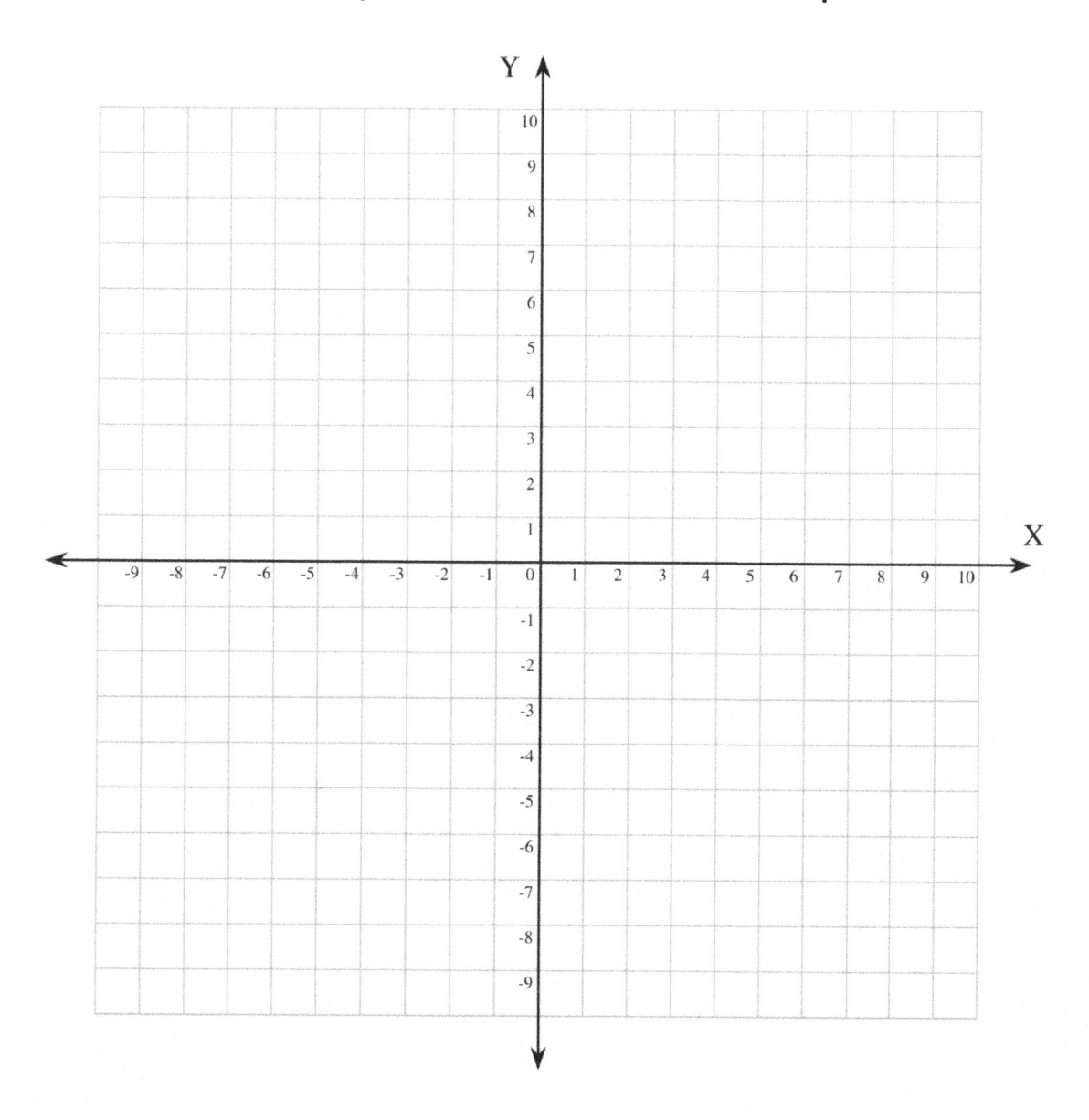

Graph and label each point on the coordinate plane.

A	(-5, -2)		F	(-3, 3)
B	(-2, -9)		G	(8, 8)
C	(-9, 0)		H	(5, -5)
D	(4, 5)		I	(-6, -10)
E	(2, -1)		J	(-8, -6)

Answer Key

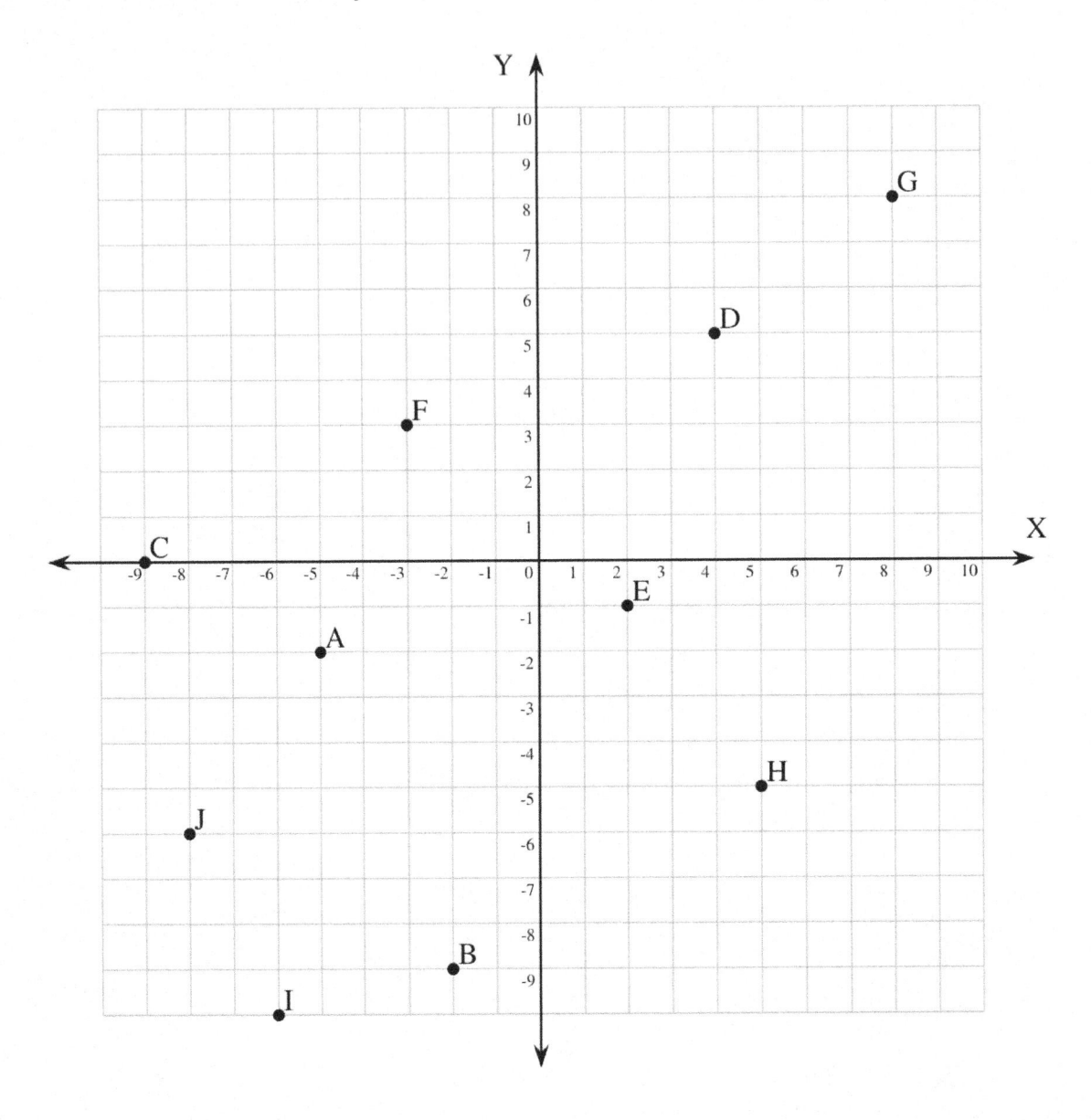

Graph and label each point on the coordinate plane.

A	(-5, -2)	F	(-3, 3)
B	(-2, -9)	G	(8, 8)
C	(-9, 0)	H	(5, -5)
D	(4, 5)	I	(-6, -10)
E	(2, -1)	J	(-8, -6)

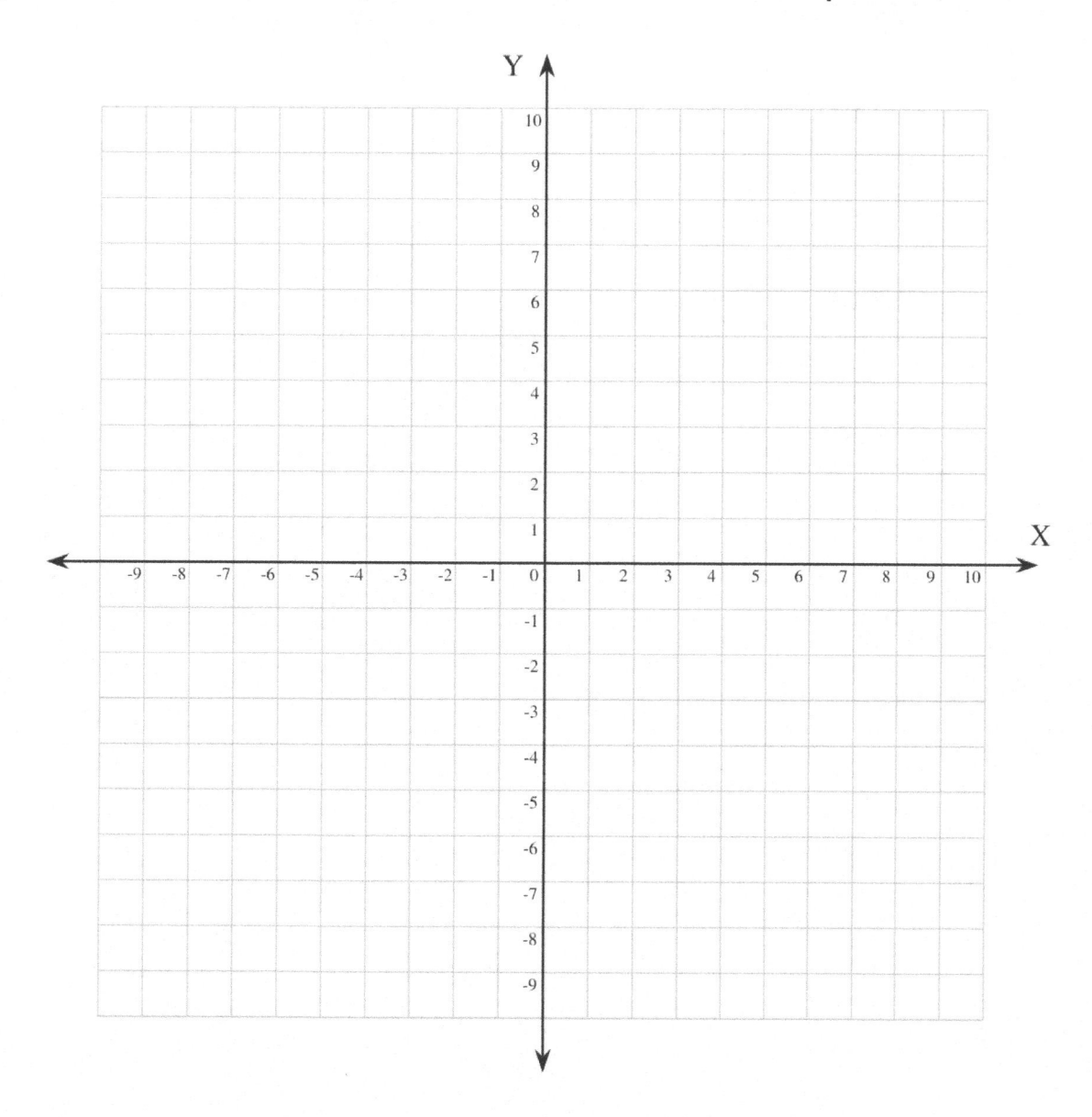

Graph and label each point on the coordinate plane.

A	(-1, -6)	F	(5, 8)
B	(-6, -8)	G	(4, -2)
C	(8, 3)	H	(-7, 10)
D	(-9, 2)	I	(0, 9)
E	(9, -9)	J	(-8, -3)

Answer Key

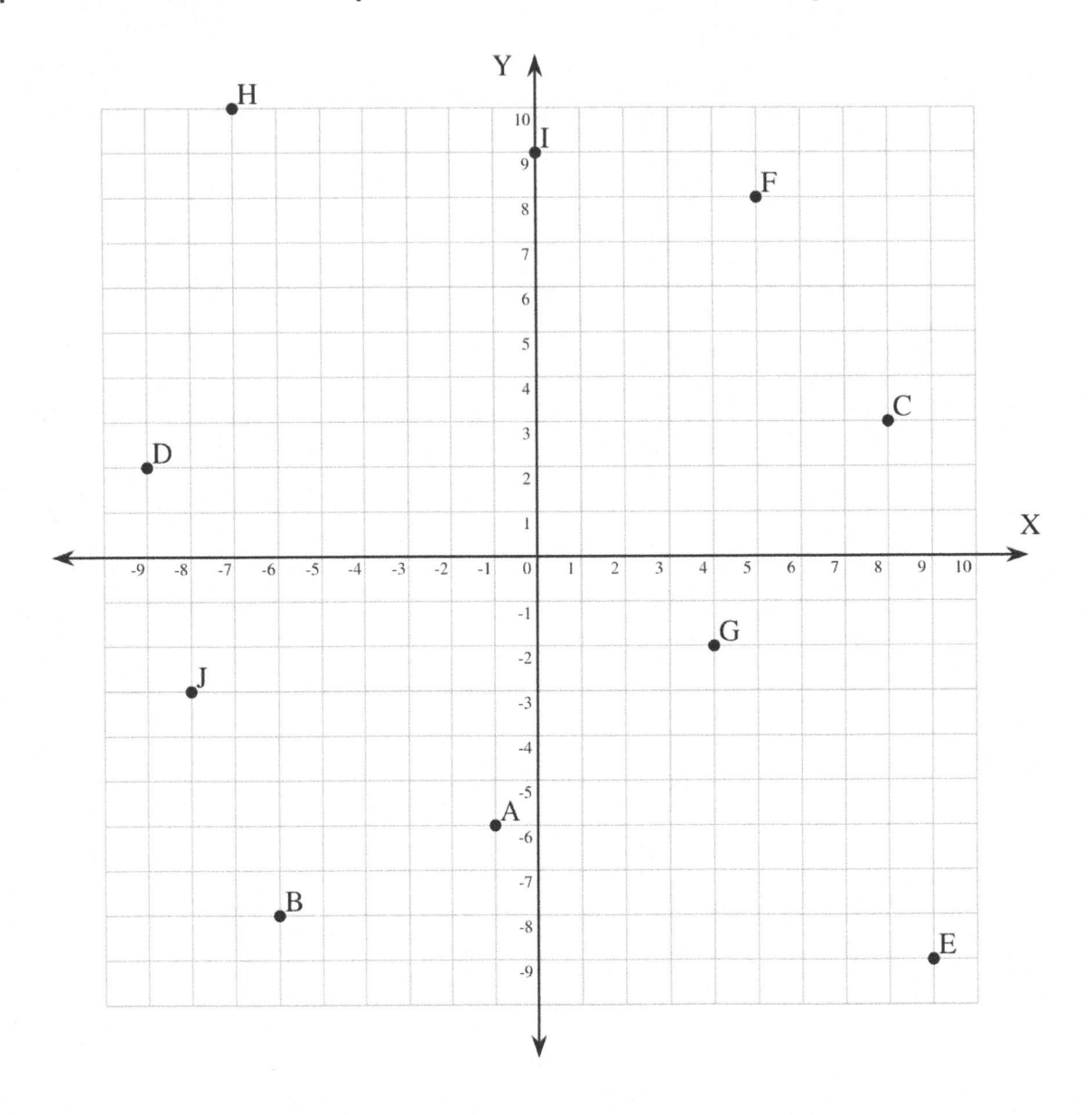

Graph and label each point on the coordinate plane.

A	(-1, -6)		F	(5, 8)
B	(-6, -8)		G	(4, -2)
C	(8, 3)		H	(-7, 10)
D	(-9, 2)		I	(0, 9)
E	(9, -9)		J	(-8, -3)

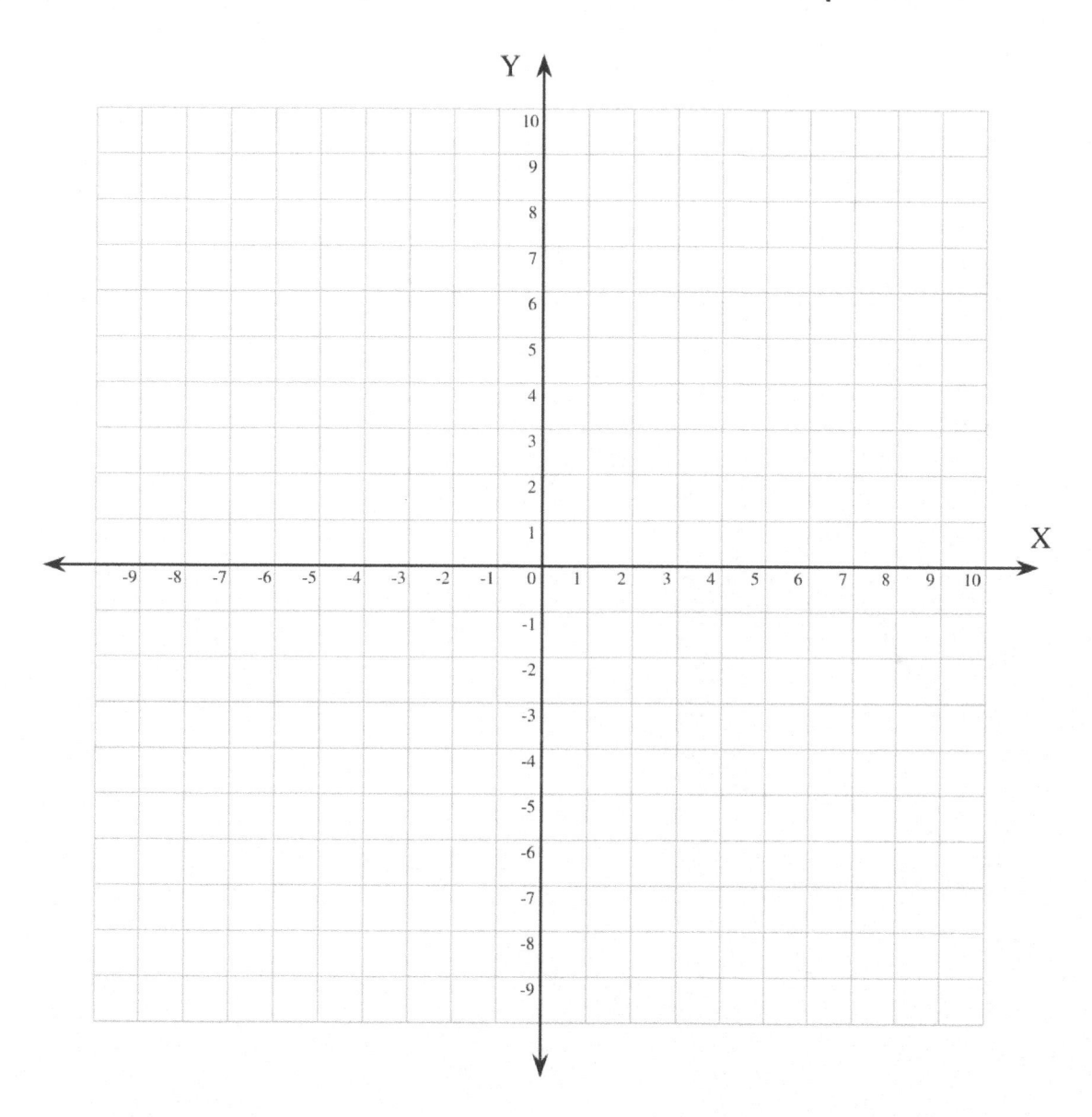

Graph and label each point on the coordinate plane.

A	(-10, 3)	F	(2, 6)
B	(-2, 2)	G	(-7, 8)
C	(-9, -6)	H	(6, -3)
D	(10, -4)	I	(-6, -9)
E	(-5, -5)	J	(-8, -2)

Answer Key

Graph and label each point on the coordinate plane.

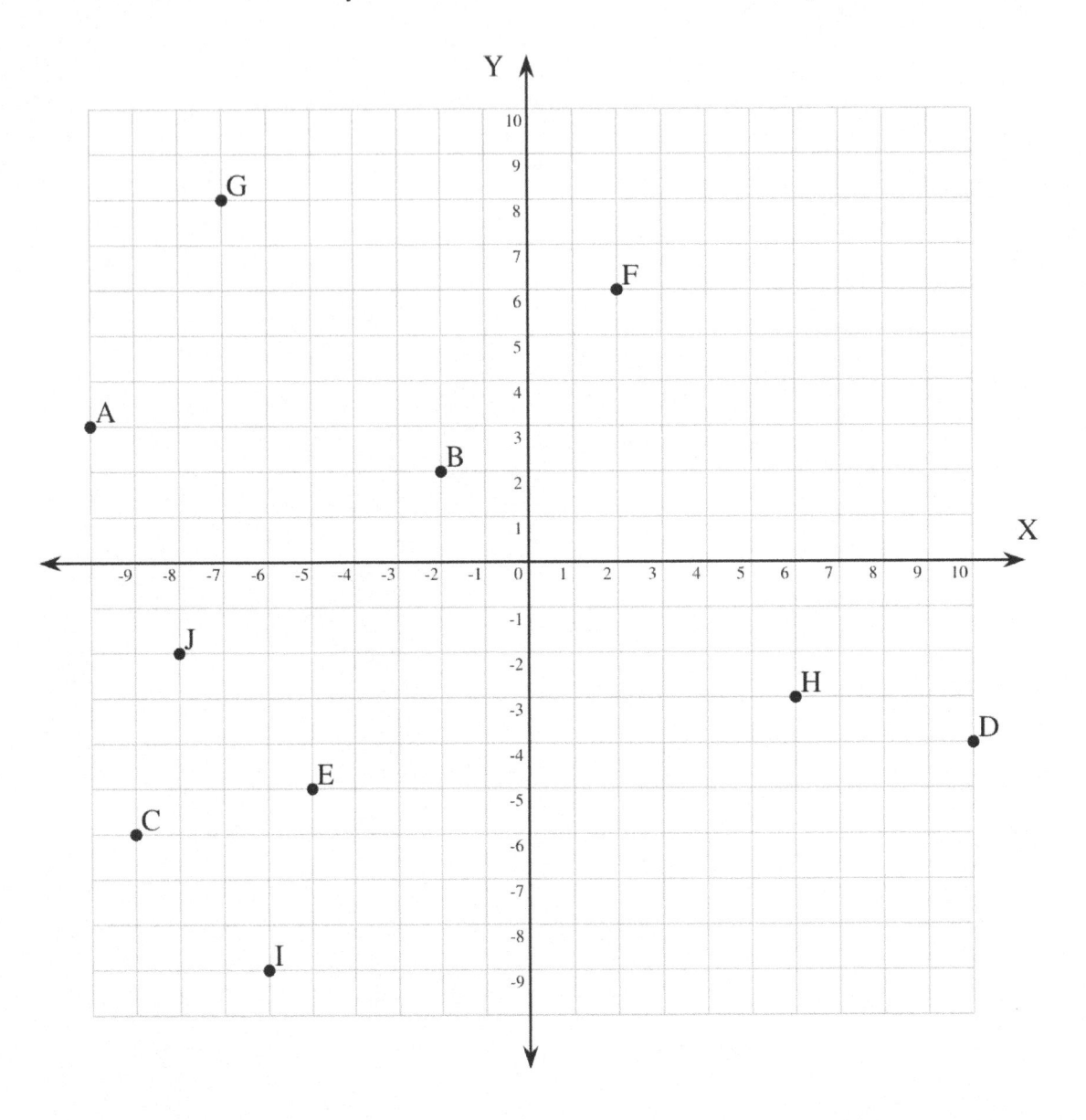

A	(-10, 3)	F	(2, 6)
B	(-2, 2)	G	(-7, 8)
C	(-9, -6)	H	(6, -3)
D	(10, -4)	I	(-6, -9)
E	(-5, -5)	J	(-8, -2)

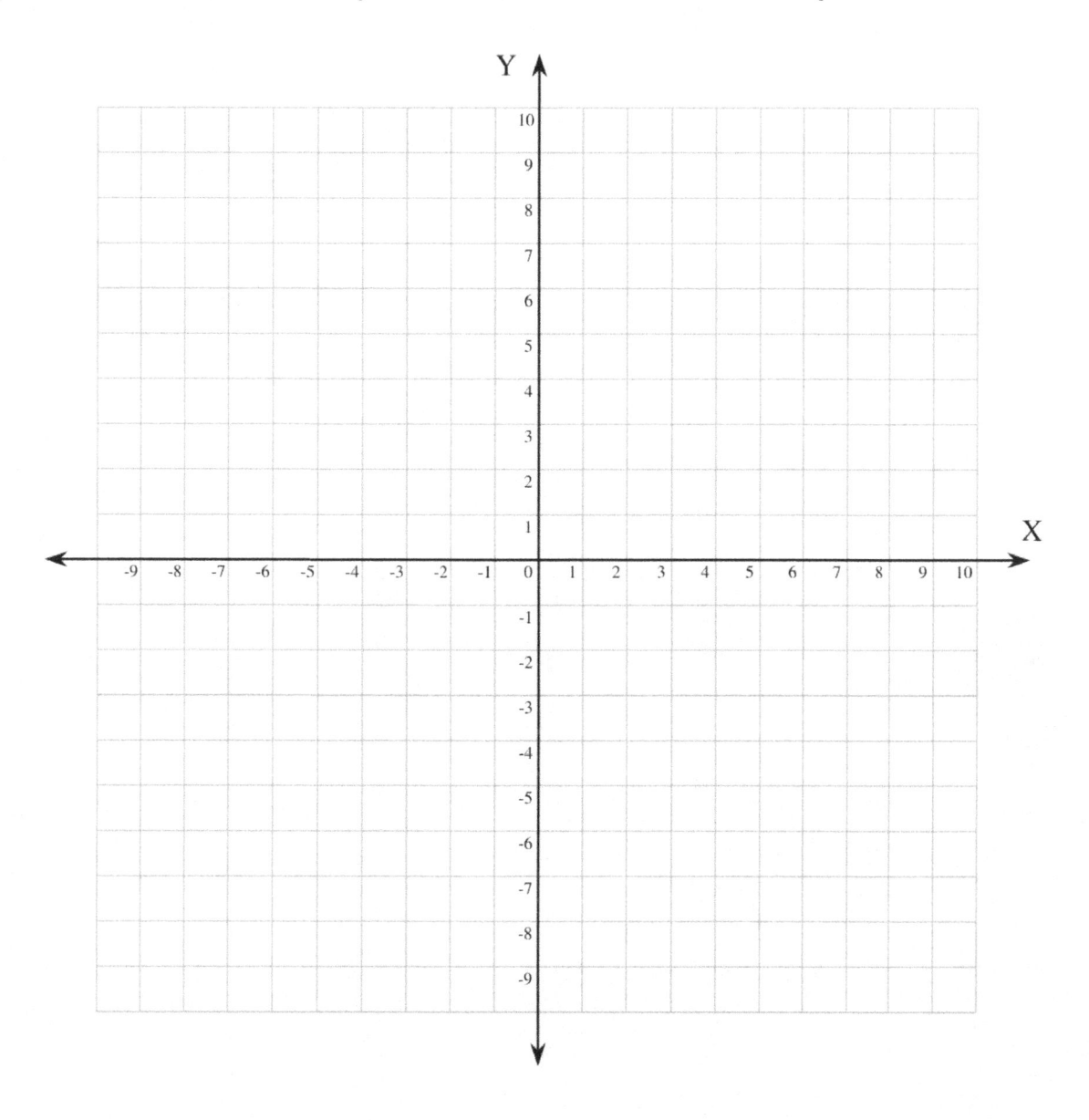

Graph and label each point on the coordinate plane.

A	(-10, -2)		F	(1, 4)
B	(8, 3)		G	(5, 6)
C	(-5, -8)		H	(10, 7)
D	(-9, 2)		I	(9, -7)
E	(0, 8)		J	(-1, -9)

Answer Key

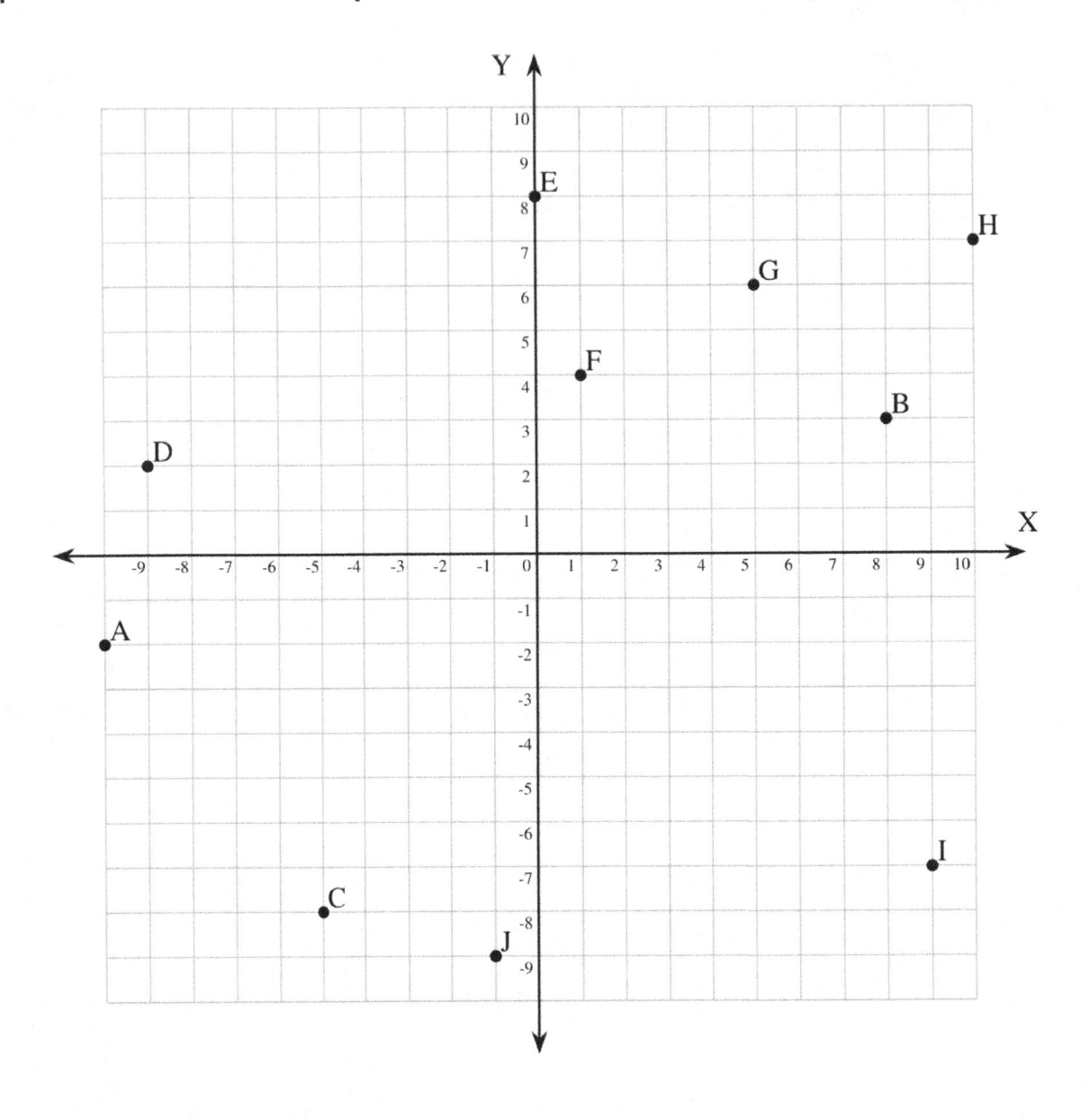

Graph and label each point on the coordinate plane.

A	(-10, -2)		F	(1, 4)
B	(8, 3)		G	(5, 6)
C	(-5, -8)		H	(10, 7)
D	(-9, 2)		I	(9, -7)
E	(0, 8)		J	(-1, -9)

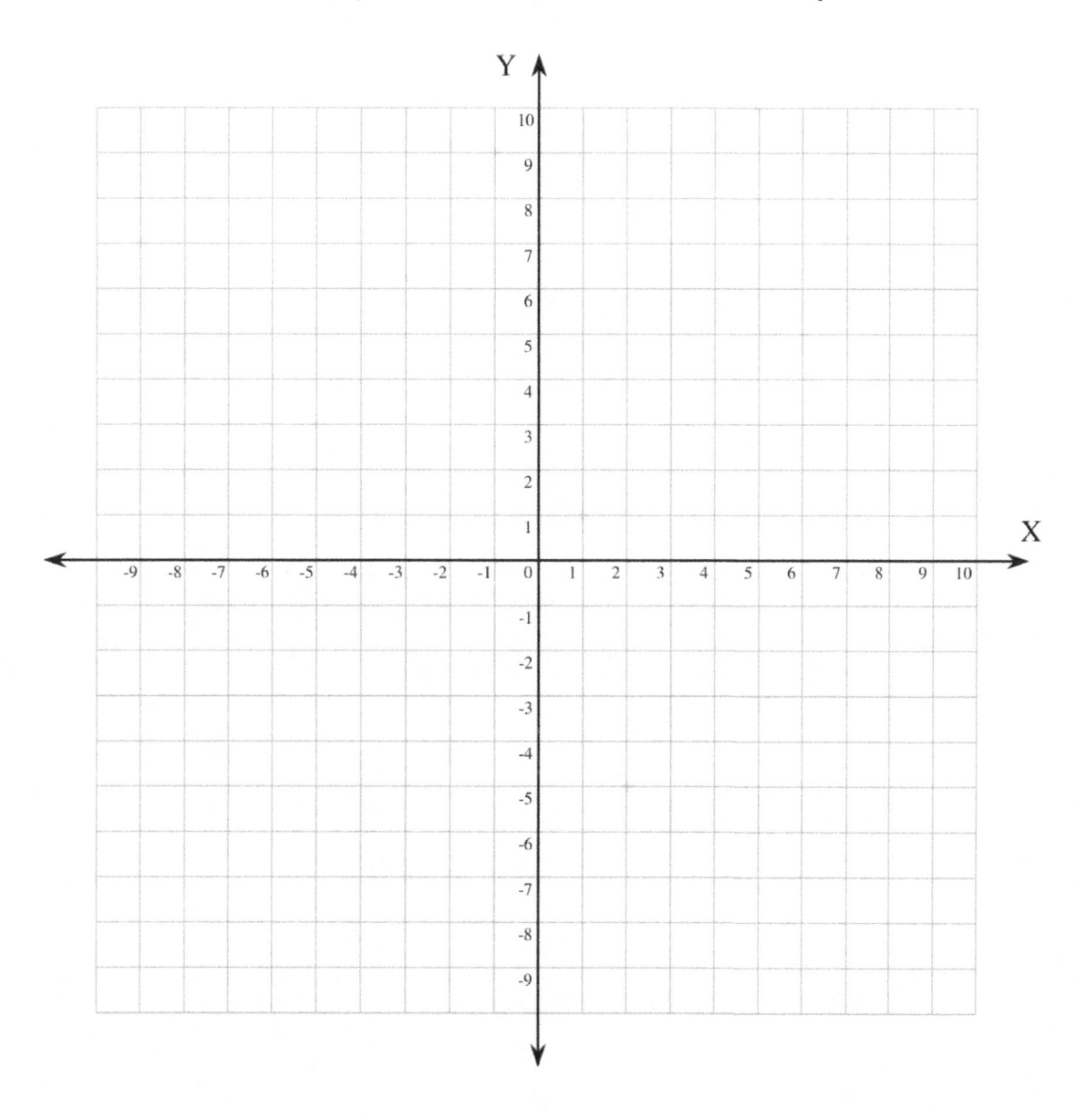

Graph and label each point on the coordinate plane.

A	(1, 9)	F	(8, 2)
B	(-7, -6)	G	(3, -7)
C	(-5, 10)	H	(-10, -9)
D	(9, 7)	I	(-1, 1)
E	(-2, -5)	J	(-6, 5)

Answer Key

Graph and label each point on the coordinate plane.

A	(1, 9)	F	(8, 2)
B	(-7, -6)	G	(3, -7)
C	(-5, 10)	H	(-10, -9)
D	(9, 7)	I	(-1, 1)
E	(-2, -5)	J	(-6, 5)

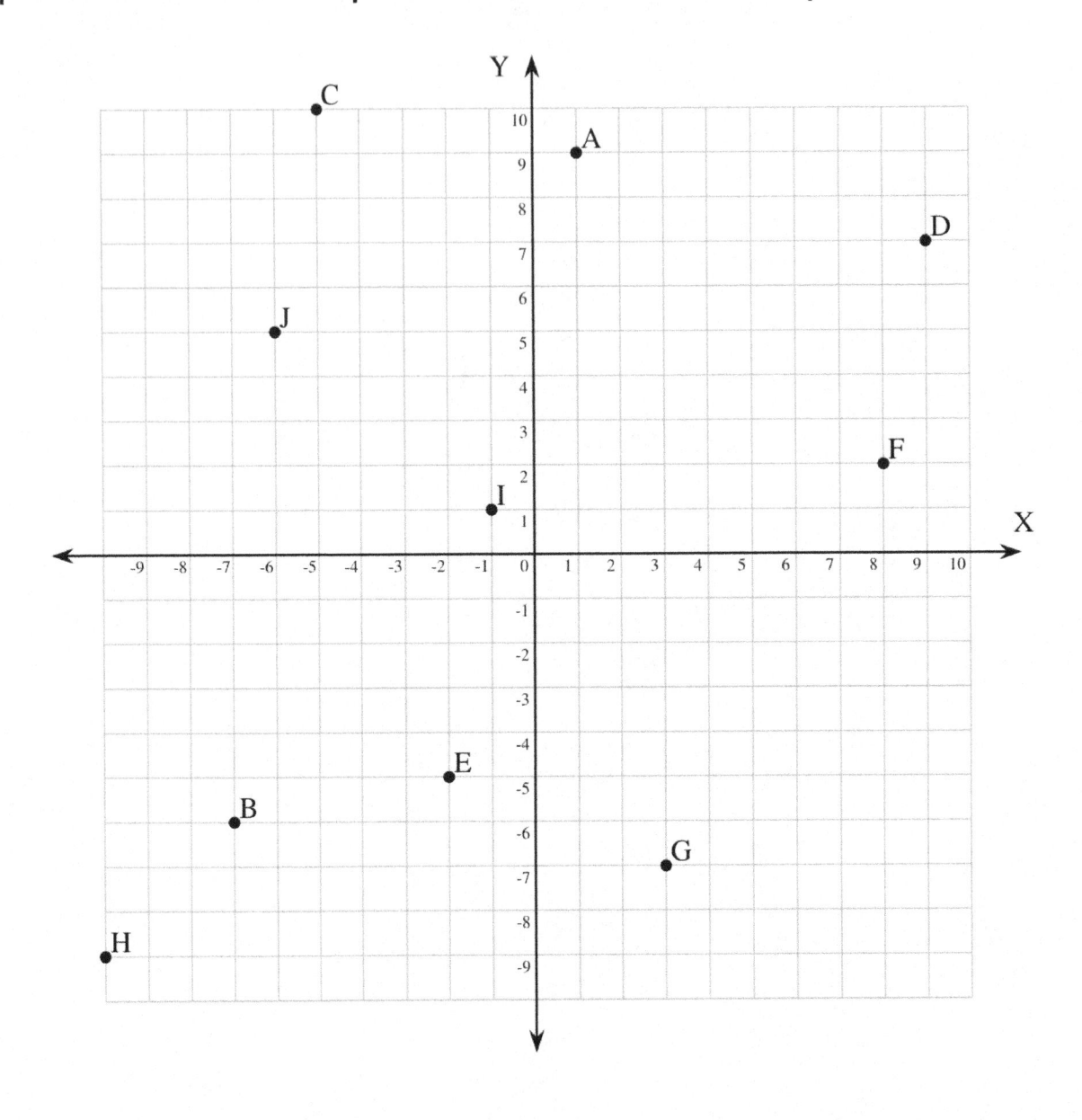

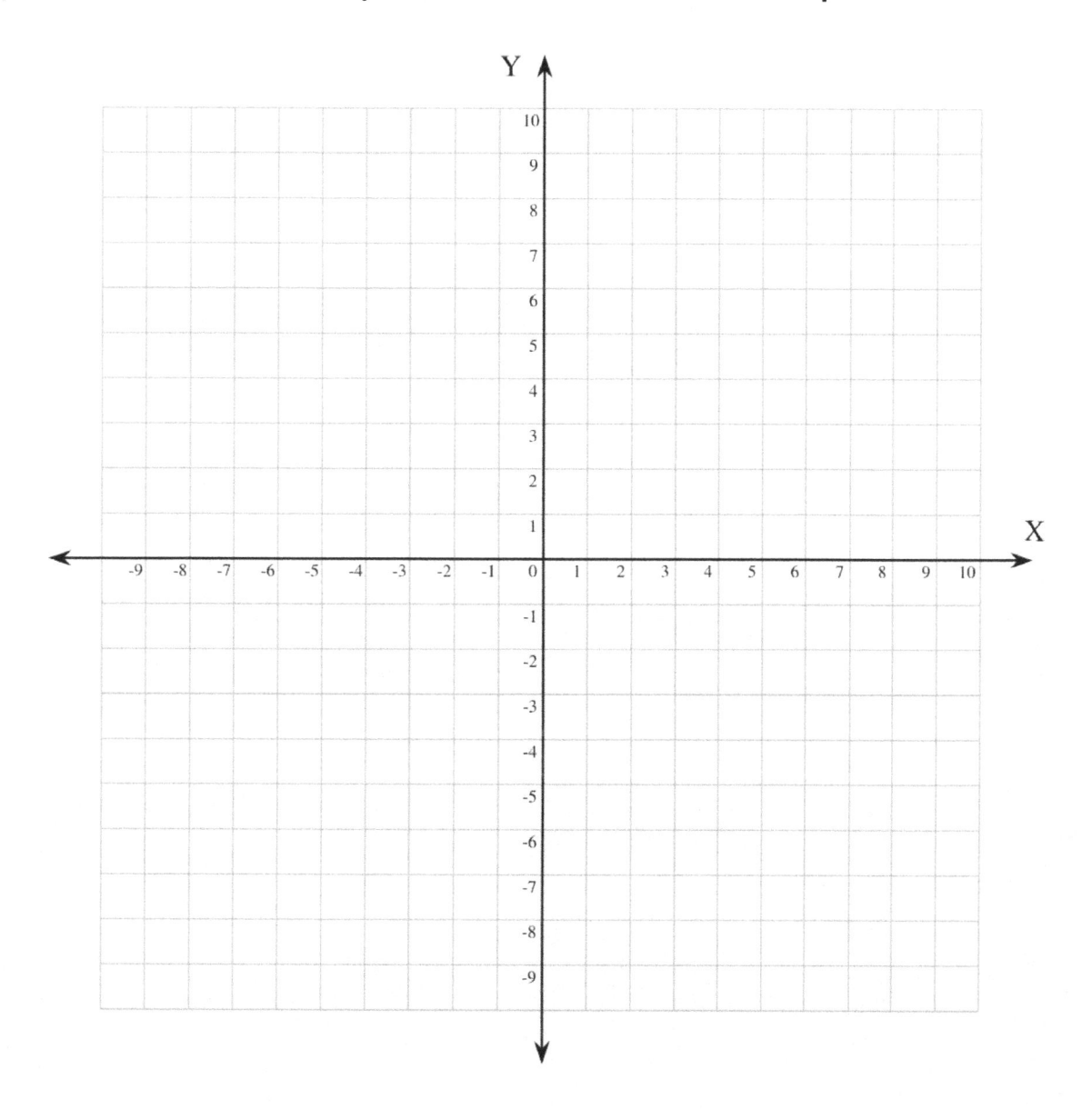

Graph and label each point on the coordinate plane.

A	(2, 2)	F	(-10, -2)
B	(-4, -6)	G	(-5, 6)
C	(8, 1)	H	(-6, 0)
D	(-9, -7)	I	(9, 8)
E	(7, -8)	J	(3, -4)

Answer Key

Graph and label each point on the coordinate plane.

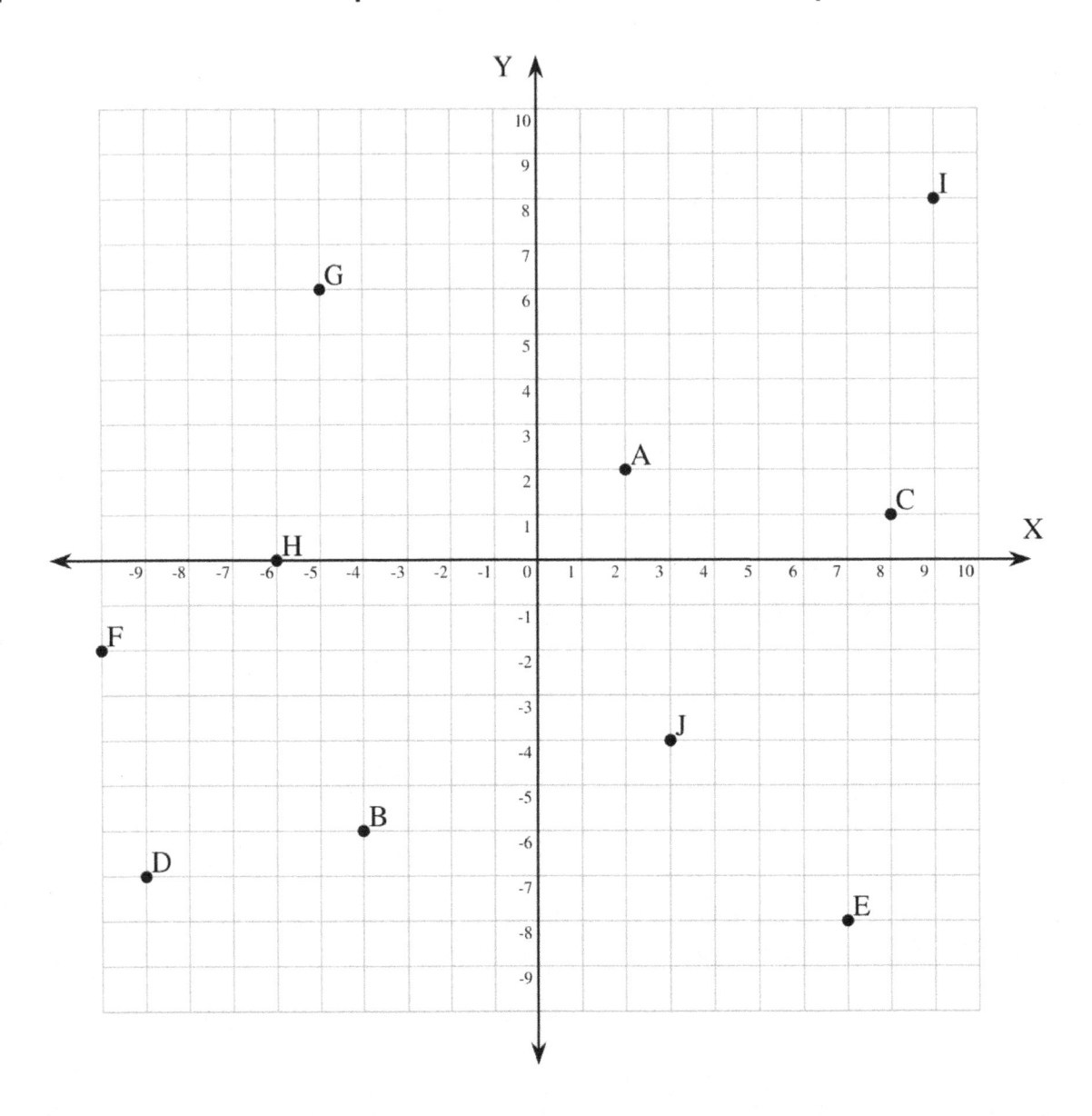

A	(2, 2)	F	(-10, -2)
B	(-4, -6)	G	(-5, 6)
C	(8, 1)	H	(-6, 0)
D	(-9, -7)	I	(9, 8)
E	(7, -8)	J	(3, -4)

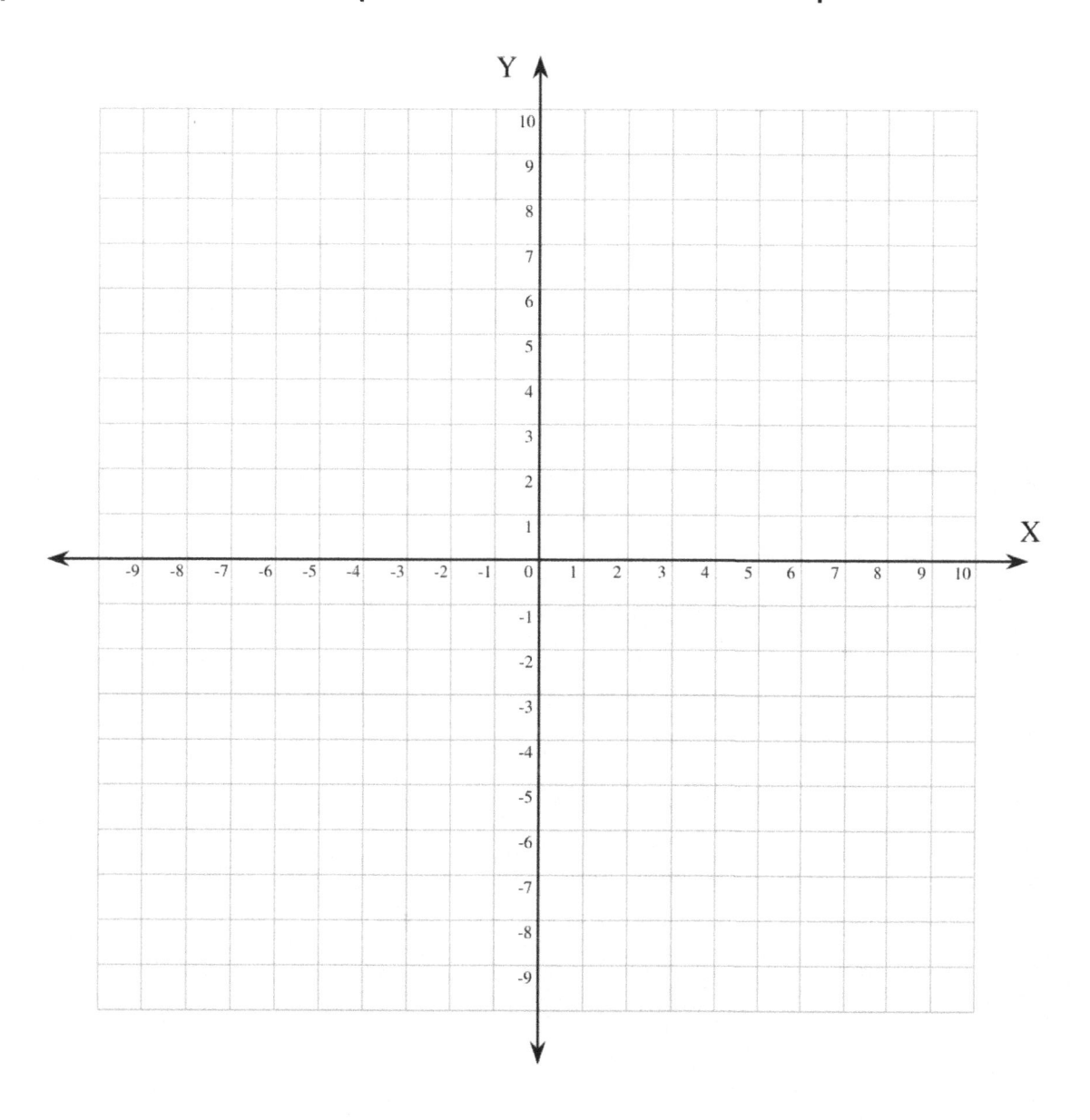

Graph and label each point on the coordinate plane.

A	(-3, -4)			F	(3, -8)	
B	(8, 0)			G	(10, -7)	
C	(-5, 10)			H	(1, 8)	
D	(-9, 2)			I	(5, 7)	
E	(-7, -2)			J	(-1, 1)	

Answer Key

Graph and label each point on the coordinate plane.

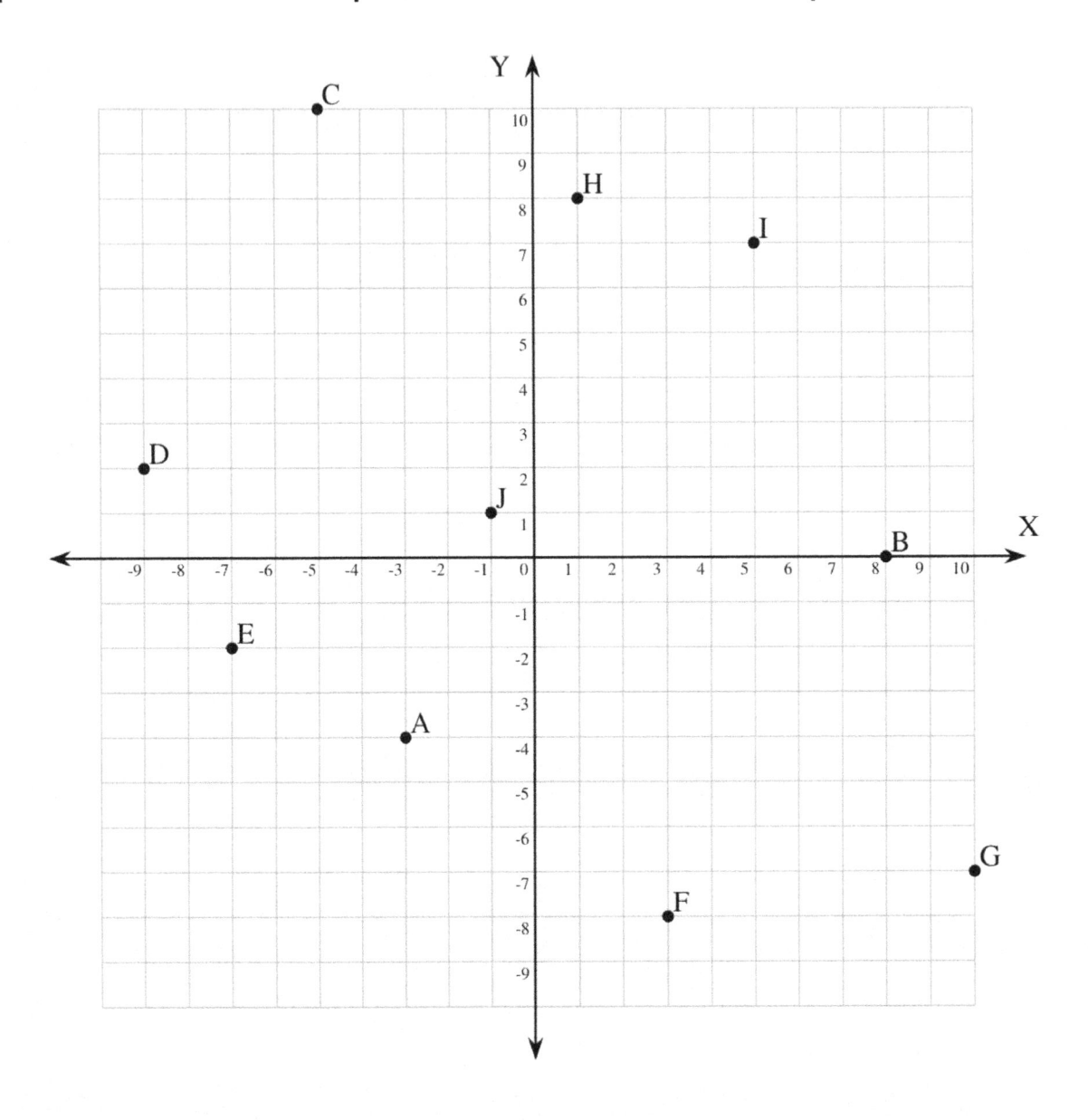

A	(-3, -4)	F	(3, -8)
B	(8, 0)	G	(10, -7)
C	(-5, 10)	H	(1, 8)
D	(-9, 2)	I	(5, 7)
E	(-7, -2)	J	(-1, 1)

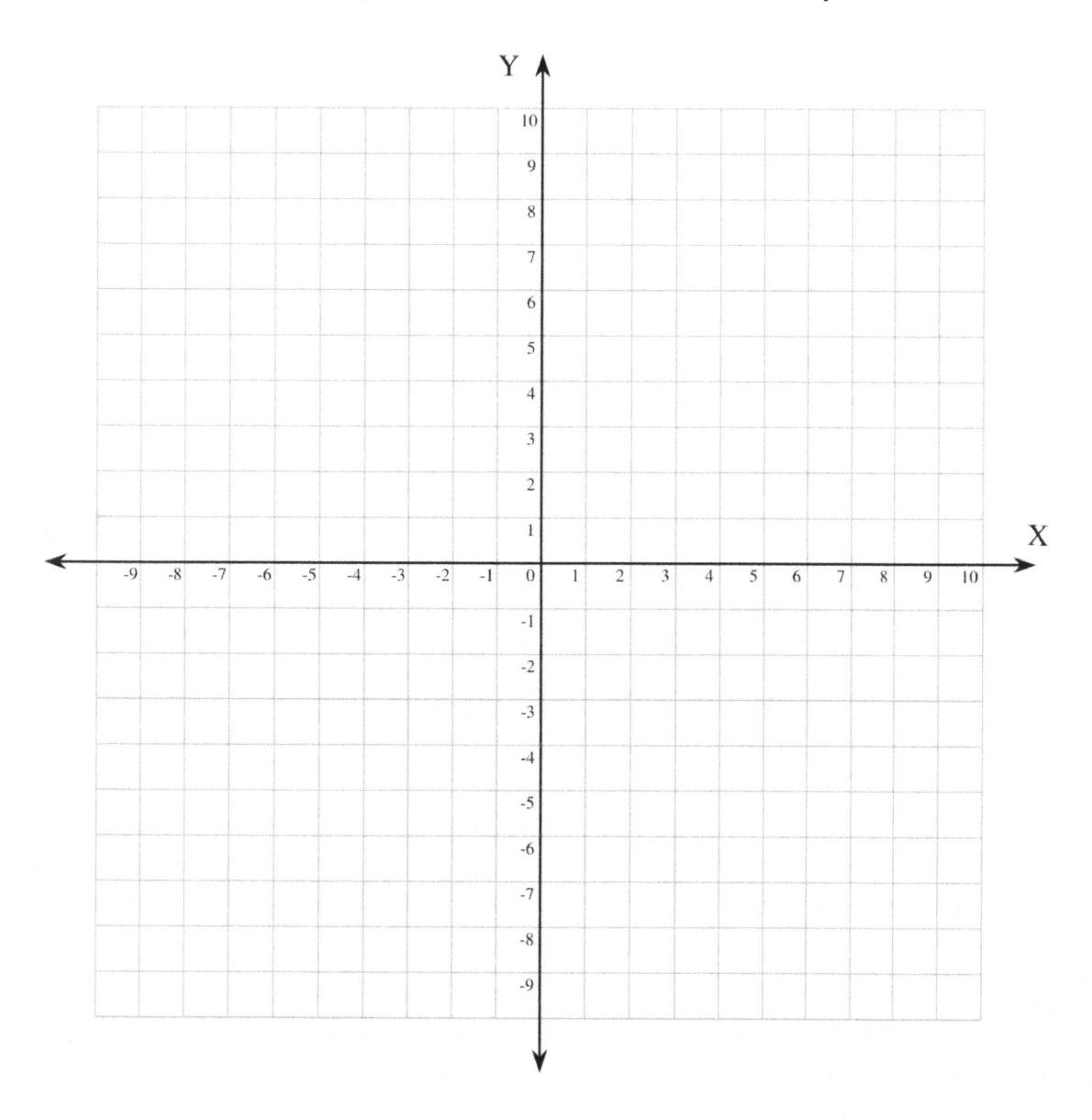

Graph and label each point on the coordinate plane.

A	(-10, -1)	F	(-9, 5)
B	(10, 1)	G	(1, -6)
C	(-6, 2)	H	(6, 3)
D	(3, -10)	I	(2, 4)
E	(-5, -3)	J	(-2, 8)

Answer Key

Graph and label each point on the coordinate plane.

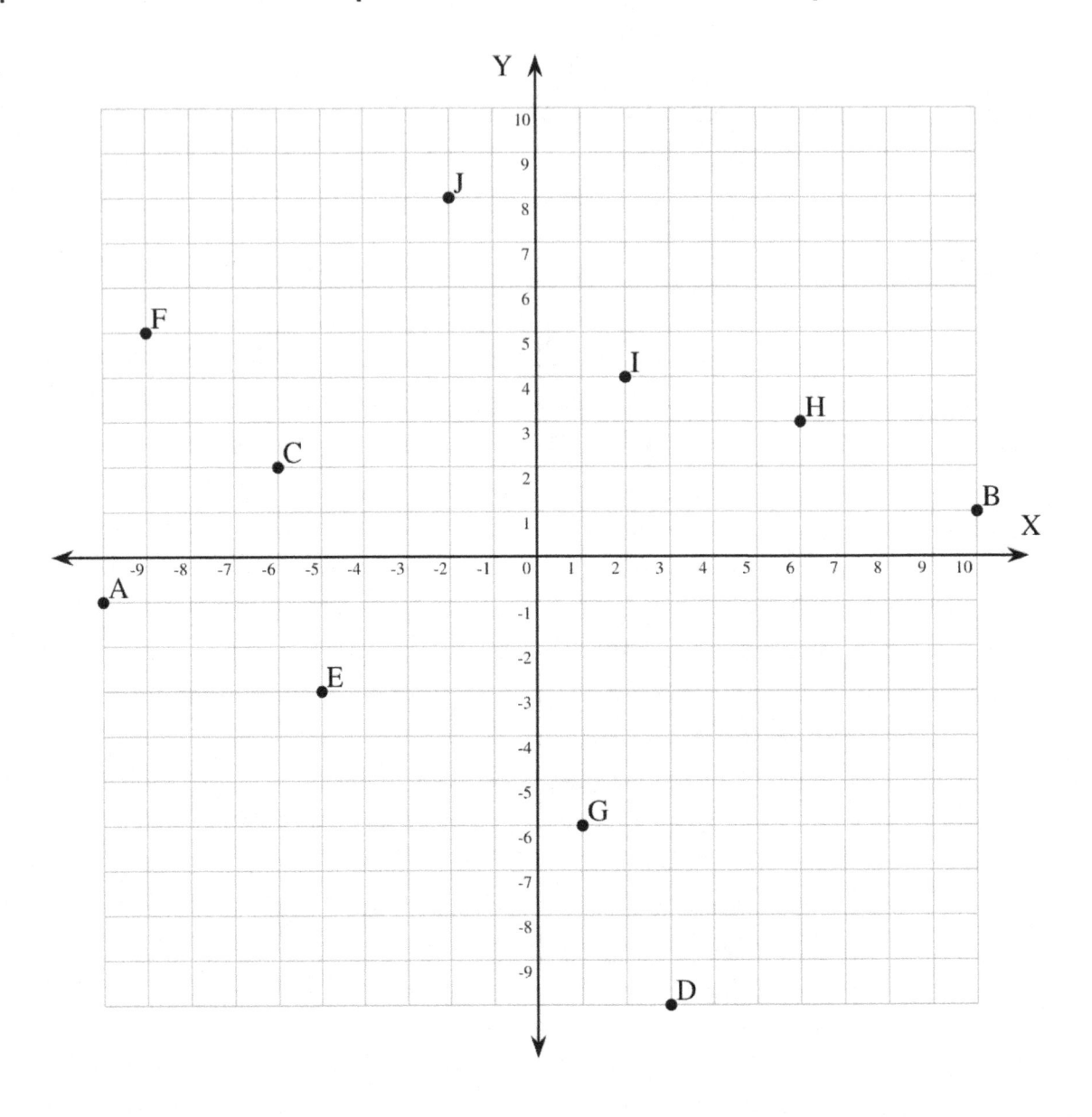

A	(-10, -1)		F	(-9, 5)
B	(10, 1)		G	(1, -6)
C	(-6, 2)		H	(6, 3)
D	(3, -10)		I	(2, 4)
E	(-5, -3)		J	(-2, 8)

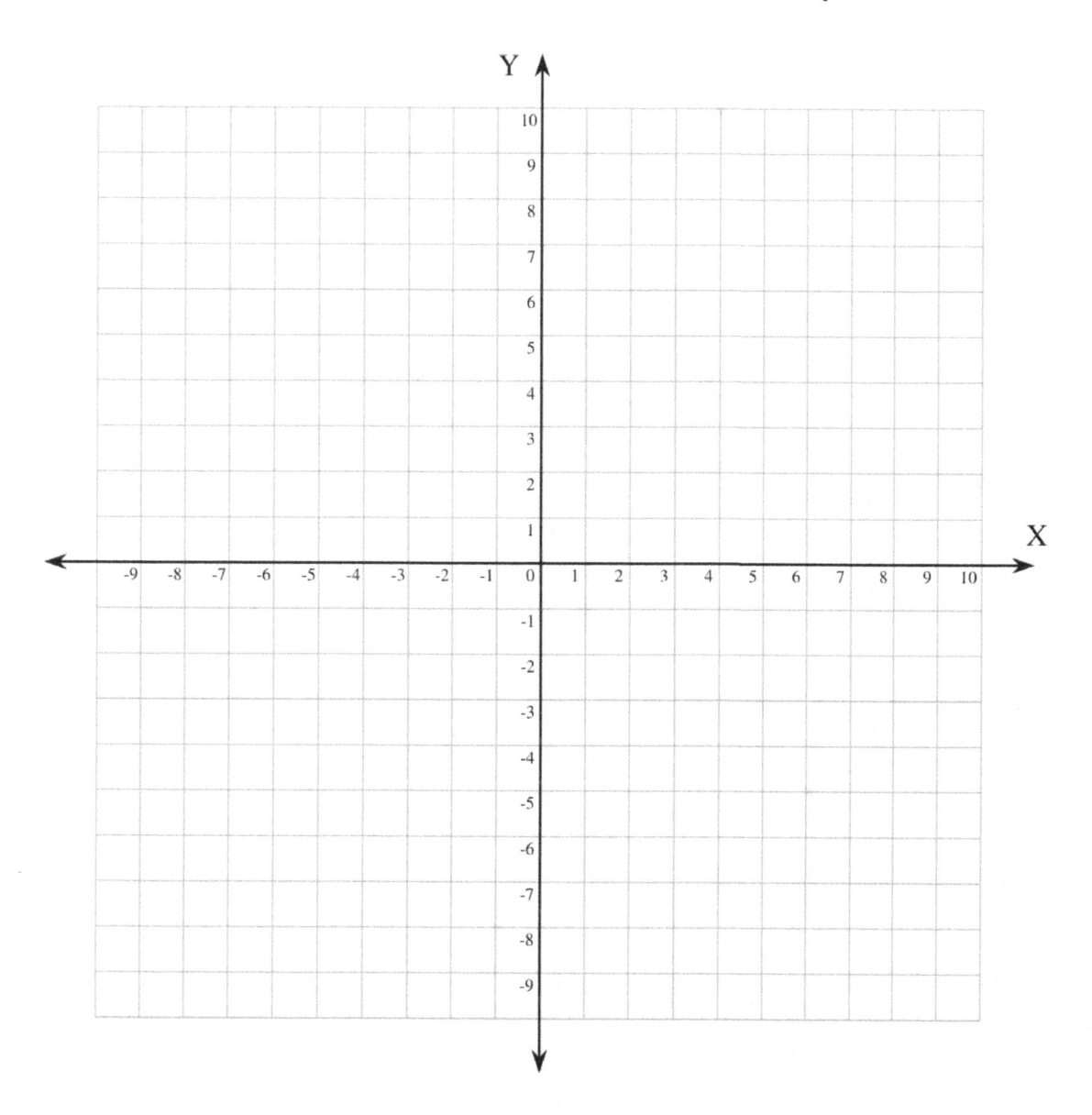

Graph and label each point on the coordinate plane.

A	(-9, 2)		F	(3, 9)
B	(8, 0)		G	(-10, 7)
C	(-1, -1)		H	(2, 3)
D	(7, 6)		I	(1, -8)
E	(-4, 10)		J	(-6, -5)

Answer Key

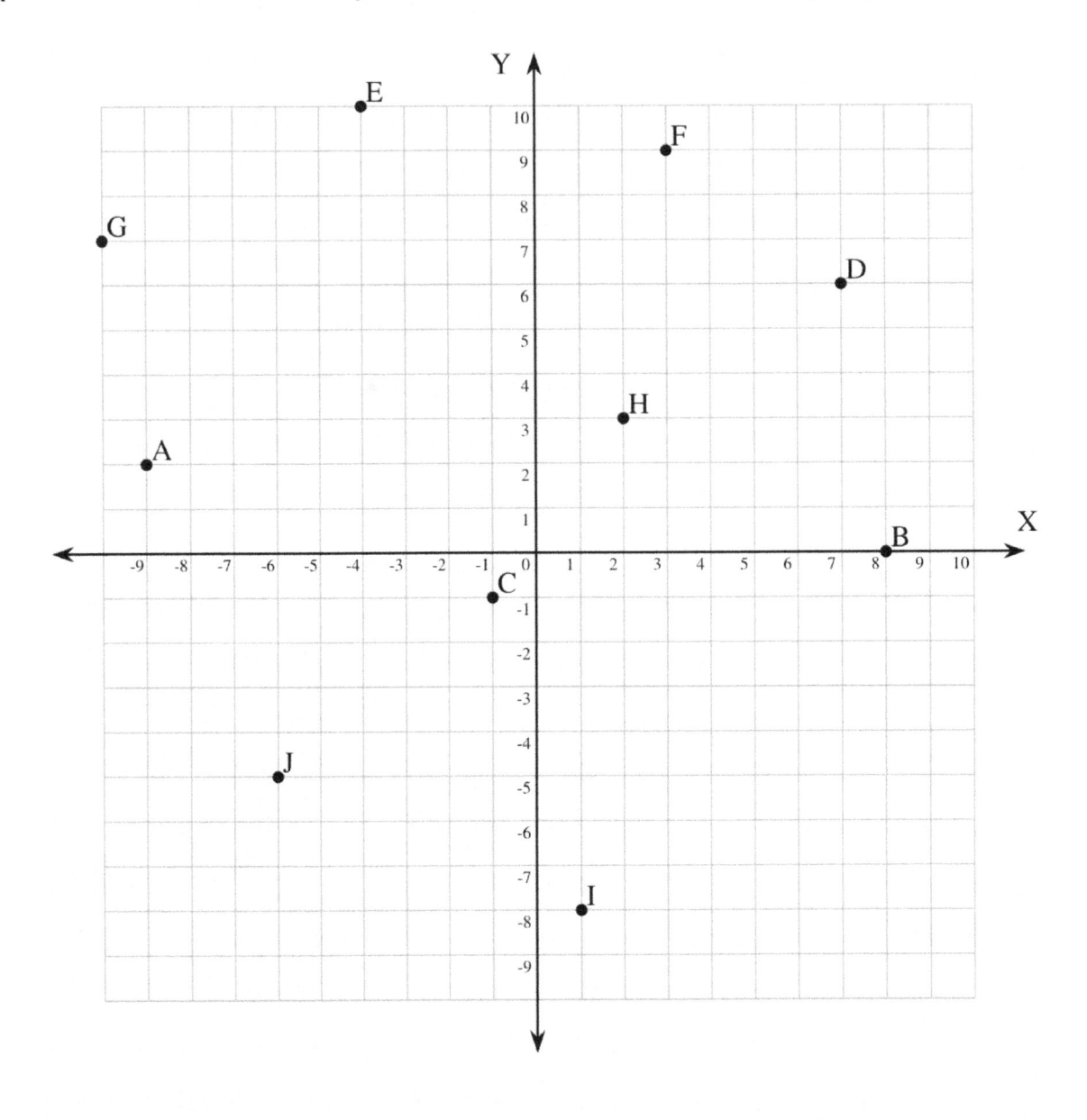

Graph and label each point on the coordinate plane.

A	(-9, 2)	F	(3, 9)
B	(8, 0)	G	(-10, 7)
C	(-1, -1)	H	(2, 3)
D	(7, 6)	I	(1, -8)
E	(-4, 10)	J	(-6, -5)

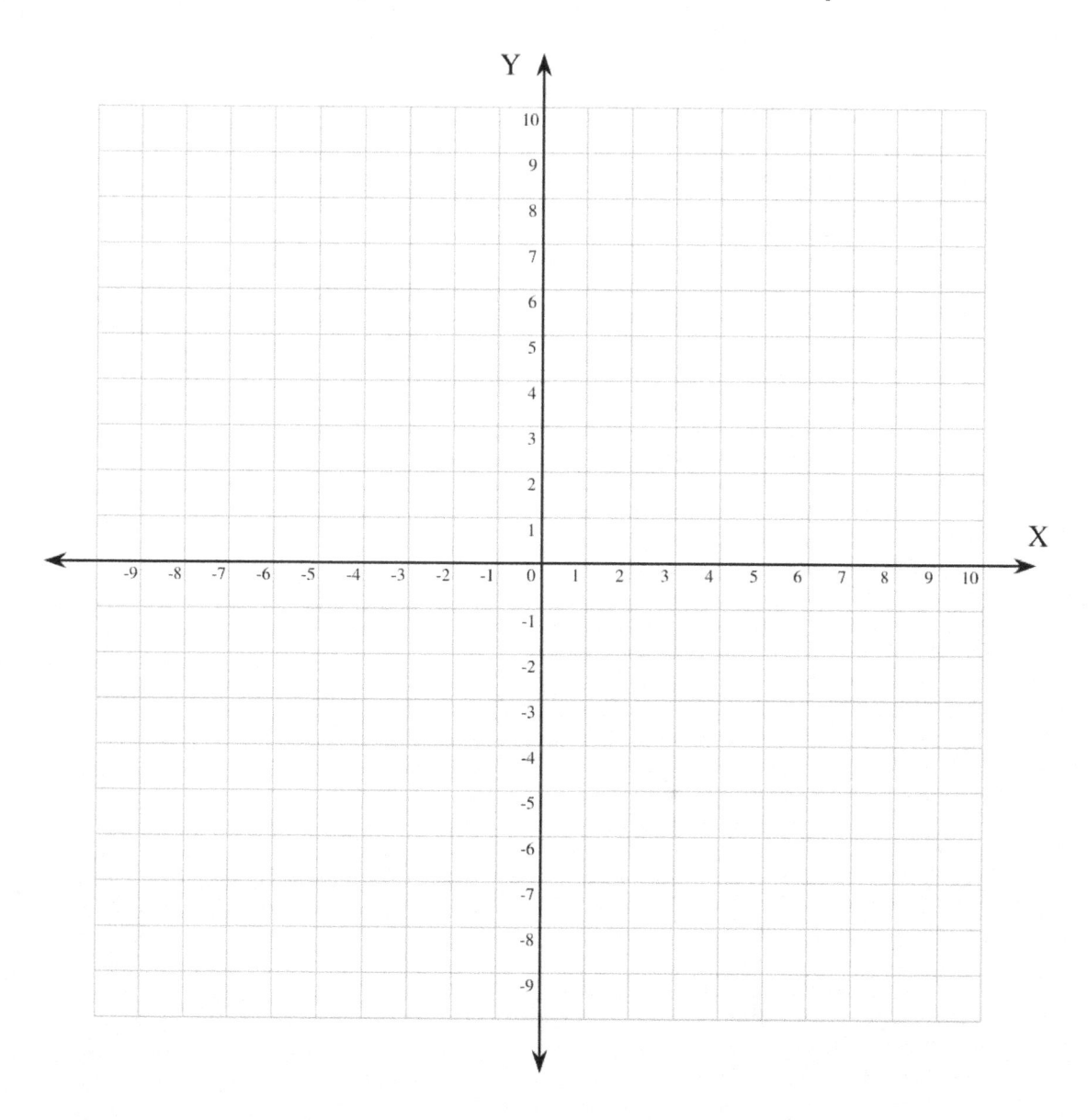

Graph and label each point on the coordinate plane.

A	(-6, 2)		F	(-5, -10)
B	(6, 7)		G	(1, -3)
C	(-9, -2)		H	(4, 1)
D	(0, 3)		I	(2, -7)
E	(-7, 6)		J	(-3, -5)

Answer Key

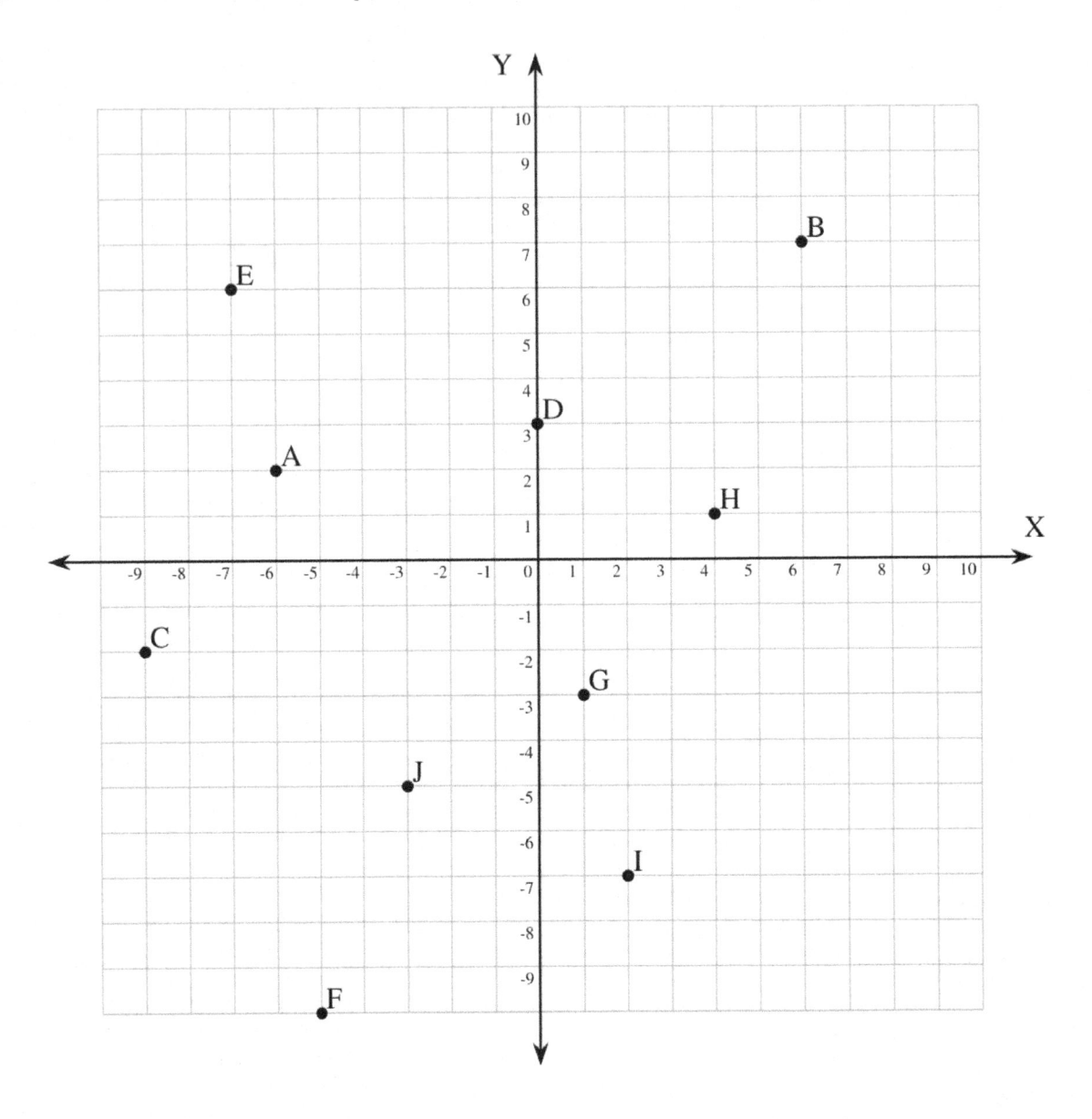

Graph and label each point on the coordinate plane.

A	(-6, 2)		F	(-5, -10)
B	(6, 7)		G	(1, -3)
C	(-9, -2)		H	(4, 1)
D	(0, 3)		I	(2, -7)
E	(-7, 6)		J	(-3, -5)

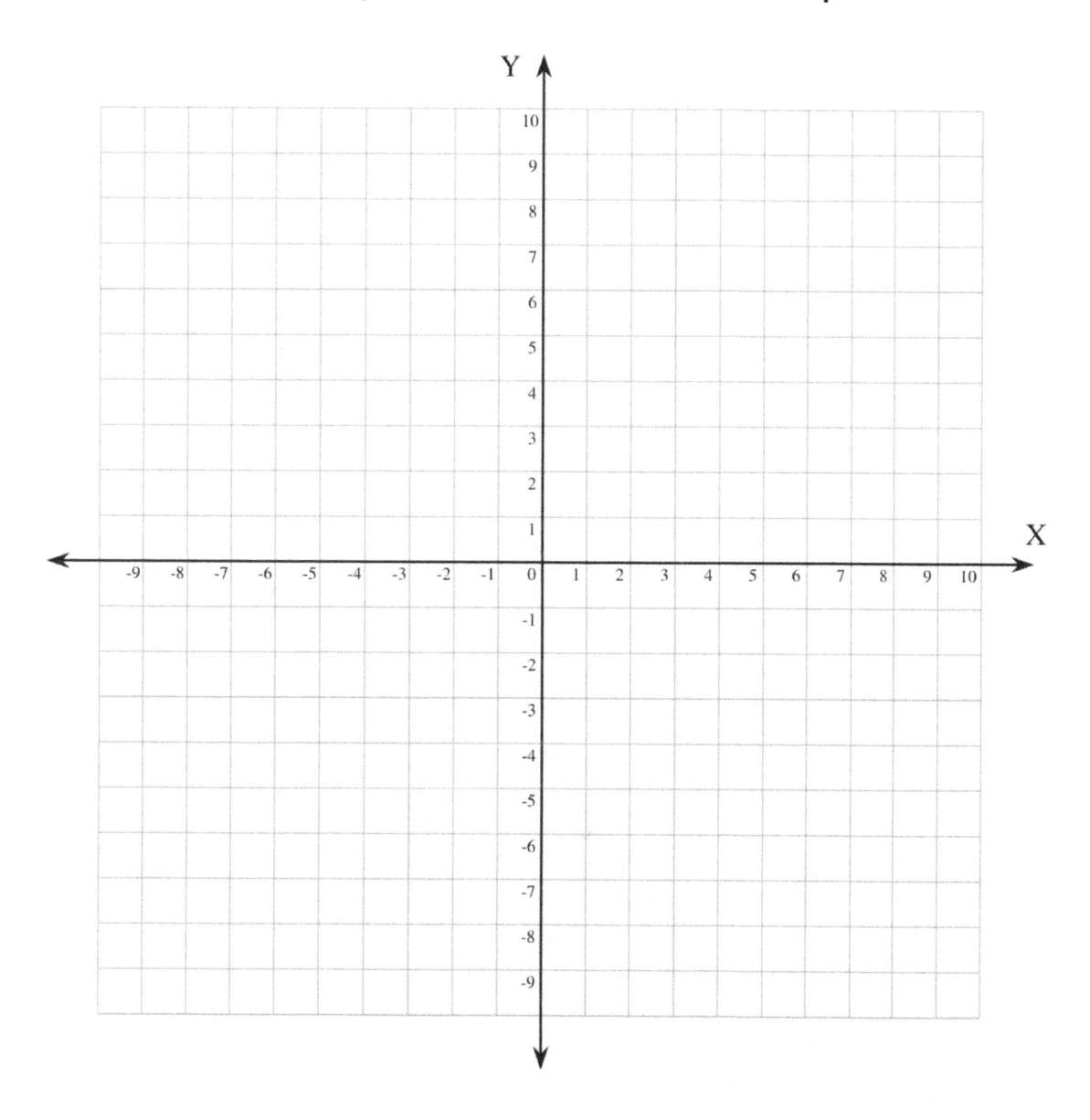

Graph and label each point on the coordinate plane.

A	(5, -4)		F	(-5, 4)
B	(-1, -6)		G	(-10, -7)
C	(8, 5)		H	(6, 9)
D	(7, -9)		I	(-3, 8)
E	(-2, 0)		J	(-7, 10)

Answer Key

Graph and label each point on the coordinate plane.

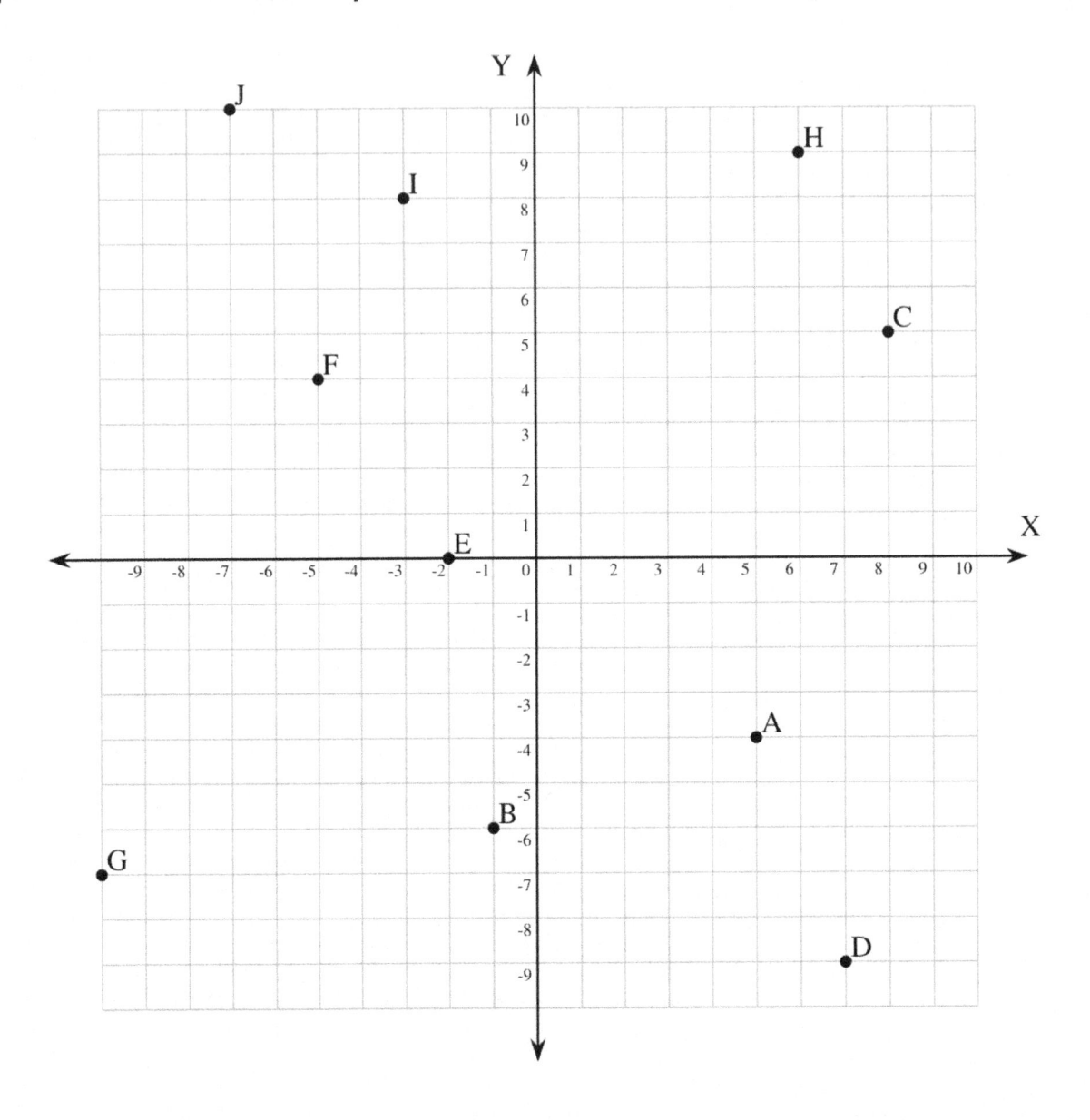

A	(5, -4)		F	(-5, 4)
B	(-1, -6)		G	(-10, -7)
C	(8, 5)		H	(6, 9)
D	(7, -9)		I	(-3, 8)
E	(-2, 0)		J	(-7, 10)

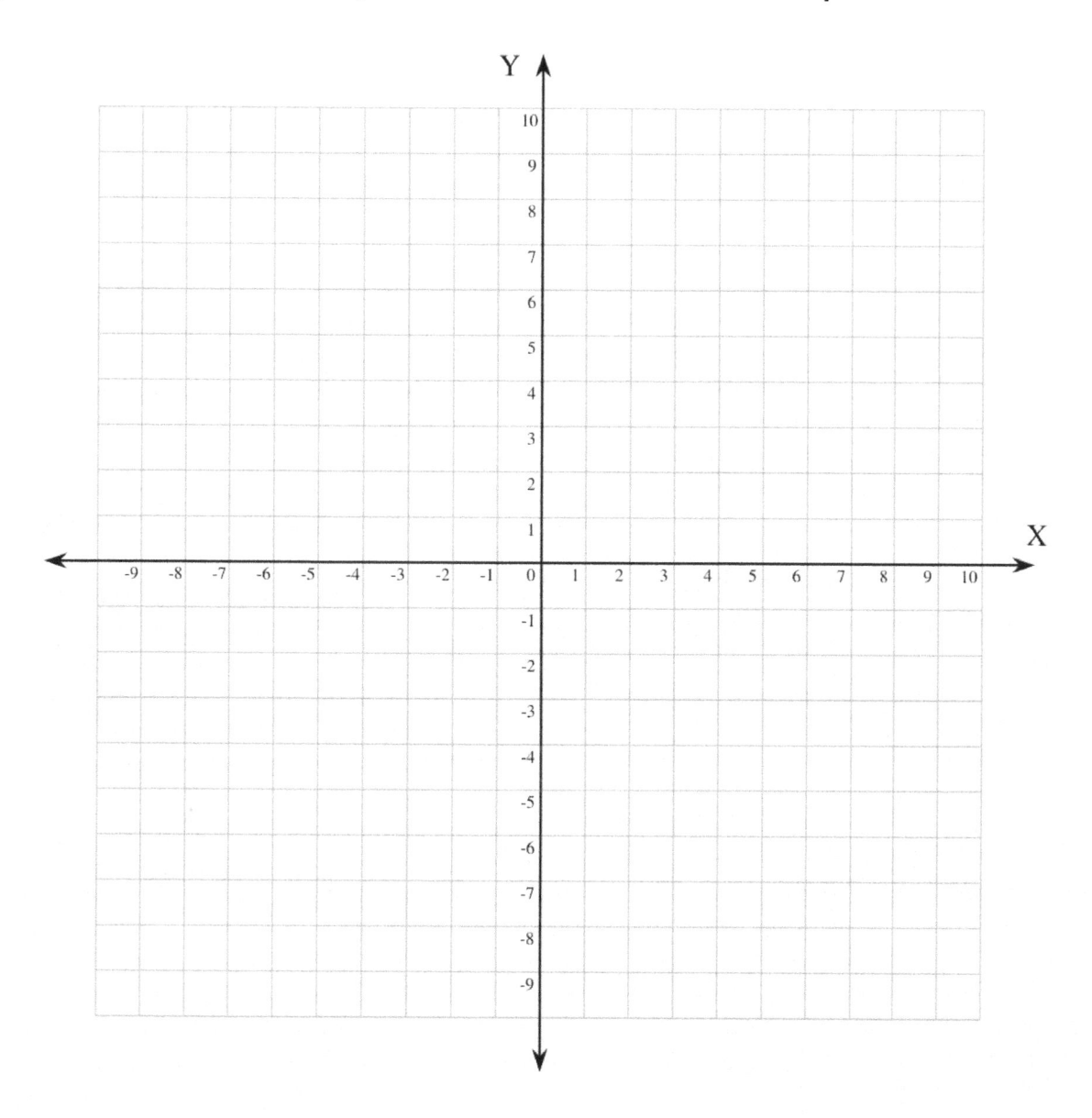

Graph and label each point on the coordinate plane.

A	(4, 0)	F	(10, 10)
B	(1, -6)	G	(-3, -4)
C	(-10, 3)	H	(3, 7)
D	(-5, 6)	I	(6, -9)
E	(-4, 2)	J	(-7, -7)

Answer Key

Graph and label each point on the coordinate plane.

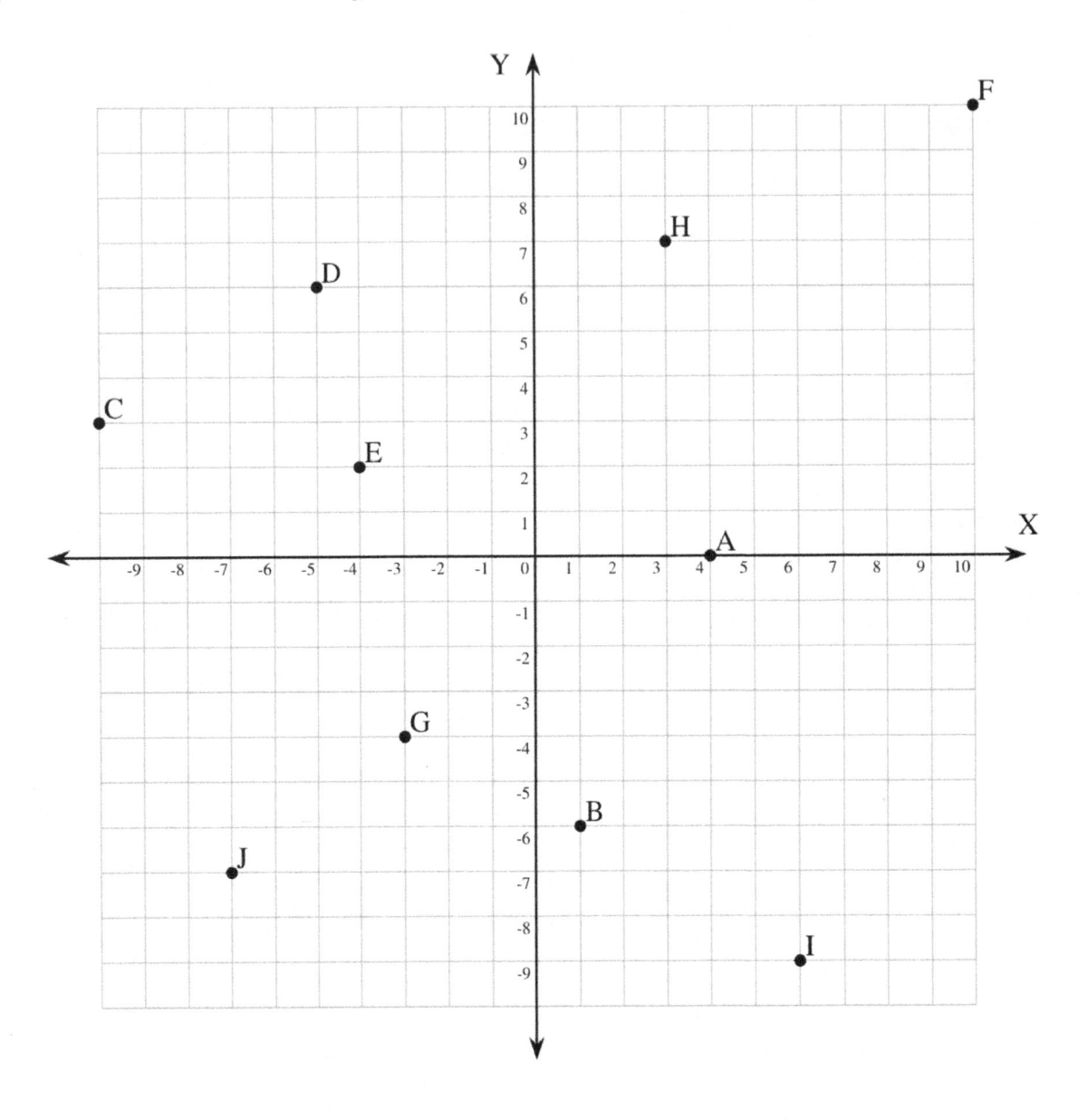

A	(4, 0)		F	(10, 10)
B	(1, -6)		G	(-3, -4)
C	(-10, 3)		H	(3, 7)
D	(-5, 6)		I	(6, -9)
E	(-4, 2)		J	(-7, -7)

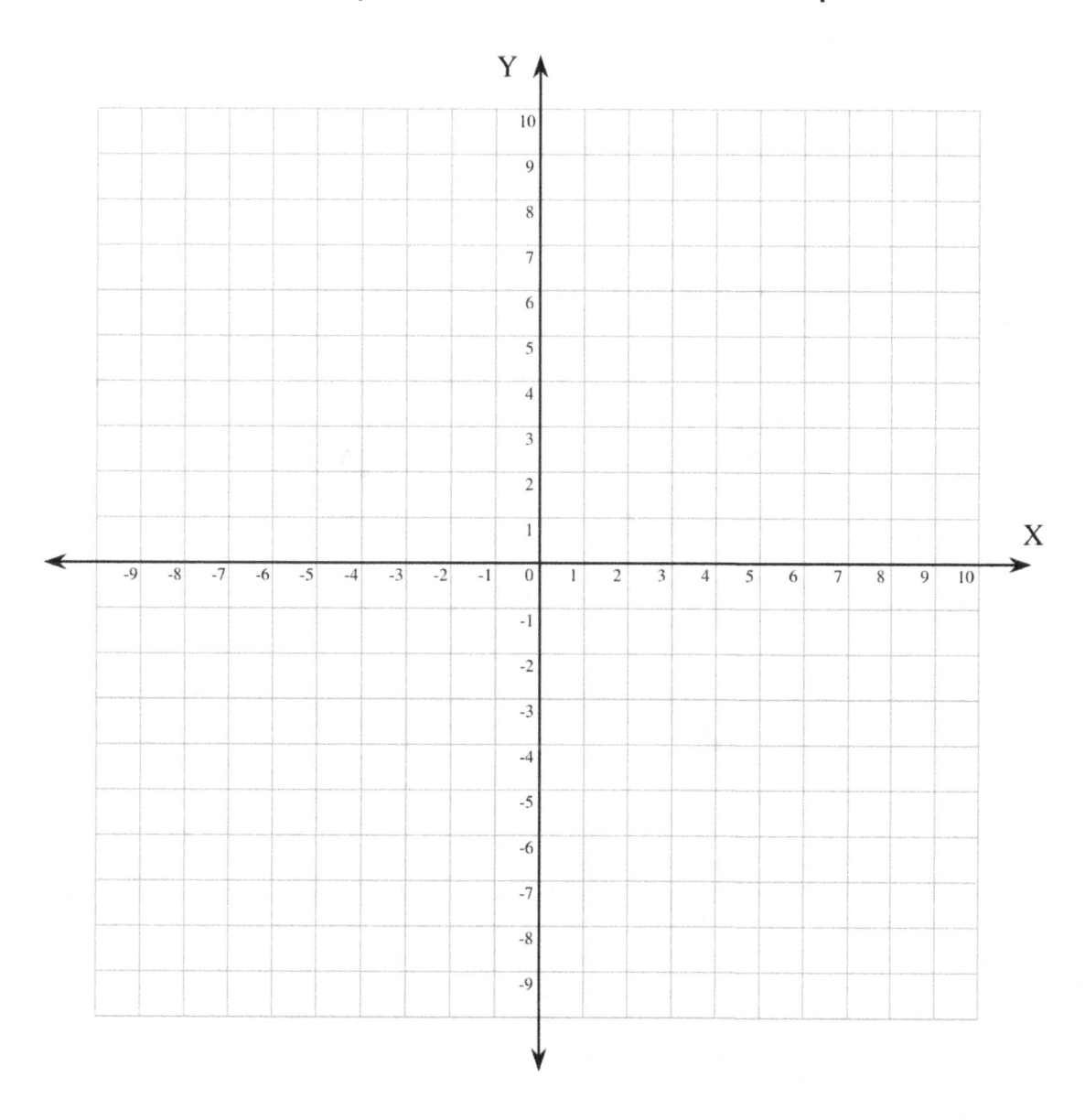

Graph and label each point on the coordinate plane.

A	(4, 2)		F	(3, -5)
B	(-5, 6)		G	(-9, 0)
C	(0, -9)		H	(8, -6)
D	(-4, -4)		I	(-7, -10)
E	(10, 4)		J	(-2, 1)

Answer Key

Graph and label each point on the coordinate plane.

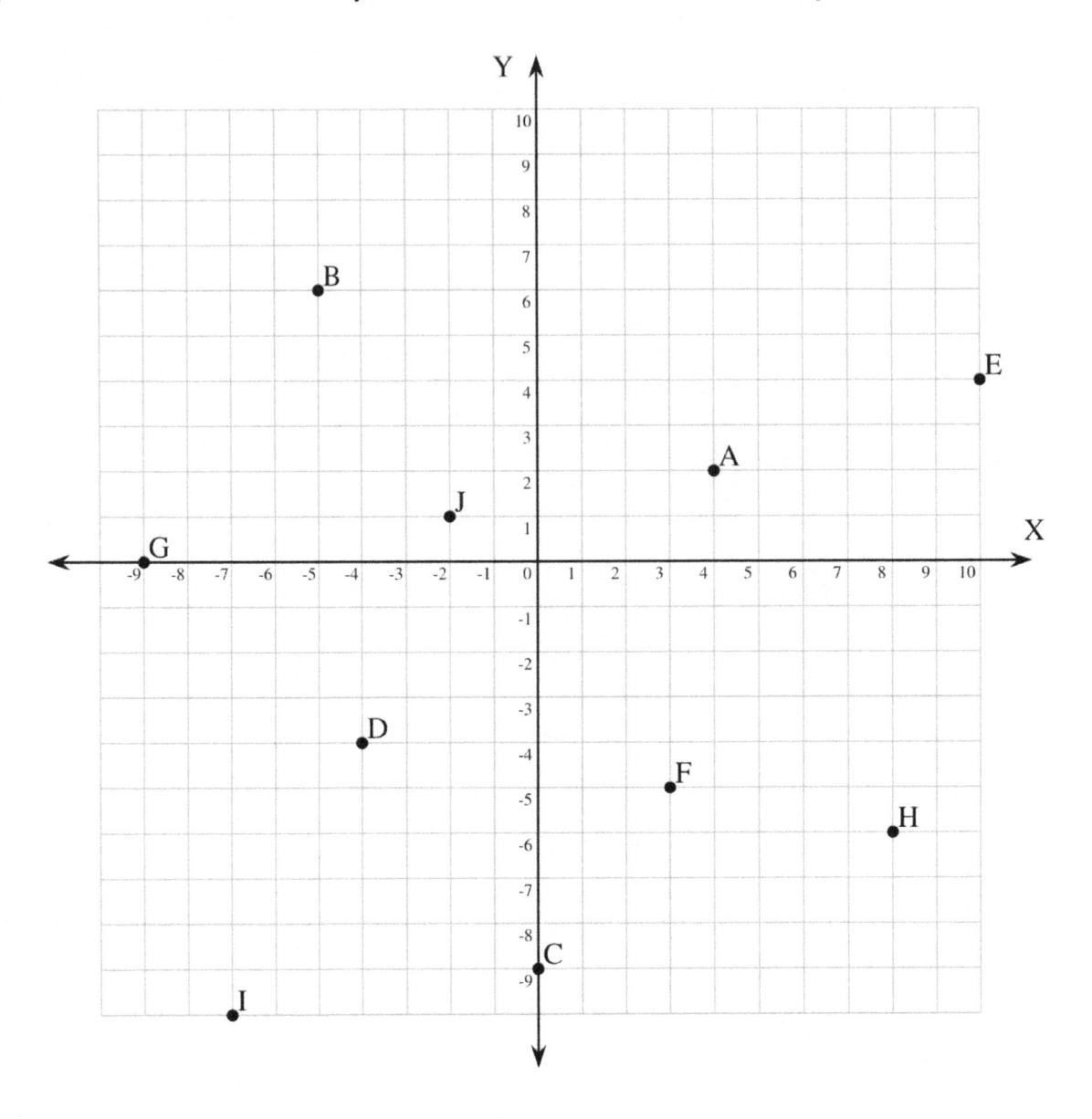

A	(4, 2)		F	(3, -5)
B	(-5, 6)		G	(-9, 0)
C	(0, -9)		H	(8, -6)
D	(-4, -4)		I	(-7, -10)
E	(10, 4)		J	(-2, 1)

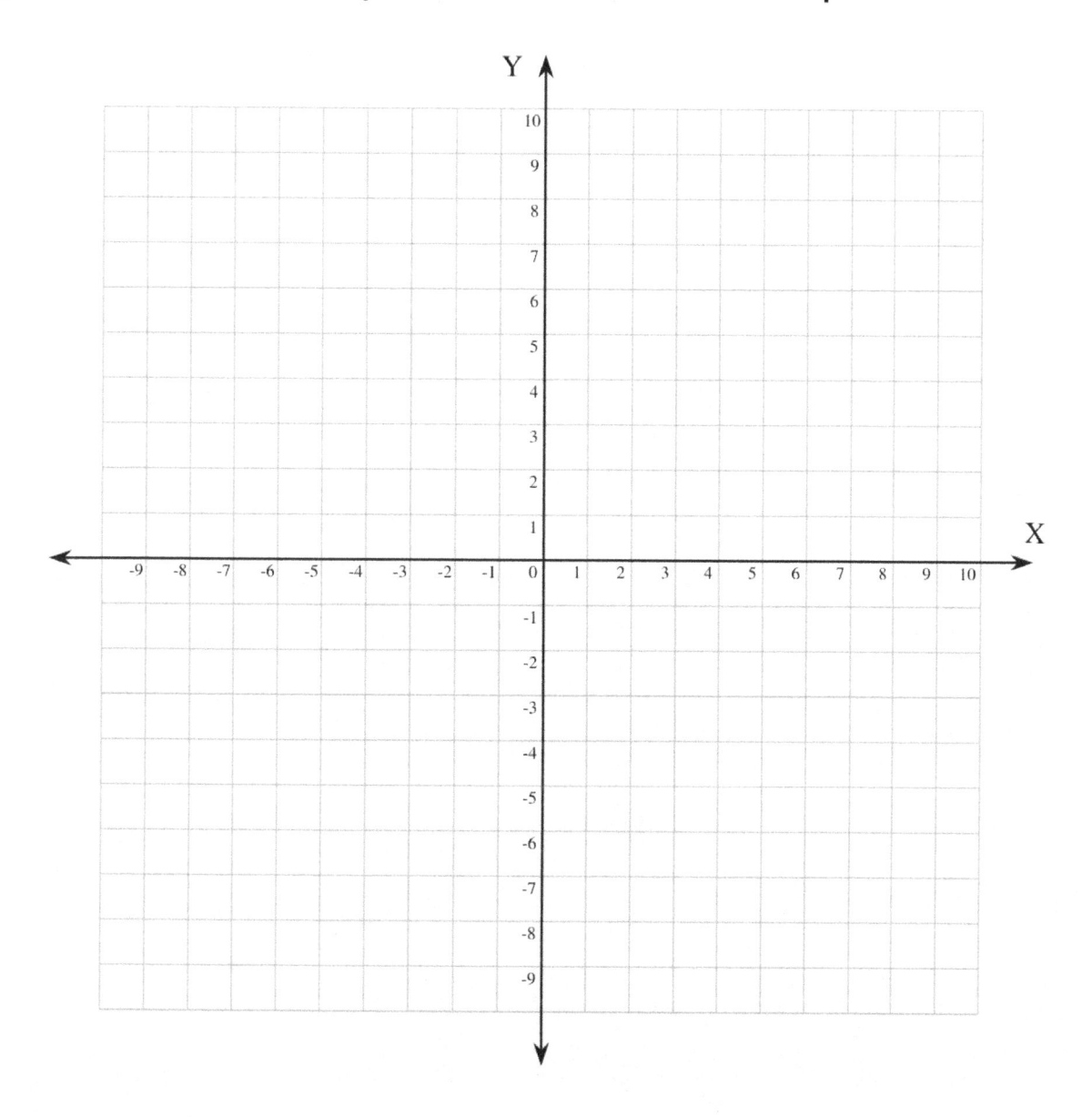

Graph and label each point on the coordinate plane.

A	(-7, 8)		F	(2, 9)
B	(8, 6)		G	(-1, -3)
C	(5, -2)		H	(7, -9)
D	(-3, -10)		I	(-5, -5)
E	(-8, 2)		J	(0, 4)

Answer Key

Graph and label each point on the coordinate plane.

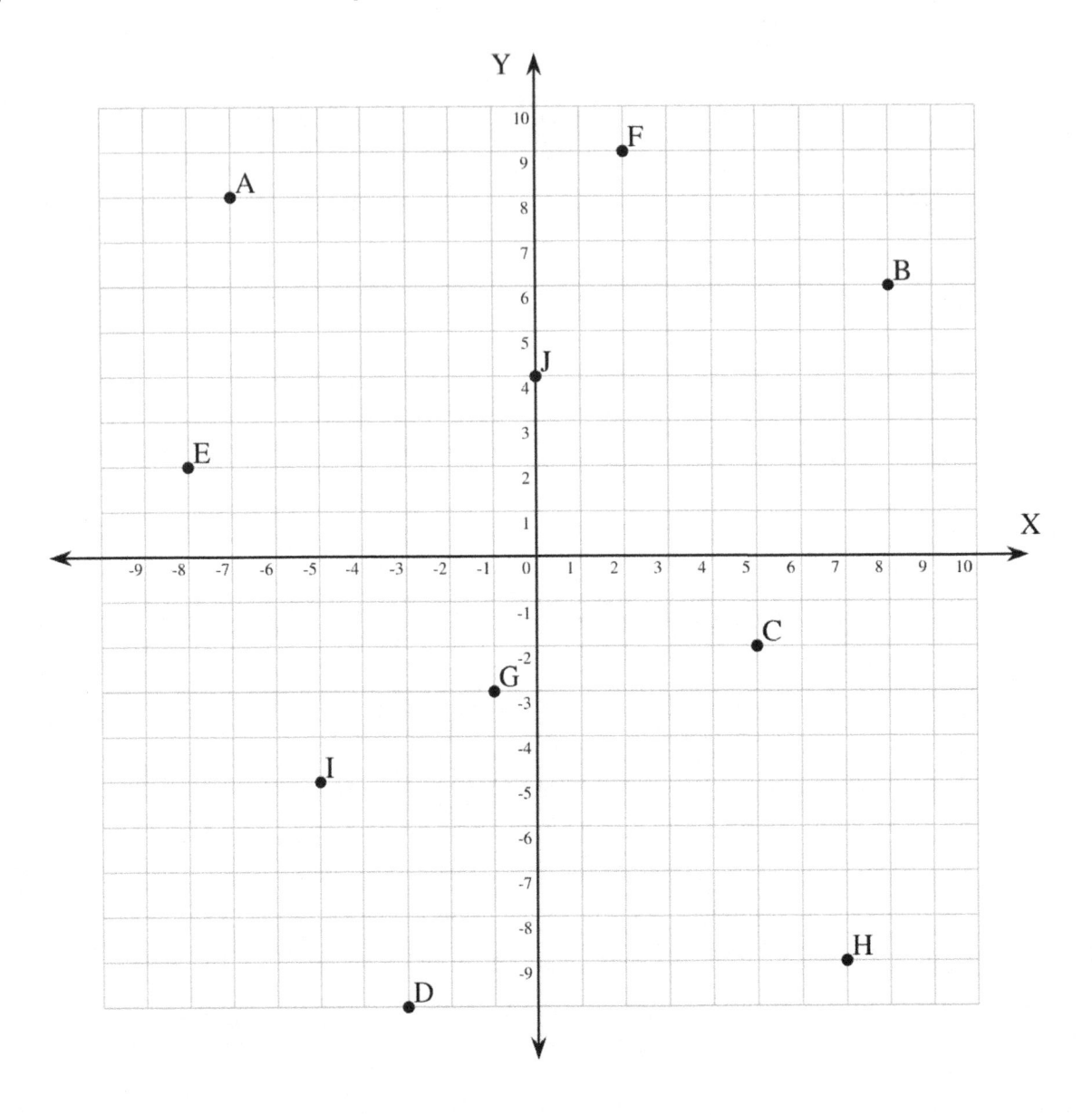

A	(-7, 8)	F	(2, 9)
B	(8, 6)	G	(-1, -3)
C	(5, -2)	H	(7, -9)
D	(-3, -10)	I	(-5, -5)
E	(-8, 2)	J	(0, 4)

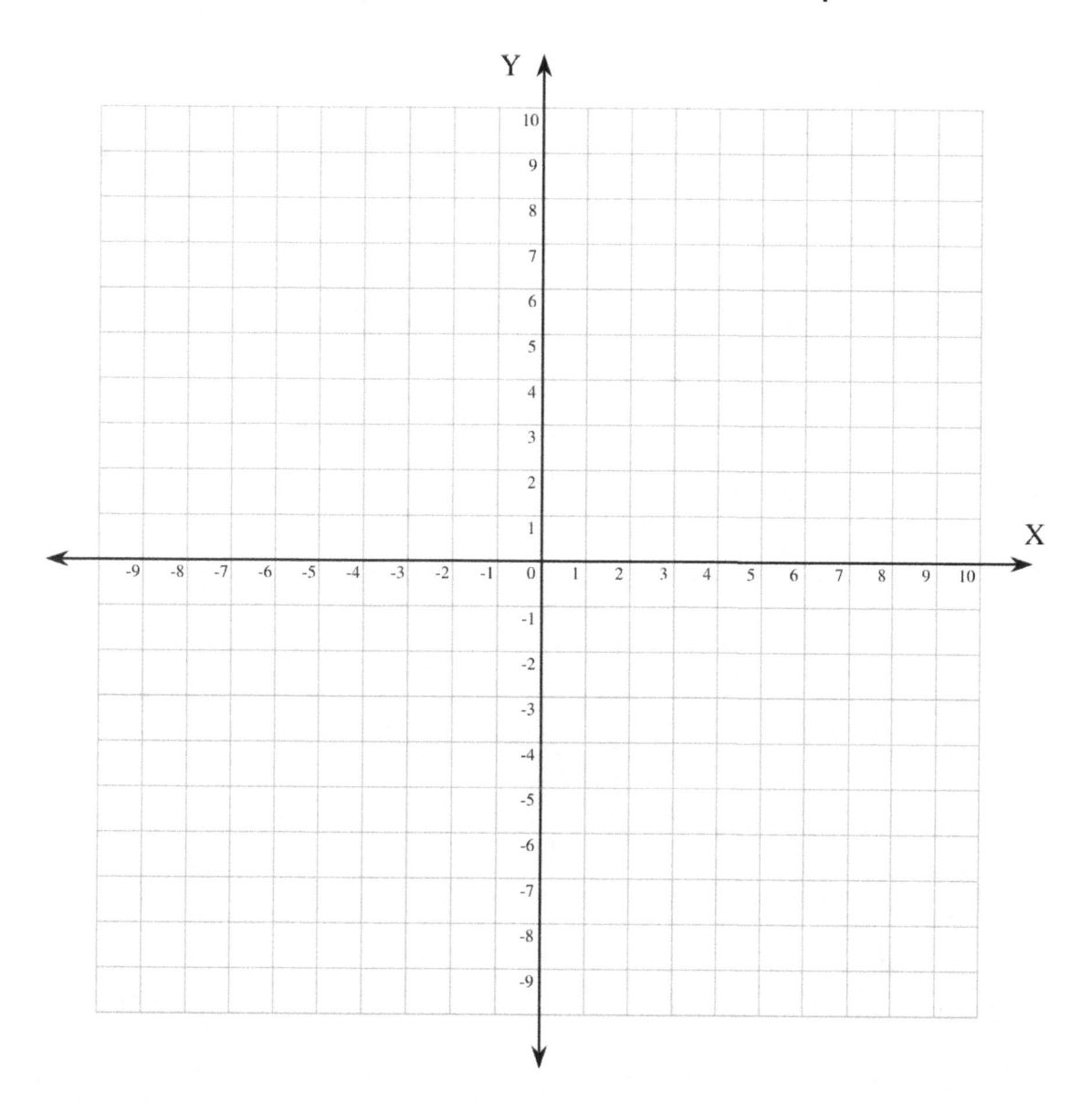

Graph and label each point on the coordinate plane.

A	(-10, 3)		F	(-8, -9)
B	(-4, -6)		G	(-6, 0)
C	(-2, 8)		H	(4, 5)
D	(10, 9)		I	(9, -3)
E	(3, 1)		J	(-3, 4)

Answer Key

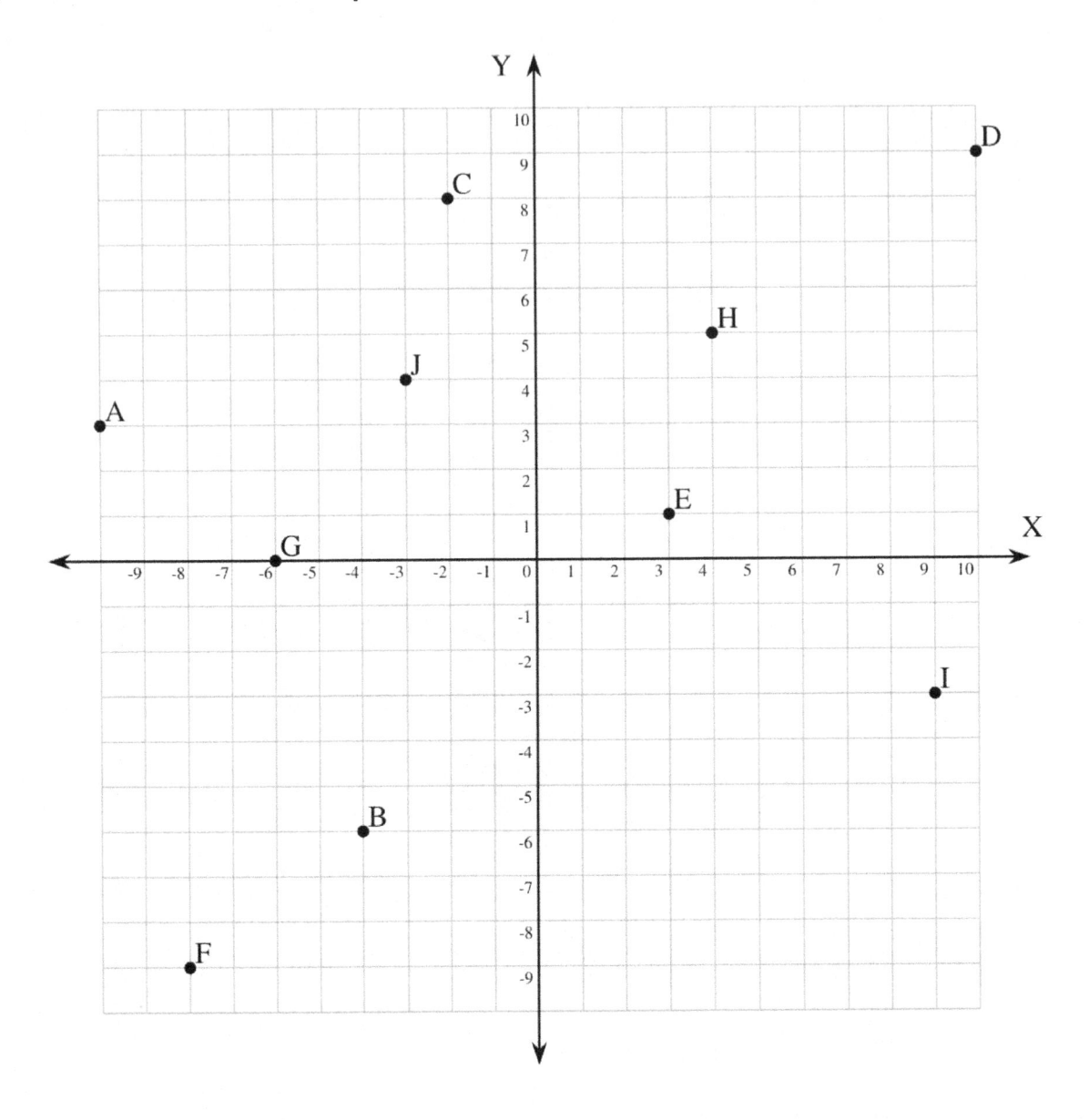

Graph and label each point on the coordinate plane.

A	(-10, 3)		F	(-8, -9)
B	(-4, -6)		G	(-6, 0)
C	(-2, 8)		H	(4, 5)
D	(10, 9)		I	(9, -3)
E	(3, 1)		J	(-3, 4)

Made in the USA
Las Vegas, NV
29 September 2023